# 소방전기 기초회로 실험

이정필 | 허동렬



도서출판 동화기술

# 머리말

소방업무는 전기, 기계, 건축, 화학 등 다양한 분야에 대한 지식이 요구되는 복합적인 분야로 구성되어 있다. 특히 전기시스템 분야는 소방의 전체 시스템에 유기적으로 결합되어 모든 소방기기를 제어할 수 있도록 하는 기본이 된다고 할 수 있지만, 처음 소방을 접하는 학생이나 실무를 하는 종사자들이 전기적인 시스템을 이해하는데 많은 애로를 겪는 실정이다.

본 교재는 소방시설실무를 익히기 전의 학생이나 소방실무 종사자들 중에서도 전기시스템의 원리에 대한 이해가 부족한 사람을 대상으로 하는 기초 교재로서 실습을 통하여 원리를 이해하도록 구성하였다.

첫 번째 전기기초회로 분야로써 기본적인 전기회로 구성 및 원리를 익히기 위하여 전기회로를 구성하는 방법과 전기회로의 전압, 전류의 관계를 실습을 통하여 쉽게 이해할 수 있도록 기초적인 실습 위주로 구성하였다.

두 번째 논리회로 분야로써 기본적인 소방시설의 논리 동작을 이해할 수 있도록 논리합, 논리곱, 일치회로, 반일치회로에 대한 기초실습을 통하여 학습할 수 있도록 구성하였다.

세 번째 시퀀스 제어 분야로써 기본적인 접점동작에 대한 이해, 시퀀스기기에 대한 이해, 전동기 구동에 대한 이해를 위하여 실제 배선실습을 통하여 쉽게 학습할 수 있도록 구성하였다.

네 번째 소방기초회로 분야로써 소방시설실무에 들어가기 전 수신기, 발신기의 동작원리 실험, 감지기의 송배전방식과 교차회로방식 배선방법, 우선경보방식 및 소방기기의 절연저항시험을 쉽게 이해할 수 있도록 실제 배선하는 방법 위주로 구성하였다.

본 교재에서는 자동화재탐지설비, 경보설비, 속보설비, 피난유도설비, 소방기계설비 등의 배선 및 소방실무를 하기 전 기초 전기시스템 이해를 중점으로 두었기 때문에 본 교재를 학습하게 되면 소방시스템 전반의 기초를 다지는데 도움이 될 것이라 생각된다.

# 목 차

# 1 장

# 기초 전기회로 실험

실험 1 저항 측정
실험 2 합성저항 측정
실험 3 옴의 법칙
실험 4 키르히호프 전압법칙
실험 5 키르히호프 전류법칙
실험 6 직·병렬회로의 전압, 전류 실험

# 실험 1 저항 측정

## 1. 실험목적

(1) 저항에 표시된 색띠를 판독하여 저항값을 읽을 수 있다.

(2) 회로시험기를 이용하여 저항값을 측정할 수 있다.

## 2. 실험에 사용되는 기기 및 부품

(1) 디지털 멀티미터

(2) 저항(270 Ω, 330 Ω, 1 kΩ, 1.5 kΩ, 3.3 kΩ, 10 kΩ)

(3) 브레드보드

## 3. 관련 지식

### 1) 전기저항

도체에 전압을 가하면 전류가 흐르게 되는데, 이때 전류의 흐름을 방해하는 성질을 가지는 소자를 전기저항이라 한다. 일반적으로 전기회로에서 전기저항은 $R$이라고 표기하고 단위는 옴(Ω)으로 표기한다. 전기저항은 물질의 종류에 따라서도 달라지며, 동일한 물질이라고 하더라도 물질의 길이와 단면과 단면적에 따라서도 달라지며 이는 다음 식과 같이 나타낼 수 있다.

$$R = \rho \frac{l}{A} \, [\Omega]$$

여기서, $\rho$ : 도체의 고유저항(저항률) [Ω · m]

$l$ : 도체의 길이 [m]

$A$ : 도체의 단면적 [$m^2$]

위의 식에서 알 수 있는 것처럼 저항은 도체의 고유저항에 비례하여 이 값이 큰 도체일수록 저항값이 크며, 길이에 비례하며 단면적에 반비례한다. 이와 같이 전기저항은 전기회로에서 그림 1-1과 같은 심벌로 표기된다.

그림 1-1 **저항의 심벌**

저항은 전기, 전자, 통신 회로에서 많이 사용되며 회로의 흐르는 전류를 가감하기 위해 사용되는 수동소자로써 실제 모습은 다음과 같이 표면에 여러 가지 색깔로 이루어진 띠를 그려 놓았다. 그림 1-2에 실제 저항을 나타내었다.

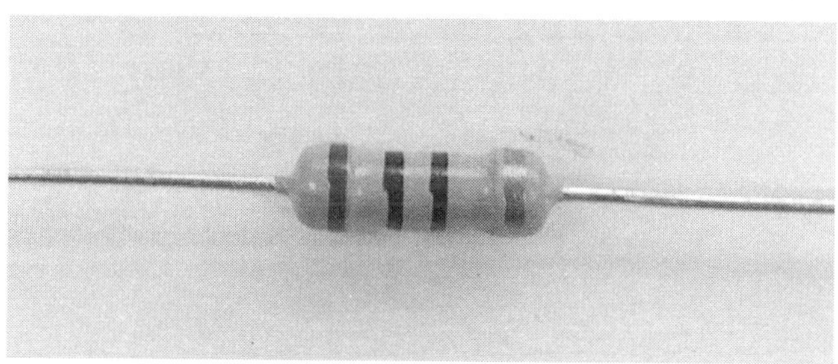

그림 1-2 **실제 저항**

## 2) 저항의 색띠 읽기

저항의 색띠는 저항값의 크기를 여러 가지 색깔의 띠로서 나타낸 것으로써 보통 저항은 4개, 정밀저항은 5개의 띠로 구성되어 있다.

### (1) 보통저항

4개의 색띠로 구성된 보통저항의 저항값을 읽는 방법은 제1색띠를 A, 제2색띠를 B, 제3색띠를 C, 제4색띠를 D라고 할 때 저항값 $R$의 판독은 다음과 같다.

$$R = AB \times C\,[\Omega] \pm D\,[\%]$$

유효숫자　배수　오차

여기서, A와 B는 유효숫자, C는 승수, D는 허용오차를 나타낸다.

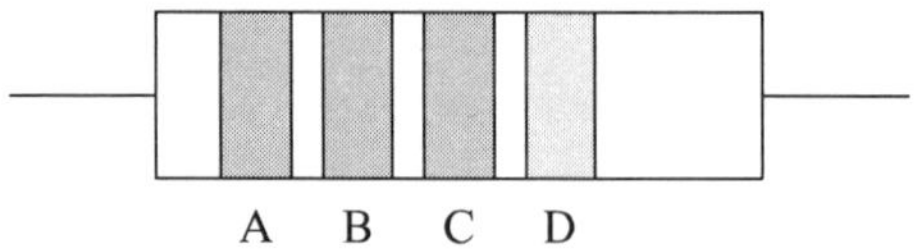


그림 1-3 일반저항 색띠 구성

### (2) 정밀저항

5개의 색띠로 구성된 정밀저항의 저항값을 읽는 방법은 제1색띠를 A, 제2색띠를 B, 제3색띠를 C, 제4색띠를 D, 제5색띠를 E라 하면 정밀저항값 $R$의 판독은 다음과 같다.

$$R = ABC \times D\,[\Omega] \pm E\,[\%]$$

유효숫자　배수　오차

여기서, A, B, C는 유효숫자, D는 승수, E는 허용오차를 나타낸다.

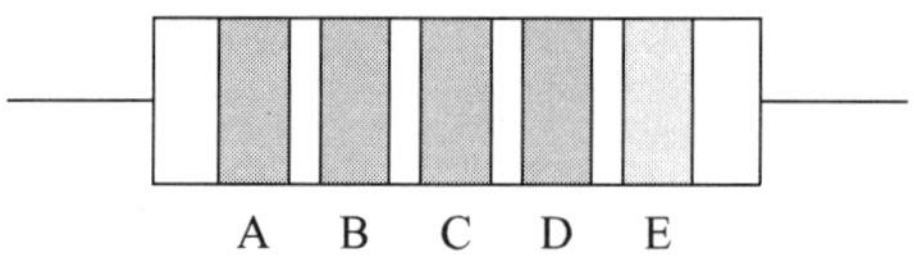


그림 1-4 정밀저항 색띠 표현

표 1-1 보통저항의 색상별 값

| 색깔 | 제1색띠 | 제2색띠 | 제3색띠 | 제4색띠 |
|---|---|---|---|---|
| | 첫째수 | 둘째수 | 승수 | 오차[%] |
| 흑(검정) | 0 | 0 | $10^0$ | |
| 갈(갈색) | 1 | 1 | $10^1$ | ± 1% |
| 적(빨강) | 2 | 2 | $10^2$ | ± 2% |
| 등(주황) | 3 | 3 | $10^3$ | |
| 황(노랑) | 4 | 4 | $10^4$ | |
| 녹(초록) | 5 | 5 | $10^5$ | |
| 청(파랑) | 6 | 6 | $10^6$ | |
| 자(보라) | 7 | 7 | $10^7$ | |
| 회(회색) | 8 | 8 | $10^8$ | |
| 백(흰색) | 9 | 9 | $10^9$ | |
| 금(금색) | - | - | $10^{-1}=(0.1)$ | ± 5% |
| 은(은색) | - | - | $10^{-2}=(0.01)$ | ± 10% |
| 무색 | - | - | - | ± 20% |

표 1-2는 정밀저항의 색상별 값을 나타내는 표이며 보통저항과 크게 다른 것은 색깔별로 허용오차의 값이다.

표 1-2 정밀저항의 색상별 값

| 색깔 | 제1색띠 | 제2색띠 | 제3색띠 | 제4색띠 | 제5색띠 |
|---|---|---|---|---|---|
| | 첫째수 | 둘째수 | 셋째수 | 승수 | 오차[%] |
| 흑(검정) | 0 | 0 | 0 | $10^0$ | - |
| 갈(갈색) | 1 | 1 | 1 | $10^1$ | ± 1% |
| 적(빨강) | 2 | 2 | 2 | $10^2$ | ± 2% |
| 등(주황) | 3 | 3 | 3 | $10^3$ | - |
| 황(노랑) | 4 | 4 | 4 | $10^4$ | - |
| 녹(초록) | 5 | 5 | 5 | $10^5$ | ± 0.5% |
| 청(파랑) | 6 | 6 | 6 | $10^6$ | ± 0.25% |
| 자(보라) | 7 | 7 | 7 | $10^7$ | ± 0.1% |
| 회(회색) | 8 | 8 | 8 | $10^8$ | - |
| 백(흰색) | 9 | 9 | 9 | $10^9$ | - |
| 금(금색) | - | - | - | $10^{-1}=(0.1)$ | ± 5% |
| 은(은색) | - | - | - | $10^{-2}=(0.01)$ | - |

### 3) 브레드보드 사용법

브레드보드는 회로를 구성할 때 납땜이 필요 없이 점퍼 와이어를 통하여 쉽게 접속하여 실습할 수 있도록 해주는 회로 연결기판인데 구조를 잘 익혀서 오접속이 되지 않도록 주의해야 한다. 그림 1-5는 브레드보드의 구조와 접속 방법을 나타내었다.

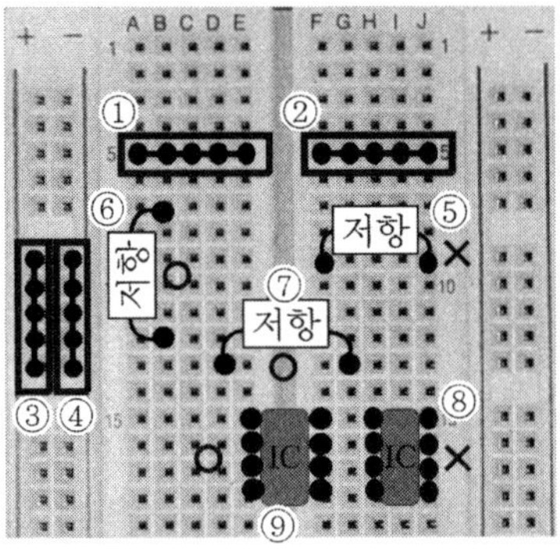


그림 1-5 브레드보드의 구조 및 접속법

그림 1-5는 브레드보드의 구조 및 소자의 접속 예를 보여주고 있다. 구조는 다음과 같다.

①번 구역 가로선은 서로 연결됨
②번 구역 가로선은 서로 연결됨
①번 구역과 ②번 구역은 분리됨
③번 구역의 세로선은 연결됨
④번 구역의 세로선은 연결됨
③번 구역과 ④번 구역은 분리됨

그림 1-5에서 저항과 IC소자의 잘못된 접속과 올바른 접속을 나타내었는데 다음과 같다.

■ **잘못 접속된 경우**

⑤번 저항의 접속 : 가로선이 연결되어 있기 때문에 회로가 쇼트가 남.

⑧번 IC의 접속 : 가로선이 연결되어 있어 각 핀이 쇼트가 남.

■ **올바른 접속의 경우**

⑥, ⑦번 저항의 접속과 ⑨번 IC의 접속

브레드보드의 가로선은 연결되어 있기 때문에 소자 접속 시 같은 가로선에 단자가 동시에 접속되지 않도록 주의하여야 한다.

### 4) 저항의 측정

저항을 측정하기 위해서는 디지털 멀티미터를 이용한다. 디지털 멀티미터의 구조는 다음과 같다.

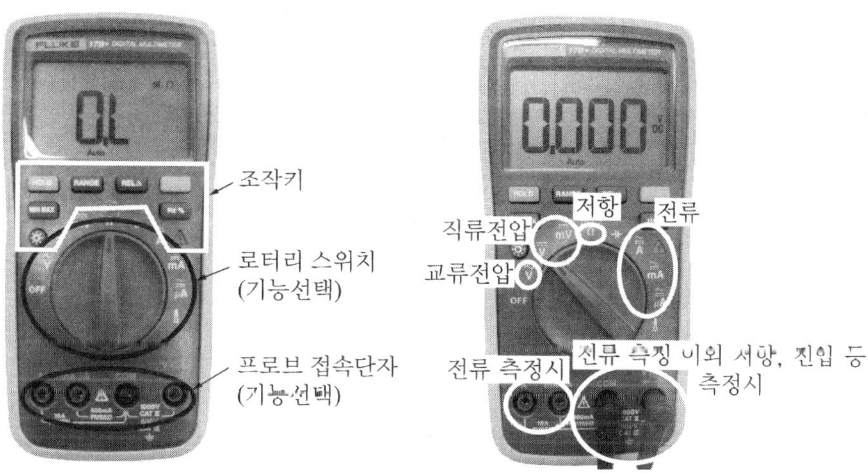


그림 1-6 디지털 멀티미터 구조 및 기능

저항 측정방법은 다음과 같다.

① 저항 측정을 위해 그림 1-7과 같이 디지털 멀티미터에 프로브를 접속한다.

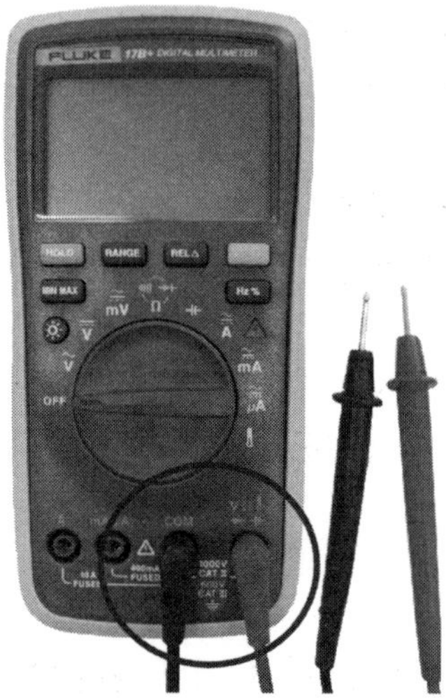


그림 1-7 저항 측정을 위한 디지털 멀티미터 프로브 접속

② 디지털 멀티미터의 로터리 스위치를 저항 측정위치인 Ω(ohm) 위치에 둔다.

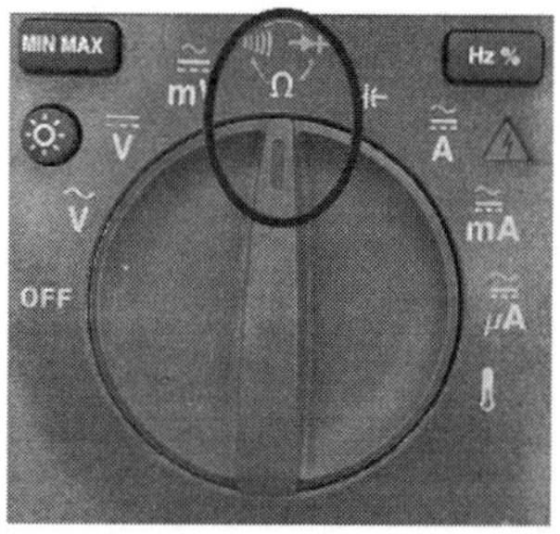


그림 1-8 저항 측정을 위한 로터리 스위치 위치 설정

③ 그림 1-9와 같이 측정하고자 하는 저항 양단에 프로브를 이용하여 저항을 측정한다.

그림 1-9 저항 양단의 저항값 측정

## 4. 실험순서

(1) 보통저항과 정밀저항 판독법을 이용하여 다음 표 1-3에 저항값을 기재한다.

표 1-3 저항 판독결과

| 저항색띠 | 판독 저항값 | 저항색띠 | 판독 저항값 |
|---|---|---|---|
| 흑갈흑금 | | 갈흑갈금 | |
| 적흑흑은 | | 적적갈금 | |
| 갈적등은 | | 등황녹은 | |
| 청사흑금 | | 갈흑등금 | |
| 황회갈금 | | 등흑적은 | |

(2) 색띠에 저항값이 나타나 있는 곳에 저항의 색띠별 색상을 표 1-4에 기재한다.

**표 1-4 저항값별 색띠 선정 결과**

| 저항값 | 색띠 선정 | 저항값 | 색띠 선정 |
|---|---|---|---|
| 10 Ω ± 5% | | 270 Ω ± 10% | |
| 330 Ω ± 5% | | 470 Ω ± 5% | |
| 1.5 kΩ ± 10% | | 1 kΩ ± 10% | |
| 3.3 kΩ ± 5% | | 10 kΩ ± 5% | |

(3) 실습에 주어진 실제 저항의 색띠를 표시하고, 저항 판독결과와 디지털 멀티미터로 측정한 저항값을 표 1-5에 기재한다.

**표 1-5 판독 저항값 및 실제 측정값 결과**

| 실습에 사용된 저항색띠 | 판독 저항값 | 판독오차 | 실제 측정값 | 실제 오차 |
|---|---|---|---|---|
| | | | | |
| | | | | |
| | | | | |
| | | | | |
| | | | | |
| | | | | |

| 결과보고서 | | | |
|---|---|---|---|
| 실험제목 | 저항 측정 | | |
| 조 원 | | 실험조 | 조 |
| 실습일자 | | 제출자 | |

(1) 표 1-3 저항 판독결과

| 저항색띠 | 판독 저항값 | 저항색띠 | 판독 저항값 |
|---|---|---|---|
| 흑갈흑금 | | 갈흑갈금 | |
| 적흑흑은 | | 적적갈금 | |
| 갈적등은 | | 등황녹은 | |
| 청자흑금 | | 갈흑등금 | |
| 황회갈금 | | 등흑적은 | |

(2) 표 1-4 저항값별 색띠 선정 결과

| 저항값 | 색띠 선정 | 저항값 | 색띠 선정 |
|---|---|---|---|
| 10 Ω ± 5% | | 270 Ω ± 10% | |
| 330 Ω ± 5% | | 470 Ω ± 5% | |
| 1.5 kΩ ± 10% | | 1 kΩ ± 10% | |
| 3.3 kΩ ± 5% | | 10 kΩ ± 5% | |

(3) 표 1-5 판독 저항값 및 실제 측정값 결과

| 실습에 사용된 저항색띠 | 판독 저항값 | 판독오차 | 실제 측정값 | 실제 오차 |
|---|---|---|---|---|
| | | | | |
| | | | | |
| | | | | |
| | | | | |
| | | | | |
| | | | | |

# 실험 2 합성저항 측정

## 1. 실험목적

(1) 저항의 직렬회로, 병렬회로 및 직·병렬회로를 결선할 수 있다.

(2) 저항의 합성저항을 계산하고 회로시험기로 측정할 수 있다.

## 2. 실험에 사용되는 기기 및 부품

(1) 디지털 멀티미터

(2) 저항(270 Ω, 330 Ω, 470 Ω, 1 kΩ, 1.5 kΩ, 2.2 kΩ, 10 kΩ)

(3) 브레드보드

(4) 점퍼 와이어

(5) 와이어 스트리퍼

## 3. 관련 지식

### 1) 저항의 직렬접속

#### (1) 직렬접속

저항의 직렬접속이란 저항이 여러 개가 있을 때 접속하는 부분이 오직 하나일 때를 말한다. 즉 그림 2-1에서 두 개의 저항이 a점에서 오직 하나의 접속점을 가지기 때문에 직렬접속이다.

(a) 저항 직렬접속

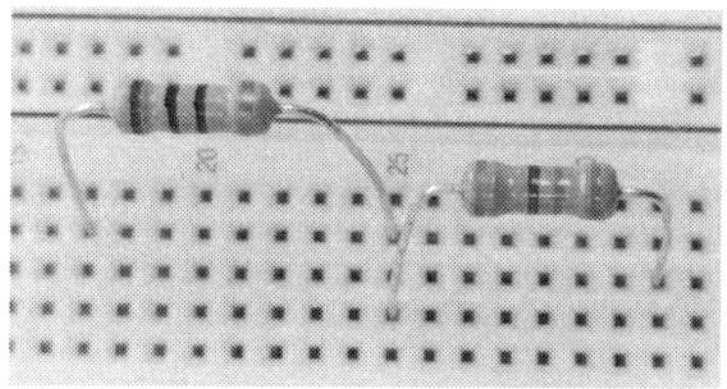

(b) 브레드보드 직접 직렬접속

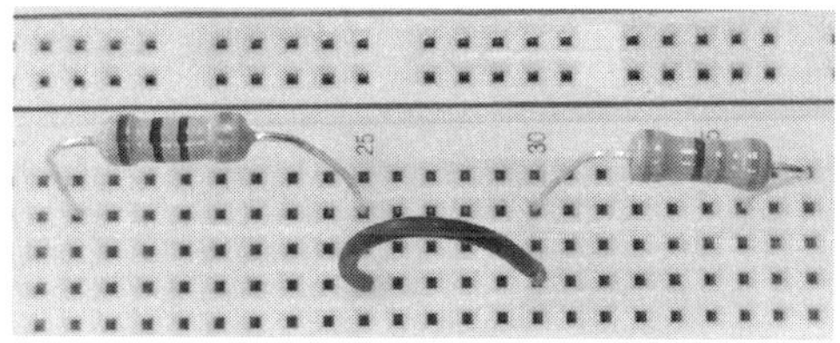

(c) 점퍼 와이어를 이용한 직렬접속

**그림 2-1 접속점이 하나인 직렬접속**

### (2) 직렬접속의 합성저항

그림 2-1과 같이 직렬로 접속된 두 개의 저항 $R_1$과 $R_2$는 하나의 등가저항 $R$로 나타낼 수 있는데 이때 저항 $R$을 저항 $R_1$과 $R_2$의 합성저항이라고 한다. 따라서 저항의 직렬접속의 경우 합성저항 $R$은 저항의 합으로 나타낼 수 있다.

$$R = R_1 + R_2$$

## 2) 저항의 병렬접속

### (1) 병렬접속

저항의 병렬접속이란 저항이 여러 개가 있을 때 접속저항이 항상 2개의 접속점을 가지는 때를 말한다. 즉 그림 2-2에서 두 개의 저항 $R_1$과 $R_2$가 a점과 b점 2개의 접속점을 가지기 때문에 병렬접속이다.

### (2) 병렬접속의 합성저항

#### ① 두 개의 저항

그림 2-2와 같이 병렬로 접속된 두 개의 저항 $R_1$과 $R_2$는 하나의 등가저항 $R$로 나타낼 수 있는데 이때 저항 $R$을 저항 $R_1$과 $R_2$의 합성저항이라고 한다. 따라서 저항의 병렬접속의 경우 합성저항 $R$은 다음 식으로 구할 수 있다.

(a) 저항 병렬접속

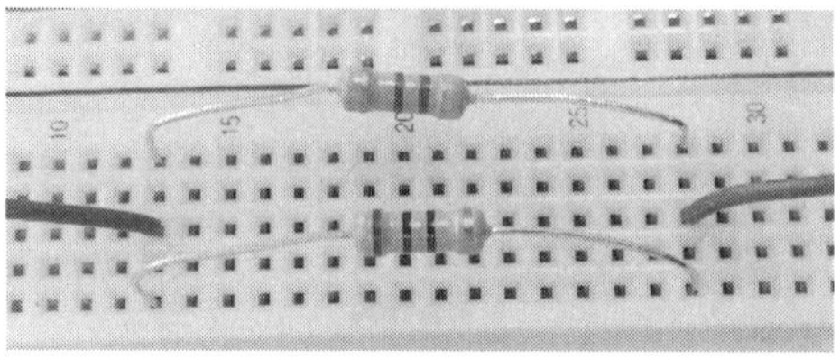

(b) 브레드보드를 이용한 접속

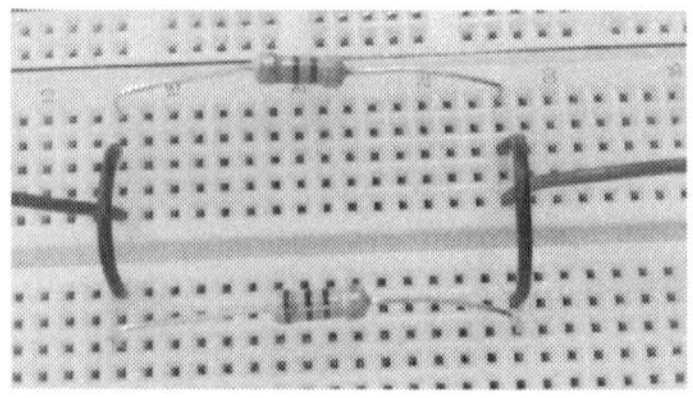

(c) 점퍼 와이어를 이용한 접속

**그림 2-2 접속점이 두 개인 병렬접속**

$$\frac{1}{R} = \frac{1}{R_1} + \frac{1}{R_2}$$

$$= \frac{R_2}{R_1 \times R_2} + \frac{R_1}{R_1 \times R_2}$$

$$= \frac{R_1 + R_2}{R_1 \times R_2}$$

따라서, $R = \dfrac{R_1 \times R_2}{R_1 + R_2}$ 이다.

저항이 3개 이상 병렬로 접속되어 있는 경우 합성저항은 위의 공식을 사용하여 구하여야 하는데 매우 번거롭다. 특히 위의 공식을 보면 두 개의 저항이 병렬로 접속된 경우를 살펴보면 합성저항을 쉽게 구할 수 있다.

$$\text{합성저항 } R = \frac{\text{두 저항의 곱}}{\text{두 저항의 합}}$$

### ② 3개 이상의 저항

그림 2-3과 같이 3개의 저항이 접속된 경우를 살펴보기로 한다. 그림 2-3에서 보면 저항 $R_1$, $R_2$, $R_3$는 a점과 b점 두 개의 접속점을 가지므로 병렬접속이다.

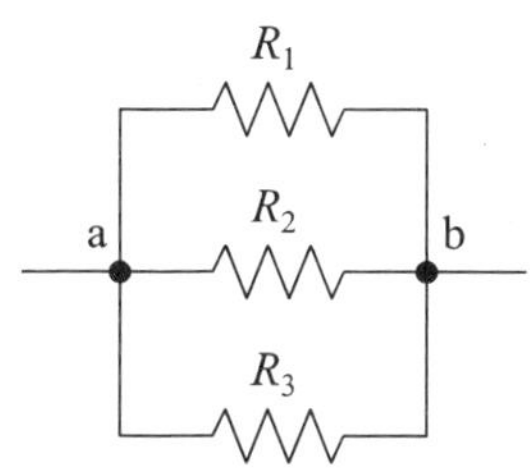


그림 2-3 병렬접속된 3개의 저항

그림 2-3과 같이 병렬접속된 저항의 합성저항을 구하기 위해서는 앞의 공식을 이용하여 구하여야 하지만 그 절차가 매우 복잡하므로 다음과 같이 2개의 병렬저항의 합성저항을 구하는 방법으로 구하는 절차를 그림 2-4에 나타내었다.

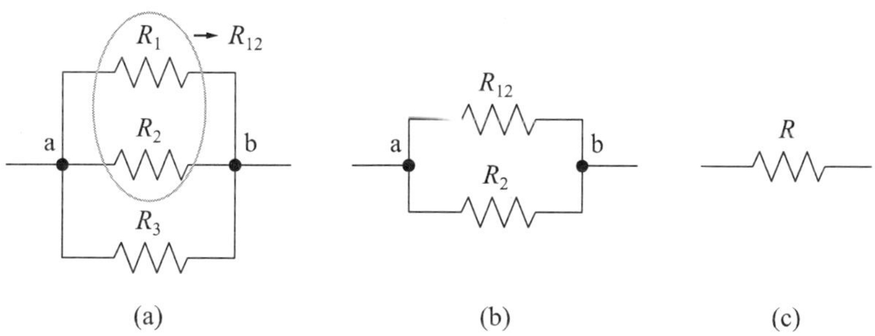


그림 2-4 병렬접속 합성저항 계산 절차

그림 2-4에서 합성저항을 계산하는 절차는 다음과 같다.

① 그림 2-4(a)와 같이 $R_1$과 $R_2$의 합성저항공식 $R_{12}=\frac{\text{두 저항의 곱}}{\text{두 저항의 합}}$을 구한다.

$$R_{12}=\frac{R_1\times R_2}{R_1+R_2}$$

② 그림 2-4(b)와 같이 $R_{12}$와 $R_2$의 합성저항공식 $R=\frac{\text{두 저항의 곱}}{\text{두 저항의 합}}$을 구하면 최종 합성저항을 구할 수 있다.

$$R=\frac{R_{12}\times R_2}{R_{12}+R_2}$$

### (3) 직·병렬접속의 합성저항

그림 2-5와 같이 접속된 저항의 합성저항을 구해 보기로 한다. 그림 2-5를 보면 저항 $R_2$와 $R_3$는 접속점이 a, b 두 개가 있기 때문에 병렬접속이다. 이 두 저항의 합성저항은 앞의 공식을 이용하면 그림 2-6(b)와 같이 합성저항 $R_{23}$을 구할 수 있다. 그림 2-6(b)를 보면 저항 $R_1$과 저항 $R_{23}$은 접속점이 a점 1개 밖에 없으므로 직렬접속이다. 이와 같이 병렬접속과 직렬접속이 동시에 접속되어 있는 것을 저항의 직·병렬접속이라 한다.

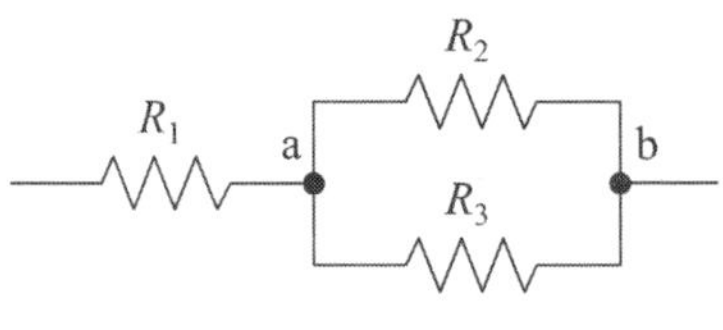


(a) 저항의 직·병렬접속

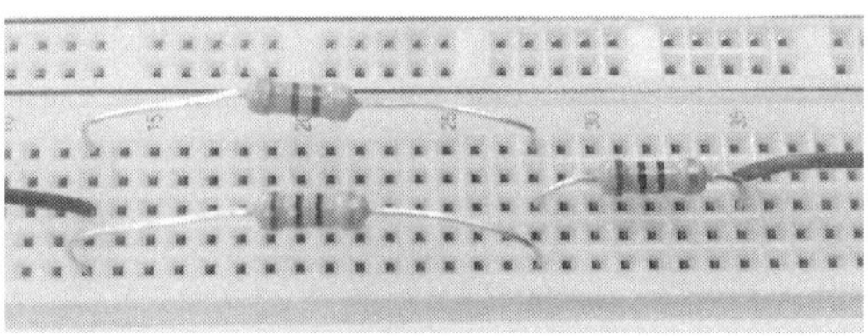

(b) 브레드보드를 이용한 접속

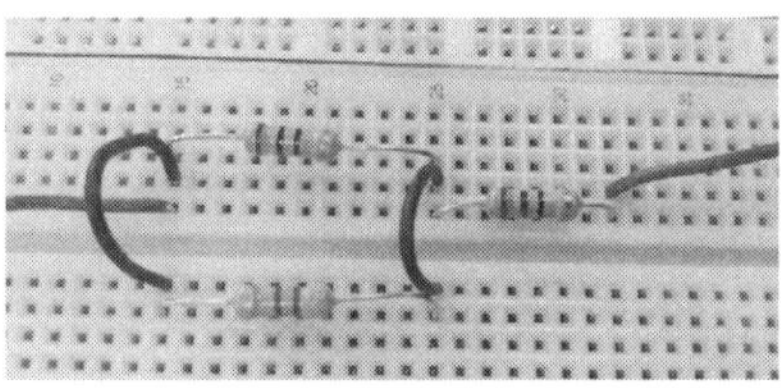

(c) 점퍼 와이어를 이용한 접속

그림 2-5 직·병렬접속

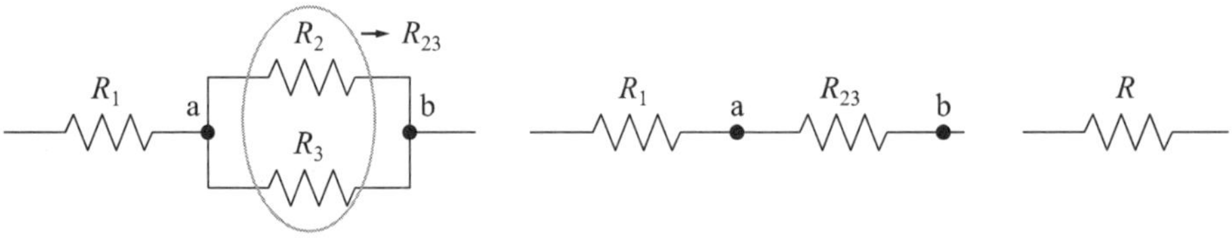


(a) (b) (c)

그림 2-6 저항의 직·병렬접속의 합성저항 구하는 절차

그림 2-6에 나타난 직·병렬접속의 합성저항 구하는 절차를 요약하면 다음과 같다. 직·병렬접속인 경우 병렬접속된 합성저항을 먼저 구한다.

① 그림 2-6(a)에서 병렬접속된 저항 $R_2$와 $R_3$를 공식을 이용하여 $R_{23}$을 구한다.

$$R_{23} = \frac{\text{두 저항의 곱}}{\text{두 저항의 합}}, \qquad R_{23} = \frac{R_2 \times R_3}{R_2 + R_3}$$

② 다음으로 그림 2-6(b)에서 $R_1$과 $R_{23}$은 직렬접속이므로 저항을 합하면 그림 2-6(c)와 같이 최종 합성저항을 구할 수 있다.

$$R = R_1 + R_{23}$$

## 4. 실험순서

(1) 제시한 저항을 직렬접속하여 합성저항을 계산하고 실측을 통하여 결과를 표 2-1에 기입하고 결과를 고찰한다.

**표 2-1 직렬접속 합성저항 측정결과**

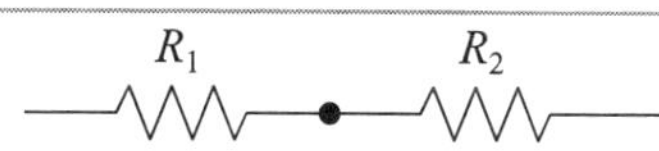


직렬접속회로

| 색띠 저항값 | 합성저항 계산값 | 측정한 저항값 | 합성저항 측정값 | 합성저항 오차[%] |
|---|---|---|---|---|
| $R_1 = 270\ \Omega$ | | $R_1 =$ | | |
| | $R =$ | | $R =$ | |
| $R_2 = 330\ \Omega$ | | $R_2 =$ | | |

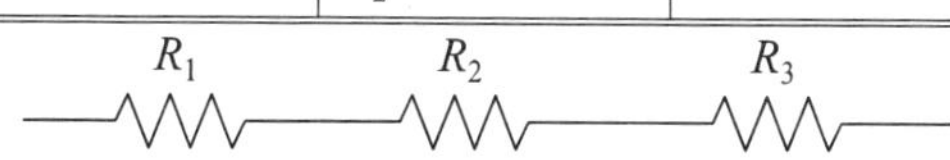


직렬접속회로

| 색띠 저항값 | 합성저항 계산값 | 측정한 저항값 | 합성저항 측정값 | 합성저항 오차[%] |
|---|---|---|---|---|
| $R_1 = 1.2\ \text{k}\Omega$ | | $R_1 =$ | | |
| $R_2 = 3.3\ \text{k}\Omega$ | $R =$ | $R_2 =$ | $R =$ | |
| $R_3 = 10\ \text{k}\Omega$ | | $R_3 =$ | | |

(2) 제시한 저항을 병렬접속하여 합성저항을 계산하고 실측을 통하여 결과를 표 2-2에 기입하고 결과를 고찰한다.

### 표 2-2 병렬접속 합성저항 측정결과

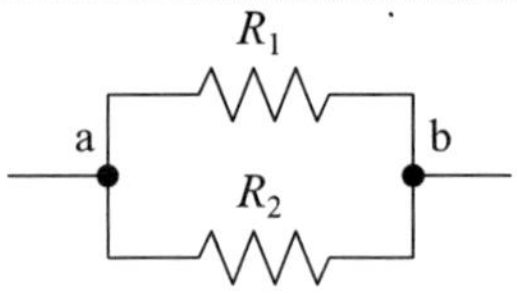


병렬접속회로

| 색띠 저항값 | 합성저항 계산값 | 측정한 저항값 | 합성저항 측정값 | 합성저항 오차 [%] |
|---|---|---|---|---|
| $R_1 = 270\ \Omega$<br><br>$R_2 = 470\ \Omega$ | $R=$ | $R_1 =$<br><br>$R_2 =$ | $R=$ | |

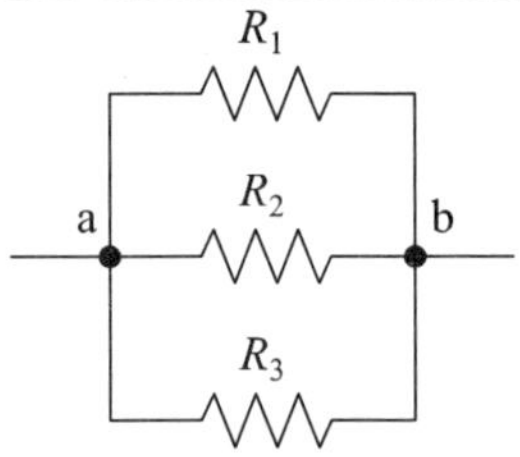


병렬접속회로

| 색띠 저항값 | 합성저항 계산값 | 측정한 저항값 | 합성저항 측정값 | 합성저항 오차 [%] |
|---|---|---|---|---|
| $R_1 = 270\ \Omega$<br>$R_2 = 330\ \Omega$<br>$R_3 = 1\ \text{k}\Omega$ | $R=$ | $R_1 =$<br>$R_2 =$<br>$R_3 =$ | $R=$ | |

(3) 제시한 저항을 직·병렬접속하여 합성저항을 계산하고 실측을 통하여 결과를 표 2-3에 기입하고 결과를 고찰한다.

### 표 2-3 직·병렬접속 합성저항 측정결과

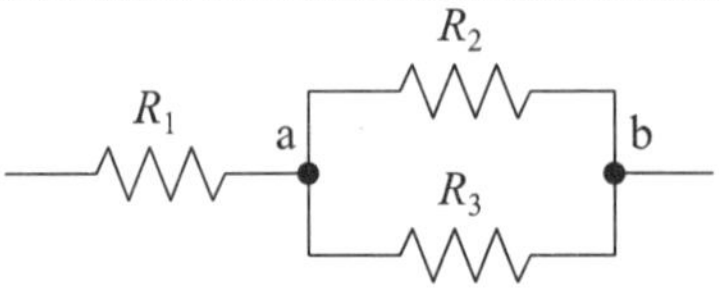


직·병렬접속회로

| 색띠 저항값 | 합성저항 계산값 | 측정한 저항값 | 합성저항 측정값 | 합성저항 오차 [%] |
|---|---|---|---|---|

| | | | | |
|---|---|---|---|---|
| $R_1 = 330\ \Omega$<br>$R_2 = 1\ \text{k}\Omega$<br>$R_3 = 2.2\ \text{k}\Omega$ | $R_{ab} =$<br><br>$R =$ | $R_1 =$<br>$R_2 =$<br>$R_3 =$ | $R_{ab} =$<br><br>$R =$ | |

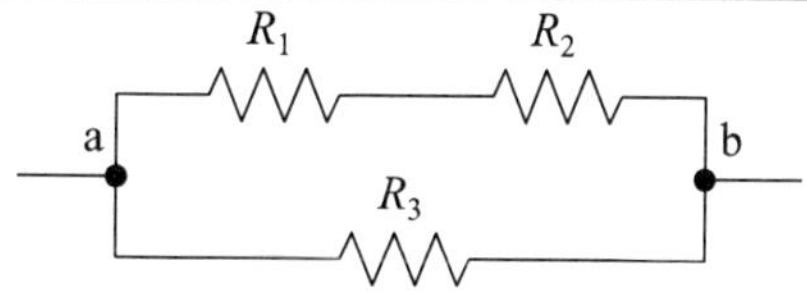


직·병렬접속회로

| 색띠 저항값 | 합성저항 계산값 | 측정한 저항값 | 합성저항 측정값 | 합성저항 오차[%] |
|---|---|---|---|---|
| $R_1 = 270\ \Omega$<br>$R_2 = 330\ \Omega$<br>$R_3 = 1\ \text{k}\Omega$ | $R =$ | $R_1 =$<br>$R_2 =$<br>$R_3 =$ | $R =$ | |

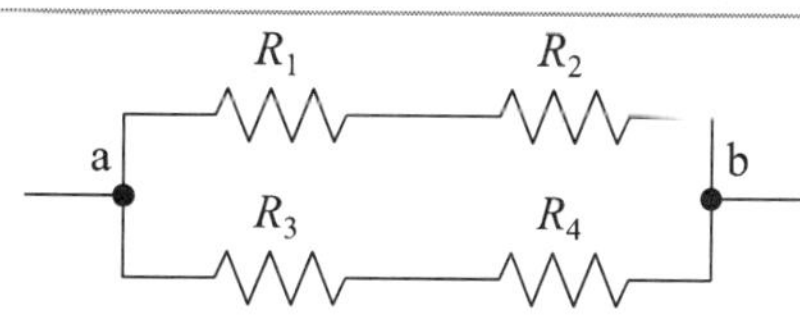


직·병렬접속회로

| 색띠 저항값 | 합성저항 계산값 | 측정한 저항값 | 합성저항 측정값 | 합성저항 오차[%] |
|---|---|---|---|---|
| $R_1 = 270\ \Omega$<br>$R_2 = 330\ \Omega$<br>$R_3 = 470\ \Omega$<br>$R_4 = 1\ \text{k}\Omega$ | $R =$ | $R_1 =$<br>$R_2 =$<br>$R_3 =$<br>$R_4 =$ | $R =$ | |

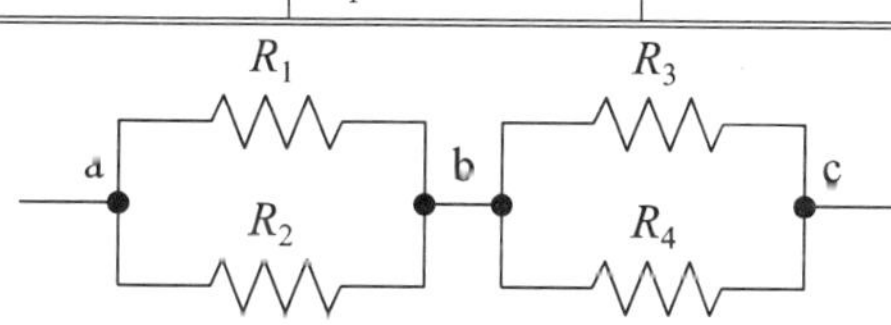


직·병렬접속회로

| 색띠 저항값 | 합성저항 계산값 | 측정한 저항값 | 합성저항 측정값 | 합성저항 오차[%] |
|---|---|---|---|---|
| $R_1 = 270\ \Omega$<br>$R_2 = 470\ \Omega$<br>$R_3 = 1\ \text{k}\Omega$<br>$R_4 = 2.2\ \text{k}\Omega$ | $R_{ab} =$<br>$R_{bc} =$<br>$R =$ | $R_1 =$<br>$R_2 =$<br>$R_3 =$<br>$R_4 =$ | $R_{ab} =$<br>$R_{bc} =$<br>$R =$ | |

| 결과보고서 | | | |
|---|---|---|---|
| 실험제목 | **합성저항 측정** | | |
| 조 원 | | 실험조 | 조 |
| 실습일자 | | 제출자 | |

(1) 표 2-1 직렬접속 합성저항 측정결과

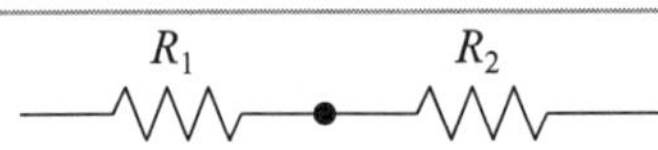


직렬접속회로

| 색띠 저항값 | 합성저항 계산값 | 측정한 저항값 | 합성저항 측정값 | 합성저항 오차[%] |
|---|---|---|---|---|
| $R_1 =$<br>$R_2 =$ | $R =$ | $R_1 =$<br>$R_2 =$ | $R =$ | |

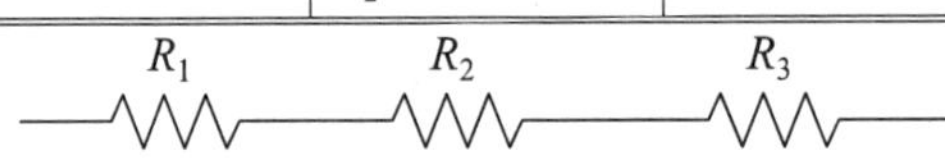


직렬접속회로

| 색띠 저항값 | 합성저항 계산값 | 측정한 저항값 | 합성저항 측정값 | 합성저항 오차[%] |
|---|---|---|---|---|
| $R_1 =$<br>$R_2 =$<br>$R_3 =$ | $R =$ | $R_1 =$<br>$R_2 =$<br>$R_3 =$ | $R =$ | |

(2) 표 2-2 병렬접속 합성저항 측정결과

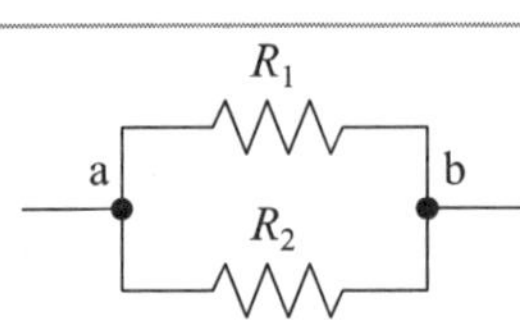


병렬접속회로

| 색띠 저항값 | 합성저항 계산값 | 측정한 저항값 | 합성저항 측정값 | 합성저항 오차[%] |
|---|---|---|---|---|
| $R_1 =$ | $R =$ | $R_1 =$ | $R =$ | |

| $R_2 =$ | | $R_2 =$ | | |
|---|---|---|---|---|

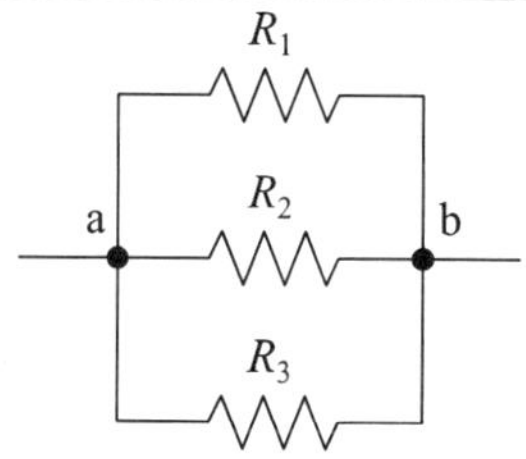


병렬접속회로

| 색띠<br>저항값 | 합성저항<br>계산값 | 측정한<br>저항값 | 합성저항<br>측정값 | 합성저항<br>오차[%] |
|---|---|---|---|---|
| $R_1 =$<br>$R_2 =$<br>$R_3 =$ | $R =$ | $R_1 =$<br>$R_2 =$<br>$R_3 =$ | $R =$ | |

(3) 표 2-3 직·병렬접속 합성저항 측정결과

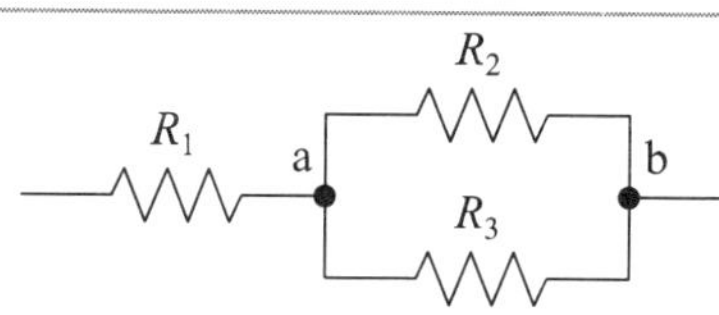


직·병렬접속회로

| 색띠<br>저항값 | 합성저항<br>계산값 | 측정한<br>저항값 | 합성저항<br>측정값 | 합성저항<br>오차[%] |
|---|---|---|---|---|
| $R_1 =$<br>$R_2 =$<br>$R_3 =$ | $R_{ab} =$<br><br>$R =$ | $R_1 =$<br>$R_2 =$<br>$R_3 =$ | $R_{ab} =$<br><br>$R =$ | |

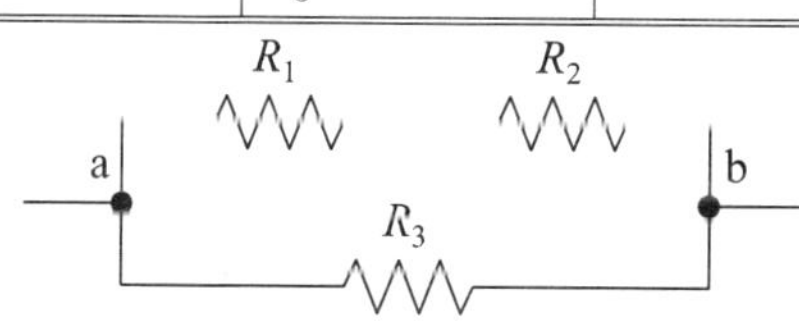


직·병렬접속회로

| 색띠<br>저항값 | 합성저항<br>계산값 | 측정한<br>저항값 | 합성저항<br>측정값 | 합성저항<br>오차[%] |
|---|---|---|---|---|
| $R_1 =$<br>$R_2 =$<br>$R_3 =$ | $R =$ | $R_1 =$<br>$R_2 =$<br>$R_3 =$ | $R =$ | |

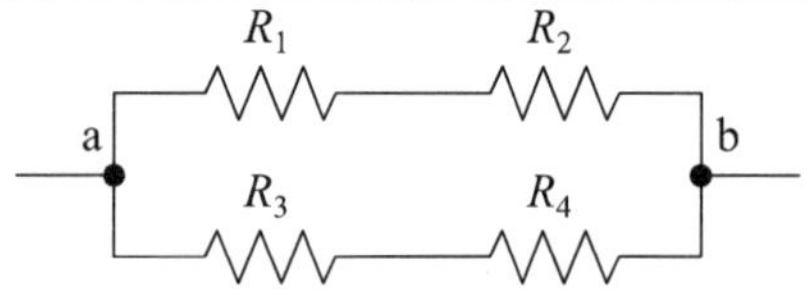


직·병렬접속회로

| 색띠 저항값 | 합성저항 계산값 | 측정한 저항값 | 합성저항 측정값 | 합성저항 오차[%] |
|---|---|---|---|---|
| $R_1 =$<br>$R_2 =$<br>$R_3 =$<br>$R_4 =$ | $R =$ | $R_1 =$<br>$R_2 =$<br>$R_3 =$<br>$R_4 =$ | $R =$ | |

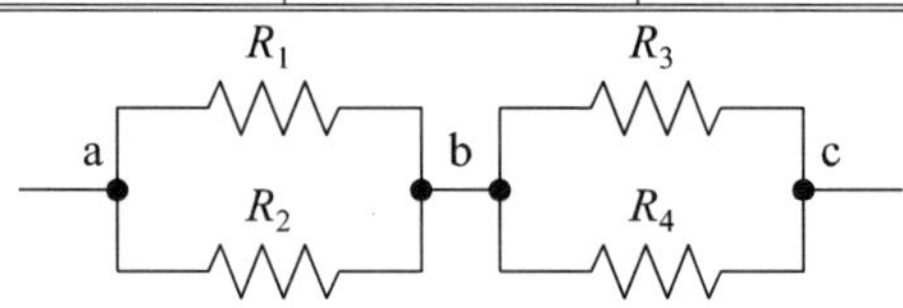


직·병렬접속회로

| 색띠 저항값 | 합성저항 계산값 | 측정한 저항값 | 합성저항 측정값 | 합성저항 오차[%] |
|---|---|---|---|---|
| $R_1 =$<br>$R_2 =$<br>$R_3 =$<br>$R_4 =$ | $R_{ab} =$<br>$R_{bc} =$<br>$R =$ | $R_1 =$<br>$R_2 =$<br>$R_3 =$<br>$R_4 =$ | $R_{ab} =$<br>$R_{bc} =$<br>$R =$ | |

# 3 옴의 법칙

실험

## 1. 실험목적

(1) 옴의 법칙을 이해할 수 있다.
(2) 디지털 멀티미터를 이용하여 전압을 측정할 수 있다.
(3) 디지털 멀티미터를 이용하여 전류를 측정할 수 있다.
(4) 회로의 전류, 전압, 저항의 측정을 통하여 옴의 법칙을 실험적으로 확인할 수 있다.

## 2. 실험에 사용되는 기기 및 부품

(1) 디지털 멀티미터
(2) 저항(330 Ω/1 W)
(3) 브레드보드
(4) 점퍼 와이어
(5) 와이어 스트리퍼
(6) 전원공급기(DC 파워서플라이)

## 3. 관련 지식

### 1) 옴의 법칙

그림 3-1과 같은 저항 $R$ [Ω]로 구성된 전기회로에 전압 $V$ [V]인가하면 전류 $I$ [A]가 흐르게 되는데, 이와 같이 전압, 저항, 전류와의 관계를 나타내는 법칙을 옴의 법칙이라고 한다. 옴의 법칙은 다음 식과 같이 나타낼 수 있는데 이는 도체에

흐르는 전류의 크기는 전압에 비례하고 저항에 반비례한다는 것을 나타낸다.

$$I = \frac{V}{R}\,[\mathrm{A}], \qquad V = IR\,[\mathrm{V}], \qquad R = \frac{V}{I}\,[\Omega]$$

위의 식에서 저항 $R$값이 일정하면 전압 $V$와 전류 $I$는 선형적으로 비례한다.

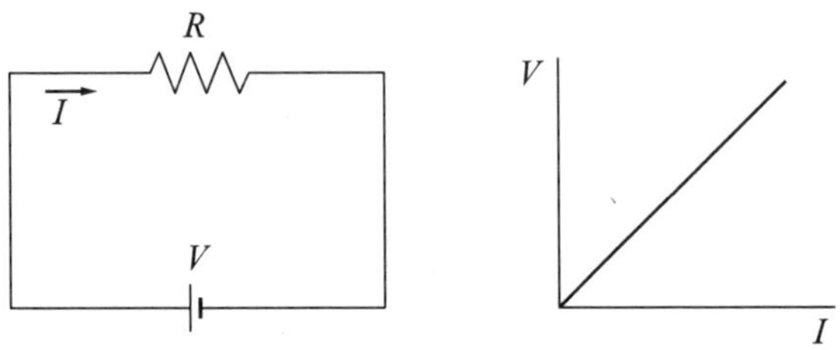


그림 3-1 전기회로에서 전압과 전류와의 관계

## 2) 전압 측정법

디지털 멀티미터를 이용하여 전압을 측정하는 방법은 각 소자와 병렬로 접속하여 측정하여야 한다. 즉 디지털 멀티미터의 단자가 회로의 소자와 만나는 점이 a, b로 항상 2개가 되도록 측정해야 한다. 그림 3-2를 보면 저항 $R$의 전압을 측정하기 위해서는 디지털 멀티미터의 단자가 저항의 a, b점 2곳에 접속점이 있다. 이 방법이 병렬로 측정하는 방법이다.

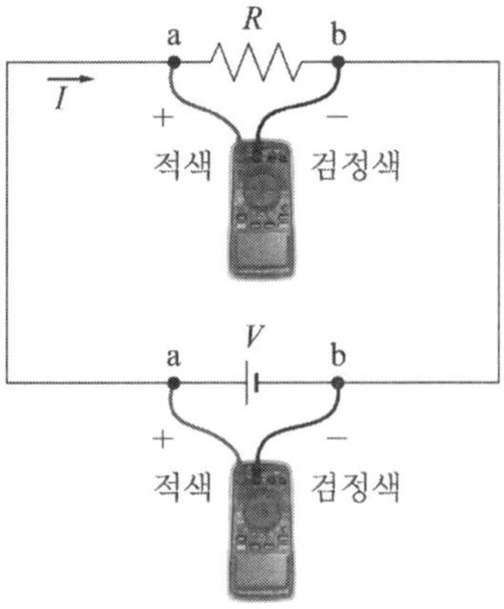


그림 3-2 멀티미터를 이용한 전압 측정법(병렬로 접속)

전압 측정을 위해서 디지털 멀티미터는 다음 그림 3-3과 같이 설정해야 한다. mV쪽은 측정전압이 작을 때 선택하면 된다.

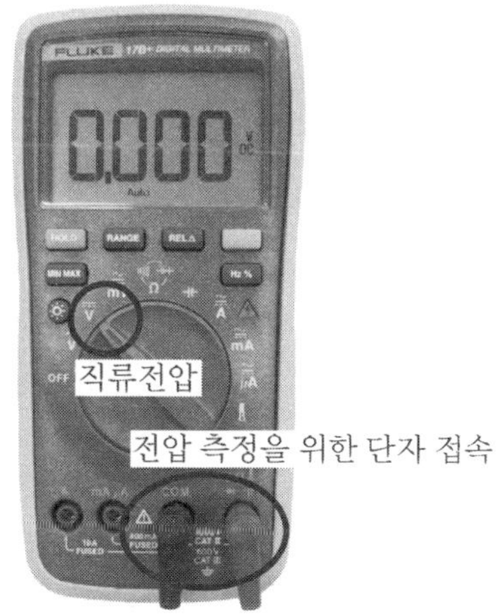


그림 3-3 전압 측정을 위한 설정

## 3) 전류 측정법

디지털 멀티미터를 이용하여 전류를 측정하는 방법은 각 소자와 직렬로 접속하여 측정하여야 한다. 즉 디지털 멀티미터의 단자가 회로의 소자와 만나는 점이 1개가 되도록 측정해야 한다. 그림 3-4를 보면 회로의 전류를 측정하기 위해서는 디지털 멀티미터의 단자가 저항의 1곳(a점)에만 접속점이 있다. 이 방법이 직렬로 측정하는 방법이다.

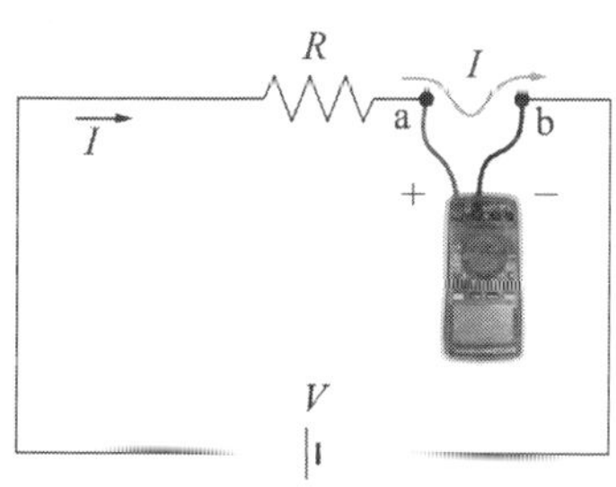


그림 3-4 멀티미터를 이용한 전류 측정법(직렬로 접속)

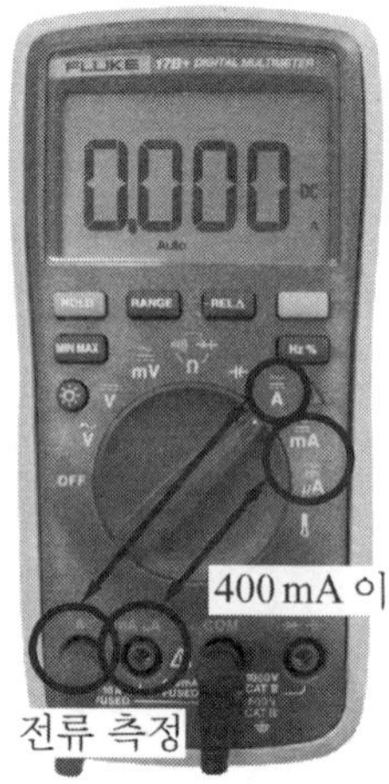


그림 3-5 전류 측정을 위한 설정

전류 측정을 위해서는 디지털 멀티미터를 그림 3-5와 같이 설정해야 한다. 전류의 크기가 400 mA 이하인 경우 단자와 로터리 스위치를 mA 또는 μA쪽으로 맞추어야 한다.

## 4. 실험순서

(1) 그림 3-6에 제시된 회로를 구성하고 저항 $R$의 양단의 전압 $V_R$과 회로에 흐르는 전류 $I$를 측정하여 표 3-1에 기입하고 옴의 법칙을 만족하는지 결과를 고찰한다.

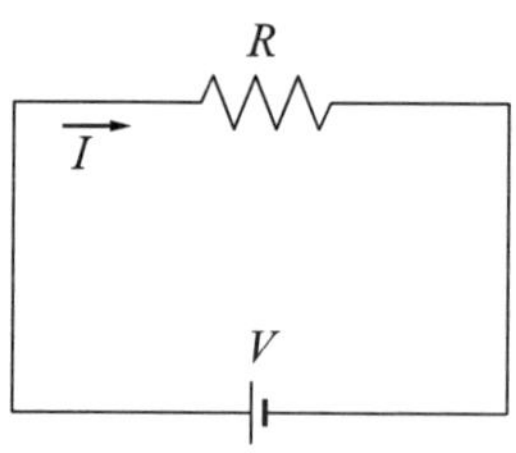


그림 3-6 실습을 위한 회로 구성

**표 3-1 이론값과 측정값 기록표**

| 인가전압 $(V)$ | 색띠저항 $(R)$ | 계산전류 $(I)$ | 측정저항 $(R)$ | 측정전류 $(I)$ | 측정전압 $(V_R)$ |
|---|---|---|---|---|---|
| 4 V | | | | | |
| 8 V | | | | | |
| 10 V | | | | | |
| 12 V | | | | | |
| 14 V | | | | | |

(2) 표 3-1을 참조하여 이를 토대로 그림 3-7에 전압 - 전류 그래프의 결과를 고찰한다.

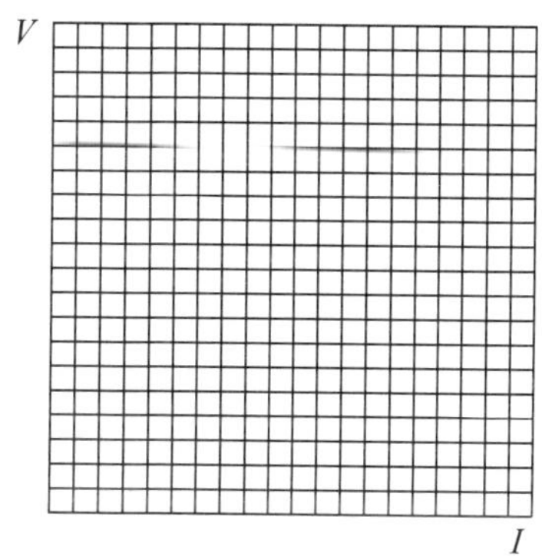


**그림 3-7 측정된 전압 – 전류 그래프**

| 결과보고서 | | | |
|---|---|---|---|
| 실험제목 | **옴의 법칙** | | |
| 조 원 | | 실험조 | 조 |
| 실습일자 | | 제출자 | |

(1) 표 3-1 이론값과 측정값 기록표

| 인가전압 ($V$) | 색띠저항 ($R$) | 계산전류 ($I$) | 측정저항 ($R$) | 측정전류 ($I$) | 측정전압 ($V_R$) |
|---|---|---|---|---|---|
| 4 V | | | | | |
| 8 V | | | | | |
| 10 V | | | | | |
| 12 V | | | | | |
| 14 V | | | | | |

(2) 측정된 전압 - 전류 그래프

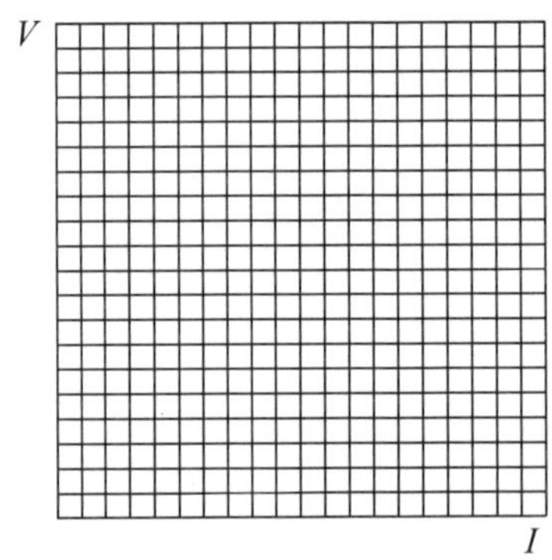


그림 3-7 측정된 전압 – 전류 그래프

# 4 키르히호프 전압법칙(전압분배)

실험

## 1. 실험목적

(1) 직렬접속된 저항에 걸리는 전압의 분배법칙을 실험을 통하여 확인할 수 있다.
(2) 직렬접속된 저항에 걸리는 전압강하와 인가전압 사이의 관계에 관한 법칙인 키르히호프 전압법칙을 실험으로 확인할 수 있다.

## 2. 실험에 사용되는 기기 및 부품

(1) 디지털 멀티미터
(2) 저항(10 Ω, 270 Ω, 330 Ω, 470 Ω, 1/2 W)
(3) 브레드보드
(4) 점퍼 와이어
(5) 와이어 스트리퍼
(6) 전원공급기(DC 파워서플라이)

## 3. 관련 지식

### 1) 전압분배법칙

그림 4-1과 같이 두 개의 저항 $R_1$, $R_2$가 직렬접속된 회로에 전압 $V$가 인가되는 회로에 있어서, 인가된 전압 $V$는 저항 $R_1$과 $R_2$에 일정한 비율로 전압이 나뉘어서 걸리게 되는데 이를 공식화 한 것을 전압분배법칙이라고 한다. 이때 저항 $R_1$, $R_2$에 걸리는 전압을 전압강하라고 한다. 그러나 회로 전체에 흐르는 전류 $I$는 어디든

일정하게 흐른다. 요약하면 직렬접속된 저항회로에서는 전압 $V$는 분배되며, 전류 $I$는 어느 곳에서나 동일하다.

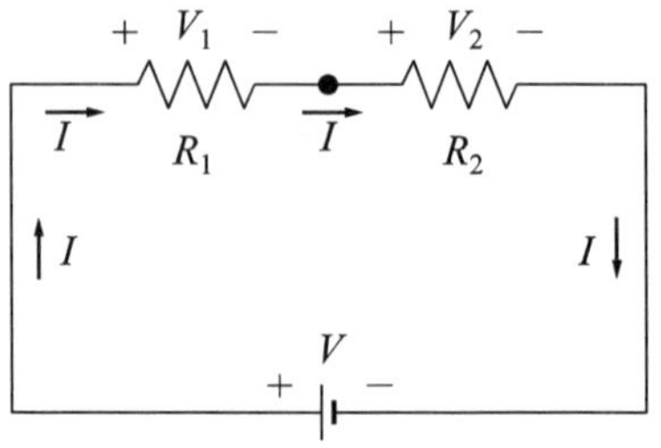


그림 4-1 직렬접속된 회로의 전압분배

### (1) 직렬회로의 전류 계산

그림 4-1 직렬회로의 합성저항은 두 저항의 합과 같으므로 다음과 같다.

$$R = R_1 + R_2$$

그러므로, 흐르는 전류는 옴의 법칙에 의해 다음과 같다.

$$I = \frac{V}{R}$$

이 전류 $I$ 회로의 어느 부분이든 항상 동일하다.

### (2) 저항에 걸리는 전압강하 계산

그림 4-1에서 저항 $R_1$과 $R_2$에 걸리는 전압강하 계산을 위해서는 옴의 법칙 공식 $V = IR$을 이용하면 된다. $R_1$과 $R_2$에 걸리는 전압강하 $V_1$, $V_2$값은 각각

$$V_1 = IR_1$$

$$V_2 = IR_2$$

여기서 앞에서 구한 전류 $I = \frac{V}{R}$을 대입하면

$$V_1 = IR_1 = \left(\frac{V}{R}\right)R_1 = \frac{R_1}{R}V$$

$$V_2 - IR_2 = \left(\frac{V}{R}\right)R_2 = \frac{R_2}{R}V$$

여기서, $V = V_1 + V_2$이다.

위 식에서 인가된 전압 $V$는 저항 $R_1$과 $R_2$에 각각 $V_1$과 $V_2$로 분배되어 걸리게 되는 것을 알 수 있고 이 식에는 일정한 규칙이 있음을 알 수 있는데 그 규칙을 전압분배법칙이라 하며 다음과 같다.

$$\text{구하고자 하는 곳의 전압 } V_x = \frac{\text{구하고자 하는 곳의 저항값 } R_x}{\text{합성저항값 } R} \times \text{인가전압 } V$$

**예제 1** 다음 직렬접속 회로의 각각에 걸리는 전압강하 $V_1$, $V_2$값을 구하시오.

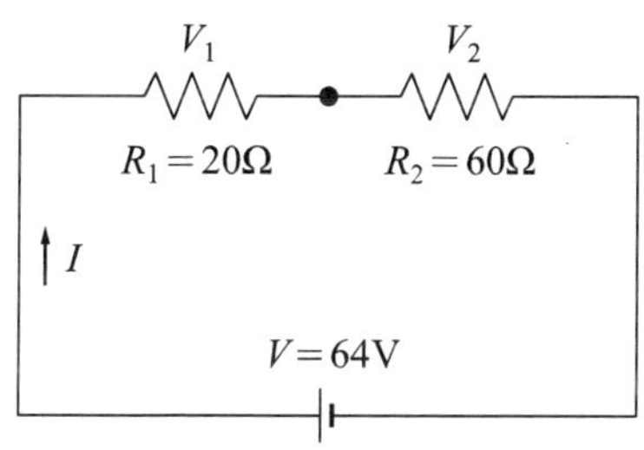


그림 4-2 예제 1)의 회로

**풀이**

$$\text{구하고자 하는 곳의 전압 } V_x = \frac{\text{구하고자 하는 곳의 저항값 } R_x}{\text{합성저항값 } R} \times \text{인가전압 } V \text{ 이므로}$$

- $V_1$값을 구하기 위해

  합성저항값 $R = R_1 + R_2 = 20 + 60 = 80\ \Omega$

  구하고자하는 곳의 저항값 $R_1 = 20\ \Omega$이므로, 공식에 대입하면

  $$V_1 = \frac{20}{80} \times 64\ \text{V} = 16\ \text{V}$$

- $V_2$값을 구하기 위해

  합성저항값 $R = R_1 + R_2 = 20 + 60 = 80\ \Omega$

  구하고자하는 곳의 저항값 $R_2 = 60\ \Omega$이므로, 공식에 대입하면

  $V_2 = \frac{60}{80} \times 64\ \text{V} = 48\ \text{V}$

계산결과를 보면 $V = V_1 + V_2$에서 64 V = 16 V + 48 V로 만족하며, 저항값이 큰 곳에 더 큰 전압이 걸리는 것을 알 수 있다. 즉 전압강하는 저항의 크기에 비례한다.

## 2) 키르히호프 전압법칙(Kirchhoff's Voltage Law : KVL)

키르히호프 전압법칙은 "주어진 폐회로에서 특정한 한 방향으로 일주하면서 전압상승의 값과 전압강하의 대수적인 합은 0이다"라고 하는 인가전압과 전압강하의 관계를 나타내는 법칙이다. 간단하게 말하면 "폐회로 내에서 인가전압의 합은 전압강하의 합과 같다"라고 하는 것이다.

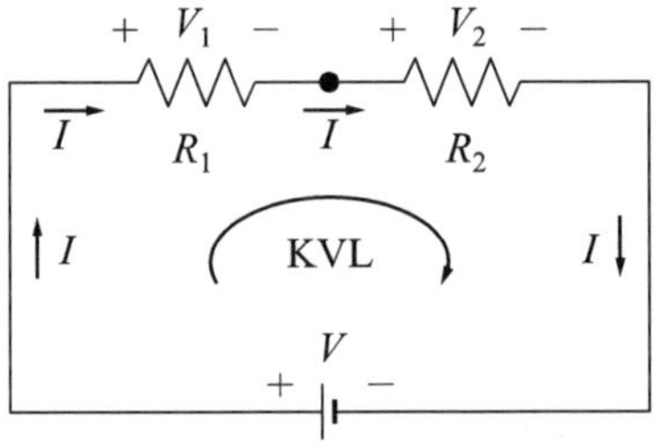


그림 4-3 키르히호프 전압법칙을 위한 폐회로

그림 4-3에서 회로내부의 원의 화살표 방향을 기준으로 설정하여 보면, 인가전압은 (−)에서 (+)로 전압 상승의 방향이므로 전압은 $+V$이고, 저항 $R_1$과 $R_2$의 방향은 (+)에서 (−) 방향으로 전압이 강하되는 방향이므로 각각 $-V_1$, $-V_2$이므로 전압의 대수합은 다음 식과 같이 0이 된다.

$$V - V_1 - V_2 = 0$$

즉, $V = V_1 + V_2$가 되어 인가전압은 전압강하의 합과 같음을 알 수 있다.

## 4. 실험순서

(1) 그림 4-4에 제시된 실습회로 1을 구성하고, 각각의 저항에 걸리는 전압을 측정하여 표 4-1에 기입하여 전압분배법칙을 만족하는지 검토하고, 키르히호프 전압법칙을 만족하는지 결과를 고찰한다.

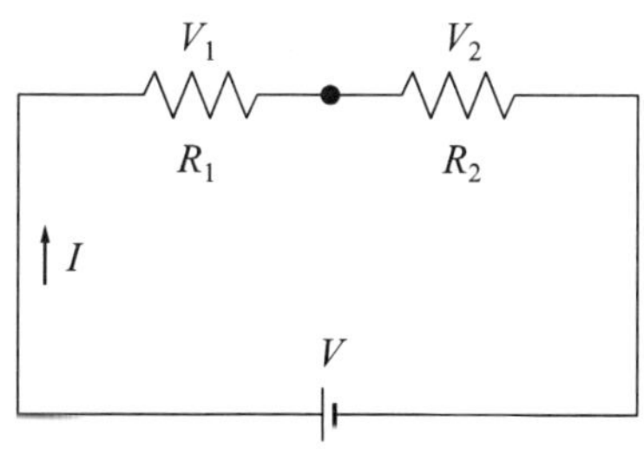


그림 4-4 **실습회로 1**

표 4-1 **실습결과표 1**

| 실습에 사용된 저항값<br>$R_1 = 330\ \Omega$, $R_2 = 470\ \Omega$, 1/2 W | | | |
|---|---|---|---|
| 측정값 | 인가전압 $V$ | 25 | (V) |
| | 측정저항 $R_1$ | | (Ω) |
| | 측정저항 $R_2$ | | (Ω) |
| | 합성저항 $R$ | | (Ω) |
| | 측정전압 $V_1$ | | (V) |
| | 측정전압 $V_2$ | | (V) |
| | 측정전류 $I$ | | (A) |
| 계산값 | 전압분배<br>계산전압 $V_1$ | 계산식 :<br>결과값 : | (V) |
| | 전압분배<br>계산전압 $V_2$ | 계산식 :<br>결과값 : | (V) |
| | 계산전류 $I$ | 계산식 :<br>결과값 : | (A) |

(2) 그림 4-5에 제시된 실습회로 2를 구성하고, 각각의 저항에 걸리는 전압을 측정하여 표 4-2에 기입하여 전압분배법칙을 만족하는지 검토하고, 키르히호프 전압법칙을 만족하는지 결과를 고찰한다.

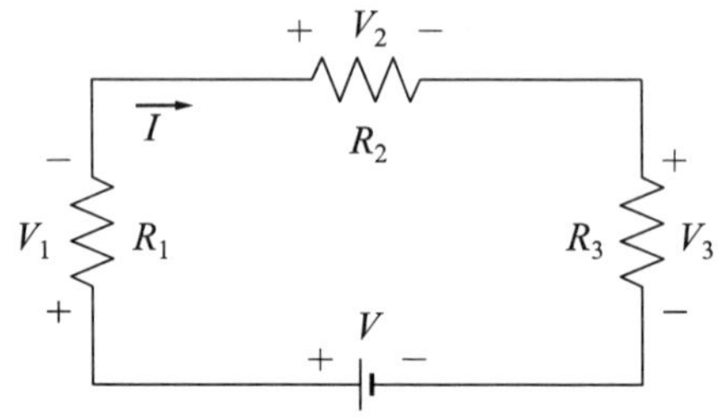


**그림 4-5 실습회로 2**

**표 4-2 실습결과표 2**

| 실습에 사용된 저항값<br>$R_1 = 270\,\Omega$, $R_2 = 10\,\Omega$, $R_3 = 470\,\Omega$, 1/2 W | | |
|---|---|---|
| 측정값 | 인가전압 $V$ | 10 (V) |
| | 측정저항 $R_1$ | (Ω) |
| | 측정저항 $R_2$ | (Ω) |
| | 측정저항 $R_3$ | (Ω) |
| | 합성저항 $R$ | (Ω) |
| | 측정전압 $V_1$ | (V) |
| | 측정전압 $V_2$ | (V) |
| | 측정전압 $V_3$ | (V) |
| | 측정전류 $I$ | (A) |
| 계산값 | 전압분배<br>계산전압 $V_1$ | 계산식 :<br>결과값 : (V) |
| | 전압분배<br>계산전압 $V_2$ | 계산식 :<br>결과값 : (V) |
| | 전압분배<br>계산전압 $V_3$ | 계산식 :<br>결과값 : (V) |
| | 계산전류 $I$ | 계산식 :<br>결과값 : (A) |

| 결과보고서 | | | |
|---|---|---|---|
| 실험제목 | **키르히호프 전압법칙** | | |
| 조 원 | | 실험조 | 조 |
| 실습일자 | | 제출자 | |

(1) 표 4-1 실습결과표

| 실습에 사용된 저항값<br>$R_1$ = (Ω, kΩ), $R_2$ = (Ω, kΩ) | | |
|---|---|---|
| 측정값 | 인가전압 $V$ | (V) |
| | 측정저항 $R_1$ | (Ω) |
| | 측정저항 $R_2$ | (Ω) |
| | 합성저항 $R$ | (Ω) |
| | 측정전압 $V_1$ | (V) |
| | 측정전압 $V_2$ | (V) |
| | 측정전류 $I$ | (A) |
| 계산값 | 전압분배<br>계산전압 $V_1$ | 계산식 :<br>결과값 : (V) |
| | 전압분배<br>계산전압 $V_2$ | 계산식 :<br>결과값 : (V) |
| | 계산전류 $I$ | 계산식 :<br>결과값 : (A) |

(2) 표 4-2 실습결과표

<table>
<tr><th colspan="3">실습에 사용된 저항값<br>$R_1$ =　　(Ω, kΩ), $R_2$ =　　(Ω, kΩ), $R_3$ =　　(Ω, kΩ)</th></tr>
<tr><td rowspan="9">측정값</td><td>인가전압 $V$</td><td>(V)</td></tr>
<tr><td>측정저항 $R_1$</td><td>(Ω)</td></tr>
<tr><td>측정저항 $R_2$</td><td>(Ω)</td></tr>
<tr><td>측정저항 $R_3$</td><td>(Ω)</td></tr>
<tr><td>합성저항 $R$</td><td>(Ω)</td></tr>
<tr><td>측정전압 $V_1$</td><td>(V)</td></tr>
<tr><td>측정전압 $V_2$</td><td>(V)</td></tr>
<tr><td>측정전압 $V_3$</td><td>(V)</td></tr>
<tr><td>측정전류 $I$</td><td>(A)</td></tr>
<tr><td rowspan="4">계산값</td><td>전압분배<br>계산전압 $V_1$</td><td>계산식 :<br>결과값 : (V)</td></tr>
<tr><td>전압분배<br>계산전압 $V_2$</td><td>계산식 :<br>결과값 : (V)</td></tr>
<tr><td>전압분배<br>계산전압 $V_3$</td><td>계산식 :<br>결과값 : (V)</td></tr>
<tr><td>계산전류 $I$</td><td>계산식 :<br>결과값 : (A)</td></tr>
</table>

# 5 키르히호프 전류법칙(전류분배)

실험

## 1. 실험목적

(1) 병렬접속된 저항에 흐르는 전류의 분배법칙을 실험을 통하여 확인할 수 있다.
(2) 전체 전류와 병렬접속된 저항에 흐르는 전류 사이의 관계에 관한 법칙인 키르히호프 전류법칙을 실험으로 확인할 수 있다.

## 2. 실험에 사용되는 기기 및 부품

(1) 디지털 멀티미터
(2) 저항(270 Ω, 330 Ω, 470 Ω, 1 kΩ, 1/2 W)
(3) 브레드보드
(4) 점퍼 와이어
(5) 와이어 스트리퍼
(6) 전원공급기(DC 파워서플라이)

## 3. 관련 지식

### 1) 전류분배법칙

그림 5-1과 같이 두 개의 저항 $R_1$, $R_2$가 병렬접속된 회로에 전압 $V$가 인가되는 회로에는 옴의 법칙에 따라서 전류 $I$가 흐르게 되는데, 전체 흐르는 전류 $I$는 병렬접속된 저항 $R_1$과 $R_2$에 일정한 비율로 전류가 나뉘어서 흐르게 되는데 이를 공식화 한 것을 전류분배법칙이라고 한다.

따라서 병렬회로에서는 각 저항에 걸리는 전압은 동일하며 흐르는 전류 $I$가 분배된다. 이때 전류의 크기는 저항이 작은 쪽에 더 많은 전류가 흐르게 된다.

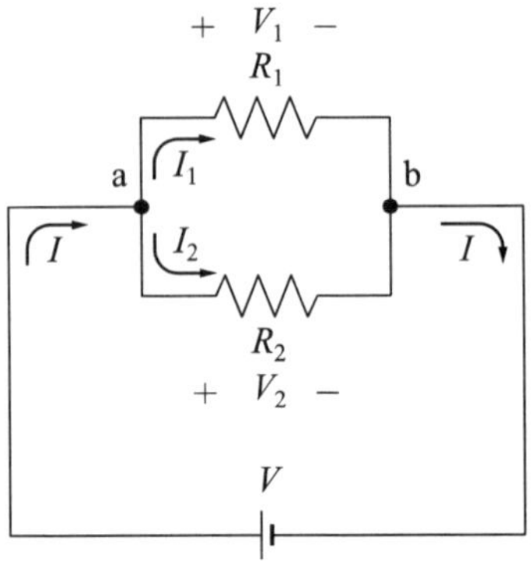


그림 5-1 병렬접속된 회로의 전류분배

## (1) 병렬회로의 전류 계산

그림 5-1 병렬회로의 합성저항을 구하는 공식은 다음과 같다.

$$R = \frac{\text{두 저항의 곱}}{\text{두 저항의 합}} = \frac{R_1 R_2}{R_1 + R_2}$$

그러므로, 회로에 흐르는 전류 $I$는 옴의 법칙에 의해 다음과 같다.

$$I = \frac{V}{R}$$

이 전류 $I$가 분배되어 병렬회로에 $I_1$과 $I_2$가 흐른다.

## (2) 각 병렬저항에 흐르는 전류 계산

그림 5-1에서 저항 $R_1$과 $R_2$에 흐르는 전류 계산을 위해서는 옴의 법칙 공식 $I = \frac{V}{R}$을 이용하면 된다. 병렬저항 $R_1$과 $R_2$ 걸리는 전압은 동일하므로 $V$가 걸린다.

$$I_1 = \frac{V}{R_1}$$

$$I_2 = \frac{V}{R_2}$$

여기서 병렬회로에 걸리는 전압 $V = IR$을 대입하면

$$I_1 = \frac{V}{R_1} = \frac{IR}{R_1} = \frac{R}{R_1}I$$

$$I_2 = \frac{V}{R_2} = \frac{IR}{R_2} = \frac{R}{R_2}I$$

여기서, $I = I_1 + I_2$이다.

위 식에서 병렬회로에 흐르는 전류 $I$는 저항 $R_1$과 $R_2$에 각각 $I_1$과 $I_2$로 분배되어 흐르는 것을 알 수 있고 이 식에는 일정한 규칙이 있음을 알 수 있는데 그 규칙을 전류분배법칙이라 하며 일반화 된 식은 다음과 같다.

$$\text{구하고자 하는 곳의 전류 } I_x = \frac{\text{합성저항값 } R}{\text{구하고자 하는 곳의 저항값 } R_x} \times \text{분배되기 전의 전류 } I$$

특별히 그림 5-1과 같이 두 개의 저항만이 있는 경우는 간략화 된 공식을 이용하여 더욱 간단하게 계산할 수 있는데 다음과 같다.

$$\text{구하고자 하는 곳의 전류 } I_1 = \frac{\text{구하는 곳의 마주보는 저항값 } R_2}{\text{두 저항의 합 } R_1 + R_2} \times \text{분배되기 전의 전류 } I$$

$$\text{구하고자 하는 곳의 전류 } I_2 = \frac{\text{구하는 곳의 마주보는 저항값 } R_1}{\text{두 저항의 합 } R_1 + R_2} \times \text{분배되기 전의 전류 } I$$

**예제 1** 다음 병렬접속 회로의 각각에 흐르는 전류 $I_1$과 $I_2$값을 구하시오.

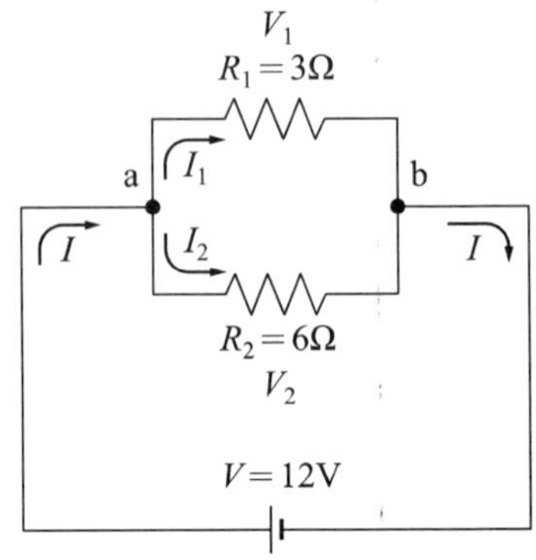


그림 5-2 예제 1)의 회로

**풀이**

① **일반식을 이용하는 방법**

구하고자 하는 곳의 전류 $I_x$

$$= \frac{\text{합성저항값 } R}{\text{구하고자 하는 곳의 저항값 } R_x} \times \text{분배되기 전의 전류 } I$$

이므로, 합성저항 값 $R$의 값은 다음과 같다.

$$\text{합성저항값 } R = \frac{\text{두 저항의 곱}}{\text{두 저항의 합}} = \frac{R_1 R_2}{R_1 + R_2} = \frac{3 \times 6}{3+6} = \frac{18}{9} = 2\,\Omega$$

$$\text{회로에 흐르는 전류 } I = \frac{V}{R} = \frac{12}{2} = 6\,\text{A}$$

■ $I_1$값을 구하기 위해

구하고자 하는 곳의 저항값 $R_1 = 3\,\Omega$

$$I_1 = \frac{\text{합성저항값 } 2\,\Omega}{\text{구하고자 하는 저항값 } 3\,\Omega} \times \text{분배되기 전 전류 } 6\,\text{A} = 4\,\text{A}$$

■ $I_2$값을 구하기 위해

구하고자 하는 곳의 저항값 $R_2 = 6\,\Omega$

$$I_2 = \frac{\text{합성저항값 } 2\,\Omega}{\text{구하고자 하는 저항값 } 6\,\Omega} \times \text{분배되기 전 전류 } 6\,\text{A} = 2\,\text{A}$$

계산결과를 보면 $I = I_1 + I_2$에서 $6\,\text{A} = 4\,\text{A} + 2\,\text{A}$로 만족하며, 저항값이 작은 곳에 더 큰 전류가 흐르는 것을 알 수 있다. 즉 전류는 저항의 크기 반비례하여 분배된다.

**② 두 개의 저항만 있는 간략화 공식을 이용하는 경우**

$$I_1 = \frac{\text{구하는 곳의 마주보는 저항값 } 6\ \Omega}{\text{두 저항의 합 } 3\ \Omega + 6\ \Omega} \times \text{분배되기 전의 전류 } 6\ \text{A}$$

$$= \frac{6}{9} \times 6 = 4\ \text{A}$$

$$I_2 = \frac{\text{구하는 곳의 마주보는 저항값 } 3\ \Omega}{\text{두 저항의 합 } 3\ \Omega + 6\ \Omega} \times \text{분배되기 전의 전류 } 6\ \text{A}$$

$$= \frac{3}{9} \times 6 = 2\ \text{A}$$

## 2) 키르히호프 전류법칙(Kirchhoff's Current Law : KCL)

키르히호프 전류법칙은 "회로내의 접속점에서 유입하는 전류의 합과 유출하는 전류의 대수적인 합은 0이다"라고 하는 전류 흐름 관계를 나타내는 법칙이다. 간단하게 말하면 "접속점에서 유입하는 전류의 합은 유출하는 진류의 합과 같다"라고 하는 것이다.

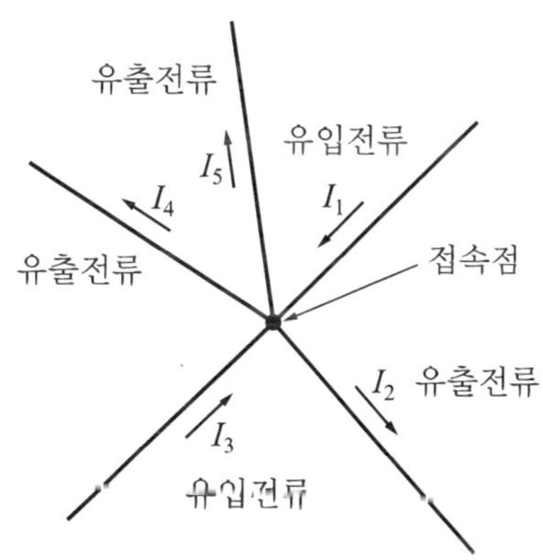


**그림 5-3 키르히호프 전류법칙을 위한 접속점**

그림 5-3에서 접속점을 중심으로 유입되는 전류는 $I_1$, $I_3$이고 유출하는 전류는 $I_2$, $I_4$, $I_5$이다. 키르히호프 전류법칙에서 유입하는 전류의 대수적인 합과 유출하는 전류의 대수적 합은 같기 때문에 다음과 같이 나타낼 수 있다.

$$I_1 + I_3 = I_2 + I_4 + I_5$$

## 4. 실험순서

(1) 그림 5-4에 제시된 실습회로 1을 구성하고, 각각의 저항에 흐르는 전류를 측정하여 표 5-1에 기입하여 전류분배법칙을 만족하는지 검토하고, 키르히호프 전류법칙을 만족하는지 결과를 고찰한다.

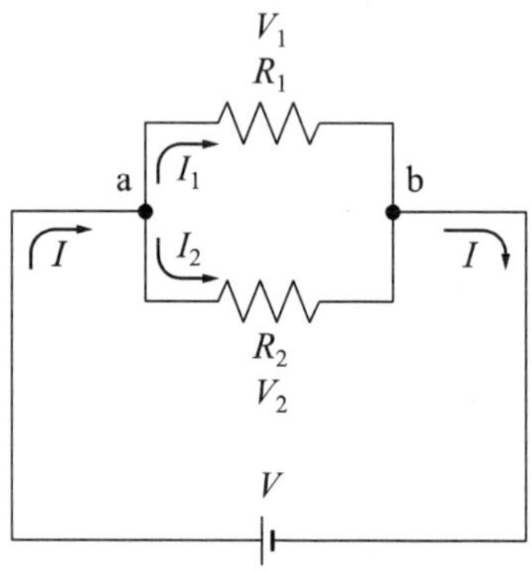


그림 5-4 실습회로 1

표 5-1 실습결과표 1

| 실습에 사용된 저항값<br>$R_1 = 270\ \Omega$, $R_2 = 470\ \Omega$ | | |
|---|---|---|
| 측정값 | 인가전압 $V$ | 10 (V) |
| | 측정저항 $R_1$ | (Ω) |
| | 측정저항 $R_2$ | (Ω) |
| | 측정저항 $R$ | (Ω) |
| | 측정전류 $I$ | (A) |
| | 측정전류 $I_1$ | (A) |
| | 측정전류 $I_2$ | (A) |
| 계산값 | 합성저항 $R$ | 계산식 :<br>결과값 : (Ω) |
| | 계산전류 $I$ | 계산식 :<br>결과값 : (A) |
| | 전류분배<br>계산전류 $I_1$ | 계산식 :<br>결과값 : (A) |
| | 전류분배<br>계산전류 $I_2$ | 계산식 :<br>결과값 : (A) |

(2) 그림 5-5에 제시된 실습회로 2를 구성하고, 각각의 저항에 흐르는 전류를 측정하여 표 5-2에 기입하여 전류분배법칙을 만족하는지 검토하고, 키르히호프 전류법칙을 만족하는지 결과를 고찰한다.

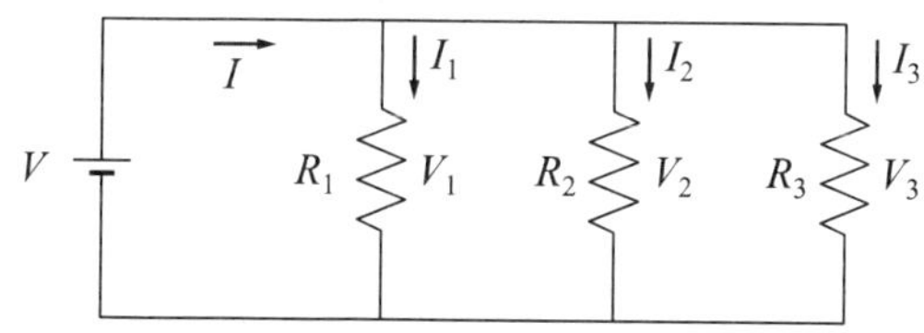


그림 5-5 실습회로 2

표 5-2 실습결과표 2

| 실습에 사용된 저항값<br>$R_1$ =1 kΩ, $R_2$ =330 Ω, $R_3$ =470 Ω, 1/2 W | | |
|---|---|---|
| 측정값 | 인가전압 $V$ | 10 (V) |
| | 측정저항 $R_1$ | (Ω) |
| | 측정저항 $R_2$ | (Ω) |
| | 측정저항 $R_3$ | (Ω) |
| | 측정저항 $R$ | (Ω) |
| | 측정전류 $I$ | (A) |
| | 측정전류 $I_1$ | (A) |
| | 측정전류 $I_2$ | (A) |
| | 측정전류 $I_3$ | (A) |
| 계산값 | 합성저항 $R$ | 계산식 :<br>결과값 : (Ω) |
| | 계산전류 $I$ | 계산식 :<br>결과값 : (A) |
| | 전류분배<br>계산전류 $I_1$ | 계산식 :<br>결과값 : (A) |
| | 전류분배<br>계산전류 $I_2$ | 계산식 :<br>결과값 : (A) |
| | 전류분배<br>계산전류 $I_3$ | 계산식 :<br>결과값 : (A) |

<table>
<tr><th colspan="4">결과보고서</th></tr>
<tr><td>실험제목</td><td colspan="3">**키르히호프 전류법칙**</td></tr>
<tr><td>조 원</td><td></td><td>실험조</td><td>조</td></tr>
<tr><td>실습일자</td><td></td><td>제출자</td><td></td></tr>
</table>

(1) 표 5-1 실습결과표 1

<table>
<tr><th colspan="3">실습에 사용된 저항값<br>$R_1$ = (Ω, kΩ), $R_2$ = (Ω, kΩ)</th></tr>
<tr><td rowspan="7">측정값</td><td>인가전압 $V$</td><td>(V)</td></tr>
<tr><td>측정저항 $R_1$</td><td>(Ω)</td></tr>
<tr><td>측정저항 $R_2$</td><td>(Ω)</td></tr>
<tr><td>측정저항 $R$</td><td>(Ω)</td></tr>
<tr><td>측정전류 $I$</td><td>(A)</td></tr>
<tr><td>측정전류 $I_1$</td><td>(A)</td></tr>
<tr><td>측정전류 $I_2$</td><td>(A)</td></tr>
<tr><td rowspan="4">계산값</td><td>합성저항 $R$</td><td>계산식 :<br>결과값 : (Ω)</td></tr>
<tr><td>계산전류 $I$</td><td>계산식 :<br>결과값 : (A)</td></tr>
<tr><td>전류분배<br>계산전류 $I_1$</td><td>계산식 :<br>결과값 : (A)</td></tr>
<tr><td>전류분배<br>계산전류 $I_2$</td><td>계산식 :<br>결과값 : (A)</td></tr>
</table>

(2) 표 5-2 실습결과표 2

| 실습에 사용된 저항값<br>$R_1$ = (Ω, kΩ), $R_2$ = (Ω, kΩ), $R_3$ = (Ω, kΩ) | | |
|---|---|---|
| 측정값 | 인가전압 $V$ | (V) |
| | 측정저항 $R_1$ | (Ω) |
| | 측정저항 $R_2$ | (Ω) |
| | 측정저항 $R_3$ | (Ω) |
| | 측정저항 $R$ | (Ω) |
| | 측정전류 $I$ | (A) |
| | 측정전류 $I_1$ | (A) |
| | 측정전류 $I_2$ | (A) |
| | 측정전류 $I_3$ | (A) |
| 계산값 | 합성저항 $R$ | 계산식 :<br>결과값 : (Ω) |
| | 계산전류 $I$ | 계산식 :<br>결과값 : (A) |
| | 전류분배<br>계산전류 $I_1$ | 계산식 :<br>결과값 : (A) |
| | 전류분배<br>계산전류 $I_2$ | 계산식 :<br>결과값 : (A) |
| | 전류분배<br>계산전류 $I_3$ | 계산식 :<br>결과값 : (A) |

# 6 직·병렬회로의 전압, 전류 실험

실험

## 1. 실험목적

(1) 직·병렬로 접속된 저항회로에 전압분배법칙, 전류분배법칙을 실험을 통하여 확인할 수 있다.

(2) 직·병렬로 접속된 저항회로에 키르히호프 전압법칙 및 전류법칙을 실험으로 확인할 수 있다.

## 2. 실험에 사용되는 기기 및 부품

(1) 디지털 멀티미터

(2) 저항(270 Ω 2개, 330 Ω, 470 Ω, 1 kΩ, 1/2 W)

(3) 브레드보드

(4) 점퍼 와이어

(6) 와이어 스트리퍼

(5) 전원공급기(DC 파워서플라이)

## 3. 관련 지식

직·병렬로 접속된 저항회로 이해를 위하여 앞에서 익힌 여러 가지 공식을 정확하게 이해하여 앞의 실험을 참조하여 적용방법을 학습한다. 학습해야 할 공식은 다음과 같다.

(1) 저항의 직렬접속 회로의 합성저항 공식

(2) 저항의 병렬접속 회로의 합성저항 공식

(3) 전압분배법칙

(4) 전류분배법칙

(5) 키르히호프 전압법칙

(6) 키르히호프 전류법칙

## 4. 실험순서

(1) 그림 6-1에 제시된 실습회로 1을 구성하고, 실험을 통하여 표 6-1에 기입하고 각종 법칙을 만족하는지 결과를 고찰한다.

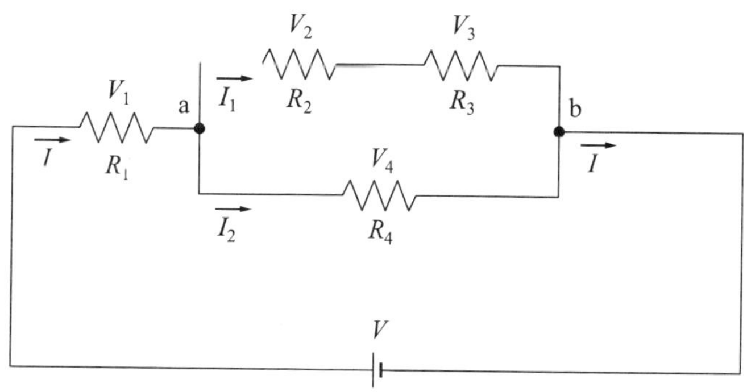


그림 6-1 실습회로 1

표 6-1 실습결과표 1

| 실습에 사용된 저항값<br>$R_1$=270 Ω, $R_2$=470 Ω, $R_3$=330 Ω, $R_4$=1 kΩ, 1/2 W | | | |
|---|---|---|---|
| 측정값 | 인가전압 $V$ | 25 | (V) |
| | 측정저항 $R_1$ | | (Ω) |
| | 측정저항 $R_2$ | | (Ω) |
| | 측정저항 $R_3$ | | (Ω) |
| | 측정저항 $R_4$ | | (Ω) |
| | 측정저항 $R_{a-b}$ | | (Ω) |
| | 측정저항 $R$ | | (Ω) |
| | 측정전압 $V_1$ | | (V) |
| | 측정전압 $V_2$ | | (V) |

| | | |
|---|---|---|
| | 측정전압 $V_3$ | (V) |
| | 측정전압 $V_{a-b}$ | (V) |
| | 측정전류 $I$ | (A) |
| | 측정전류 $I_1$ | (A) |
| | 측정전류 $I_2$ | (A) |
| 계산값 | 합성저항 $R_{a-b}$ | 계산식 :<br>결과값 : (Ω) |
| | 합성저항 $R$ | 계산식 :<br>결과값 : (Ω) |
| | 계산전압 $V_1$ | 계산식 :<br>결과값 : (V) |
| | 계산전압 $V_{a-b}$ | 계산식 :<br>결과값 : (V) |
| | 계산전압 $V_2$ | 계산식 :<br>결과값 : (V) |
| | 계산전압 $V_3$ | 계산식 :<br>결과값 : (V) |
| | 계산전류 $I$ | 계산식 :<br>결과값 : (A) |
| | 계산전류 $I_1$ | 계산식 :<br>결과값 : (A) |
| | 계산전류 $I_2$ | 계산식 :<br>결과값 : (A) |

(2) 그림 6-2에 제시된 실습회로 2를 구성하고, 실험을 통하여 표 6-2에 기입하고 각종 법칙을 만족하는지 결과를 고찰한다.

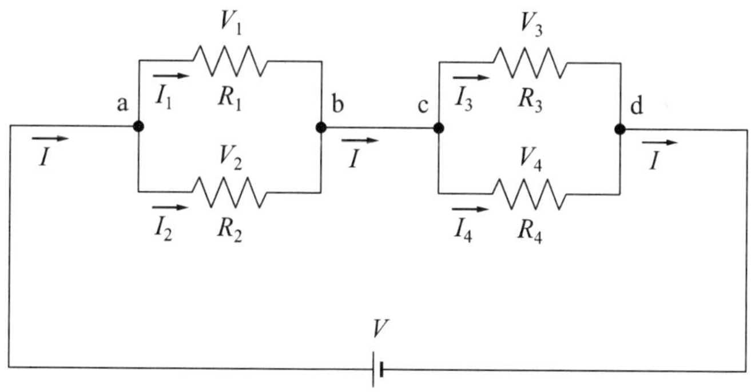


그림 6-2 실습회로 2

표 6-2 실습결과표 2

| 실습에 사용된 저항값<br>$R_1=270\,\Omega$, $R_2=470\,\Omega$, $R_3=330\,\Omega$, $R_4=1\,k\Omega$, 1/2 W | | | |
|---|---|---|---|
| 측정값 | 인가전압 $V$ | 20 | (V) |
| | 측정저항 $R_1$ | | (Ω) |
| | 측정저항 $R_2$ | | (Ω) |
| | 측정저항 $R_3$ | | (Ω) |
| | 측정저항 $R_4$ | | (Ω) |
| | 측정저항 $R_{a-b}$ | | (Ω) |
| | 측정저항 $R_{c-d}$ | | (Ω) |
| | 측정저항 $R_{a-d}$ | | (Ω) |
| | 측정전압 $V_{a-b}$ | | (V) |
| | 측정전압 $V_{c-d}$ | | (V) |
| | 측정전압 $V_{a-d}$ | | (V) |
| | 측정전류 $I$ | | (A) |
| | 측정전류 $I_1$ | | (A) |
| | 측정전류 $I_2$ | | (A) |
| | 측정전류 $I_3$ | | (A) |
| | 측정전류 $I_4$ | | (A) |

| | | |
|---|---|---|
| 계산값 | 합성저항 $R_{a-b}$ | 계산식 :<br><br>결과값 : (Ω) |
| | 합성저항 $R_{c-d}$ | 계산식 :<br><br>결과값 : (Ω) |
| | 합성저항 $R_{a-d}$ | 계산식 :<br><br>결과값 : (Ω) |
| | 계산전압 $V_1$ | 계산식 :<br><br>결과값 : (V) |
| | 계산전압 $V_{a-b}$ | 계산식 :<br><br>결과값 : (V) |
| | 계산전압 $V_{c-d}$ | 계산식 :<br><br>결과값 : (V) |
| | 계산전류 $I$ | 계산식 :<br><br>결과값 : (A) |
| | 계산전류 $I_1$ | 계산식 :<br><br>결과값 : (A) |
| | 계산전류 $I_2$ | 계산식 :<br><br>결과값 : (A) |
| | 계산전류 $I_3$ | 계산식 :<br><br>결과값 : (A) |
| | 계산전류 $I_4$ | 계산식 :<br><br>결과값 : (A) |

(3) 그림 6-3에 제시된 실습회로 3을 구성하고, 실험을 통하여 표 6-3에 기입하고 각종 법칙을 만족하는지 결과를 고찰한다.

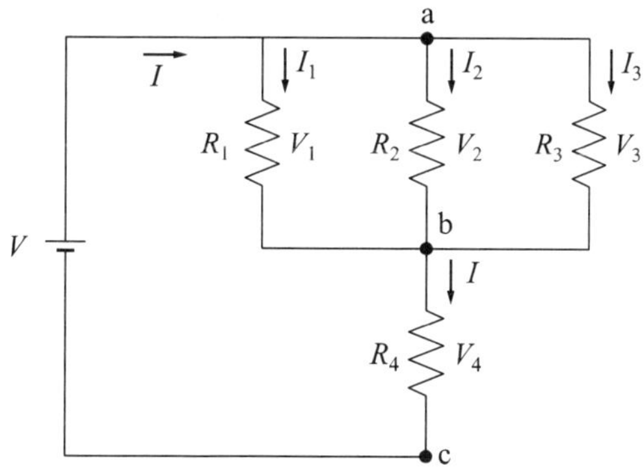


그림 6-3 실습회로 3

표 6-3 실습결과표 3

| 실습에 사용된 저항값<br>$R_1$=330 Ω, $R_2$=270 Ω, $R_3$=270 Ω, $R_4$=270 Ω, 1/2 W | | | |
|---|---|---|---|
| 측정값 | 인가전압 $V$ | 25 | (V) |
| | 측정저항 $R_1$ | | (Ω) |
| | 측정저항 $R_2$ | | (Ω) |
| | 측정저항 $R_3$ | | (Ω) |
| | 측정저항 $R_4$ | | (Ω) |
| | 측정저항 $R_{a-b}$ | | (Ω) |
| | 측정저항 $R_{a-c}$ | | (Ω) |
| | 측정전압 $V_{a-b}$ | | (V) |
| | 측정전압 $V_{b-c}$ | | (V) |
| | 측정전류 $I_1$ | | (A) |
| | 측정전류 $I_2$ | | (A) |
| | 측정전류 $I_3$ | | (A) |
| | 측정전류 $I$ | | (A) |

| 계산값 | | |
|---|---|---|
| | 합성저항 $R_{a-b}$ | 계산식 :<br>결과값 : (Ω) |
| | 합성저항 $R_{a-c}$ | 계산식 :<br>결과값 : (Ω) |
| | 계산전압 $V_{a-b}$ | 계산식 :<br>결과값 : (V) |
| | 계산전압 $V_{b-c}$ | 계산식 :<br>결과값 : (V) |
| | 계산전류 $I_1$ | 계산식 :<br>결과값 : (A) |
| | 계산전류 $I_2$ | 계산식 :<br>결과값 : (A) |
| | 계산전류 $I_3$ | 계산식 :<br>결과값 : (A) |
| | 계산전류 $I$ | 계산식 :<br>결과값 : (A) |

| 결과보고서 | | | |
|---|---|---|---|
| 실험제목 | **직·병렬회로의 전압 전류 실험** | | |
| 조 원 | | 실험조 | 조 |
| 실습일자 | | 제출자 | |

(1) 표 6-1 실습결과표 1

| 실습에 사용된 저항값<br>$R_1$ = (Ω, kΩ), $R_2$ = (Ω, kΩ),<br>$R_3$ = (Ω, kΩ), $R_4$ = (Ω, kΩ) | | |
|---|---|---|
| 측정값 | 인가전압 $V$ | (V) |
| | 측정저항 $R_1$ | (Ω) |
| | 측정저항 $R_2$ | (Ω) |
| | 측정저항 $R_3$ | (Ω) |
| | 측정저항 $R_4$ | (Ω) |
| | 측정저항 $R_{a-b}$ | (Ω) |
| | 측정저항 $R$ | (Ω) |
| | 측정전압 $V_1$ | (V) |
| | 측정전압 $V_2$ | (V) |
| | 측정전압 $V_3$ | (V) |
| | 측정전압 $V_{a-b}$ | (V) |
| | 측정전류 $I$ | (A) |
| | 측정전류 $I_1$ | (A) |
| | 측정전류 $I_2$ | (A) |
| 계산값 | 합성저항 $R_{a-b}$ | 계산식 :<br><br>결과값 : (Ω) |
| | 합성저항 $R$ | 계산식 :<br><br>결과값 : (Ω) |
| | 계산전압 $V_1$ | 계산식 :<br><br>결과값 : (V) |
| | 계산전압 $V_{a-b}$ | 계산식 :<br><br>결과값 : (V) |

| | | |
|---|---|---|
| | 계산전압 $V_2$ | 계산식 :<br><br>결과값 : (V) |
| | 계산전압 $V_3$ | 계산식 :<br><br>결과값 : (V) |
| | 계산전류 $I$ | 계산식 :<br><br>결과값 : (A) |
| | 계산전류 $I_1$ | 계산식 :<br><br>결과값 : (A) |
| | 계산전류 $I_2$ | 계산식 :<br><br>결과값 : (A) |

(2) 표 6-2 실습결과표 2

| 실습에 사용된 저항값<br>$R_1 =$ (Ω, kΩ), $R_2 =$ (Ω, kΩ),<br>$R_3 =$ (Ω, kΩ), $R_4 =$ (Ω, kΩ) | | |
|---|---|---|
| 측정값 | 인가전압 $V$ | (V) |
| | 측정저항 $R_1$ | (Ω) |
| | 측정저항 $R_2$ | (Ω) |
| | 측정저항 $R_3$ | (Ω) |
| | 측정저항 $R_4$ | (Ω) |
| | 측정저항 $R_{a-b}$ | (Ω) |
| | 측정저항 $R_{c-d}$ | (Ω) |
| | 측정저항 $R_{a-d}$ | (Ω) |
| | 측정전압 $V_{a-b}$ | (V) |
| | 측정전압 $V_{c-d}$ | (V) |
| | 측정전압 $V_{a-d}$ | (V) |
| | 측정전류 $I$ | (A) |
| | 측정전류 $I_1$ | (A) |
| | 측정전류 $I_2$ | (A) |
| | 측정전류 $I_3$ | (A) |
| | 측정전류 $I_4$ | (A) |

| | | |
|---|---|---|
| 계산값 | 합성저항 $R_{a-b}$ | 계산식 :<br><br>결과값 : (Ω) |
| | 합성저항 $R_{c-d}$ | 계산식 :<br><br>결과값 : (Ω) |
| | 합성저항 $R_{a-d}$ | 계산식 :<br><br>결과값 : (Ω) |
| | 계산전압 $V_1$ | 계산식 :<br><br>결과값 : (V) |
| | 계산전압 $V_{a-b}$ | 계산식 :<br><br>결과값 : (V) |
| | 계산전압 $V_{c-d}$ | 계산식 :<br><br>결과값 : (V) |
| | 계산전류 $I$ | 계산식 :<br><br>결과값 : (A) |
| | 계산전류 $I_1$ | 계산식 :<br><br>결과값 : (A) |
| | 계산전류 $I_2$ | 계산식 :<br><br>결과값 : (A) |
| | 계산전류 $I_3$ | 계산식 :<br><br>결과값 : (A) |
| | 계산전류 $I_4$ | 계산식 :<br><br>결과값 : (A) |

(3) 표 6-3 실습결과표 3

| 실습에 사용된 저항값 |
|---|
| $R_1$ = (Ω, kΩ), $R_2$ = (Ω, kΩ),<br>$R_3$ = (Ω, kΩ), $R_4$ = (Ω, kΩ) |

|  |  |  |
|---|---|---|
| 측정값 | 인가전압 $V$ | (V) |
| | 측정저항 $R_1$ | (Ω) |
| | 측정저항 $R_2$ | (Ω) |
| | 측정저항 $R_3$ | (Ω) |
| | 측정저항 $R_4$ | (Ω) |
| | 측정저항 $R_{a-b}$ | (Ω) |
| | 측정저항 $R_{a-c}$ | (Ω) |
| | 측정전압 $V_{a-b}$ | (V) |
| | 측정전압 $V_{b-c}$ | (V) |
| | 측정전류 $I_1$ | (A) |
| | 측정전류 $I_2$ | (A) |
| | 측정전류 $I_3$ | (A) |
| | 측정전류 $I$ | (A) |
| 계산값 | 합성저항 $R_{a-b}$ | 계산식 :<br>결과값 : (Ω) |
| | 합성저항 $R_{a-c}$ | 계산식 :<br>결과값 : (Ω) |
| | 계산전압 $V_{a-b}$ | 계산식 :<br>결과값 : (V) |
| | 계산전압 $V_{b-c}$ | 계산식 :<br>결과값 : (V) |
| | 계산전류 $I_1$ | 계산식 :<br>결과값 : (A) |
| | 계산전류 $I_2$ | 계산식 :<br>결과값 : (A) |
| | 계산전류 $I_3$ | 계산식 :<br>결과값 : (A) |
| | 계산전류 $I$ | 계산식 :<br>결과값 : (A) |

# 2장

# 디지털 논리회로 실험

# 7 AND, OR, NOT 게이트

실험

## 1. 실험목적

(1) 기본 논리소자 AND, OR, NOT 게이트의 개념과 동작특성을 실험을 통하여 학습한다.

(2) AND, OR, NOT 게이트로 이루어진 논리회로의 결선 방법을 익히고 실험결과의 고찰을 통하여 동작특성을 학습한다.

## 2. 실험에 사용되는 기기 및 부품

(1) 브레드보드

(2) 저항(330 Ω)

(3) LED

(4) 점퍼 와이어

(5) 와이어 스트리퍼

(6) DC 파워서플라이(전원공급기)

(7) IC(7404, 7408, 7432)

## 3. 관련 지식

### 1) 논리게이트(gate)

논리게이트는 두 개 이상의 입력을 받아 하나의 출력을 내는 전자회로를 말하며 AND, OR, NOT, NAND, NOR, Exclusive-OR, Exclusive-NOR 등이 있다. 논리게이트에서 입력과 출력은 각각 0과 1로써 신호의 유무를 나타낸다. 표 7-1에 각각의 논리 상태를 나타내었다.

표 7-1 **논리 상태의 표현**

| 전기적 신호 | 스위치 상태 | 전압값 | 논리값 |
|---|---|---|---|
| 있음 | ON | +5 V | 0 |
| 없음 | OFF | 0 V | 1 |

### (1) AND 게이트(gate)

두 개의 신호의 입력신호의 논리값이 모두 1일 경우에만 출력신호의 논리값이 1이 되는 게이트를 AND 게이트라고 한다. AND 게이트의 논리회로, 논리식 및 진리표는 다음과 같다. IC번호는 7408이다.

표 7-2 **AND 게이트**

<table>
<tr><th>논리회로</th><th>논리식</th><th>진리표</th></tr>
<tr><td>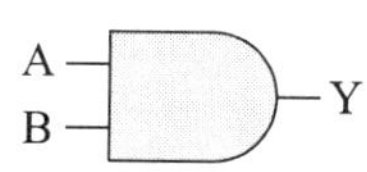

7408</td><td>Y = A · B</td><td><table><tr><th>A</th><th>B</th><th>Y</th></tr><tr><td>0</td><td>0</td><td>0</td></tr><tr><td>0</td><td>1</td><td>0</td></tr><tr><td>1</td><td>0</td><td>0</td></tr><tr><td>1</td><td>1</td><td>1</td></tr></table></td></tr>
</table>

### (2) OR 게이트

두 개의 신호의 입력신호의 논리값 중 1개 이상의 신호가 1일 경우에 출력신호의 논리값이 1이 되는 게이트를 OR 게이트라고 한다. 즉, OR 게이트는 두 개의 신호 모두 0일 경우 출력이 0이 된다. OR 게이트의 논리회로, 논리식 및 진리표는 다음과 같다. IC번호는 7432이다.

표 7-3 **OR 게이트**

<table>
<tr><th>논리회로</th><th>논리식</th><th>진리표</th></tr>
<tr><td>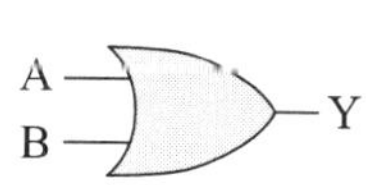

7432</td><td>Y = A + B</td><td><table><tr><th>A</th><th>B</th><th>Y</th></tr><tr><td>0</td><td>0</td><td>0</td></tr><tr><td>0</td><td>1</td><td>1</td></tr><tr><td>1</td><td>0</td><td>1</td></tr><tr><td>1</td><td>1</td><td>1</td></tr></table></td></tr>
</table>

### (3) NOT 게이트

NOT 게이트의 입력은 1개이며 입력이 0인 경우 출력은 1, 입력이 1인 경우 출력은 0이 나오는 회로이다. 즉 NOT 게이트는 입력신호 값이 반대로 출력이 된다. NOT 게이트의 논리회로, 논리식 및 진리표는 다음과 같다. IC번호는 7404이다.

표 7-4 NOT 게이트

| 논리회로 | 논리식 | 진리표 |
|---|---|---|
| 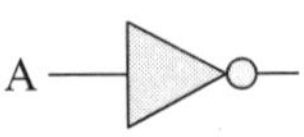<br>7404 | $Y = \overline{A}$ | A / Y: 0 → 1, 1 → 0 |

| A | Y |
|---|---|
| 0 | 1 |
| 1 | 0 |

## 2) 논리회로와 논리식의 상호 관계

논리회로가 주어졌을 때 논리식으로 나타내는 방법을 그림 7-1에 나타내었다.

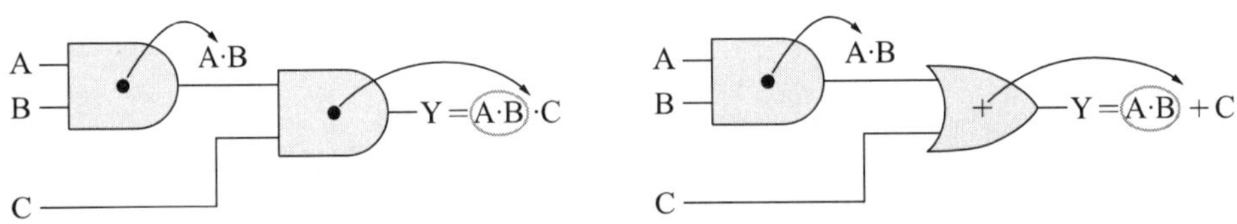


(a) 논리회로를 논리식으로 변환 예1 (b) 논리회로를 논리식으로 변환 예2

그림 7-1 논리회로를 논리식으로 변환하는 과정

다음과 같은 논리식이 주어졌을 때 논리회로로 변환하는 과정은 그림 7-2에 나타내었다.

$$Y = (A + B) \cdot C$$

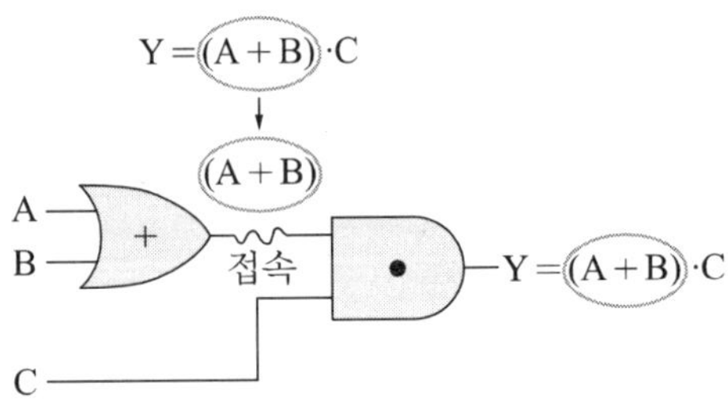


그림 7-2 논리식을 논리회로로 변환

### 3) IC소자의 구조

AND, OR, NOT 논리 IC소자의 내부 회로 구조는 다음 그림 7-3과 같다.

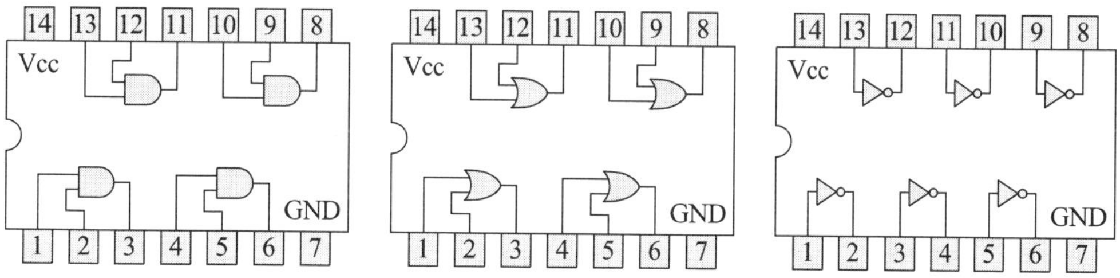


(a) AND(7408) (b) OR(7432) (c) NOT(7404)

그림 7-3 논리 IC의 내부 구조

### 4) 논리회로의 결선법

그림 7-4는 AND(7408) 게이트의 입력 A, B와 출력 Y의 결선 예를 나타내고 있다.

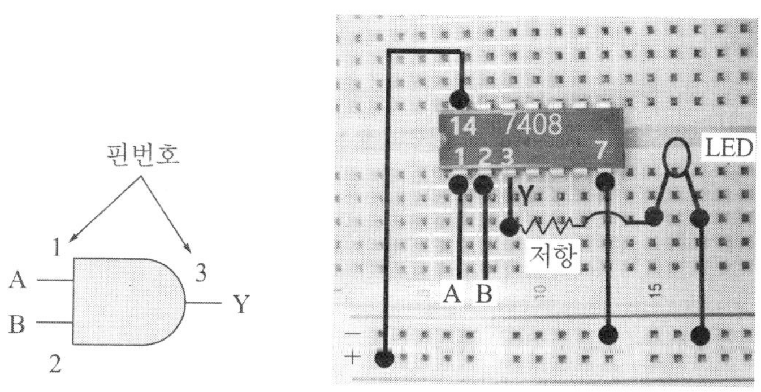


(a) AND 회로 (b) AND 회로 결선 방법

그림 7-4 AND 회로 결선 방법

결선 순서는 다음과 같다.

① 14번 단자 Vcc에 +5 V에 접속

② 7번 단자는 0 V에 접속

③ 1번 단자에 입력 A 접속
④ 2번 단자에 입력 B 접속
⑤ 3번 단자에 출력 Y 접속

**주의**
출력이 나오는지 확인하기 위하여 LED를 접속하여 확인한다. 이때 LED는 저항이 없으므로 과전류가 흐를 수 있기 때문에 LED 앞단에 저항을 삽입해야 한다.

진리표를 작성하기 위한 실습순서는 다음과 같다.

① 입력 A를 0 V, 입력 B를 0 V에 접속하여 LED 점등여부 확인
② 입력 A를 0 V, 입력 B를 +5 V에 접속하여 LED 점등여부 확인
③ 입력 A를 +5 V, 입력 B를 +0 V에 접속하여 LED 점등여부 확인
④ 입력 A를 +5 V, 입력 B를 +5 V에 접속하여 LED 점등여부 확인
⑤ LED가 점등이 되면 Y=1, LED가 소등되면 Y=0

위의 그림 7-4 결선에서 입력은 1, 2번 단자, 출력은 3번 단자를 이용하였으나, 다음 그림 7-5와 같이 입력은 4, 5번 단자, 출력은 6번 단자 어느 것이나 이용해도 무방하다.

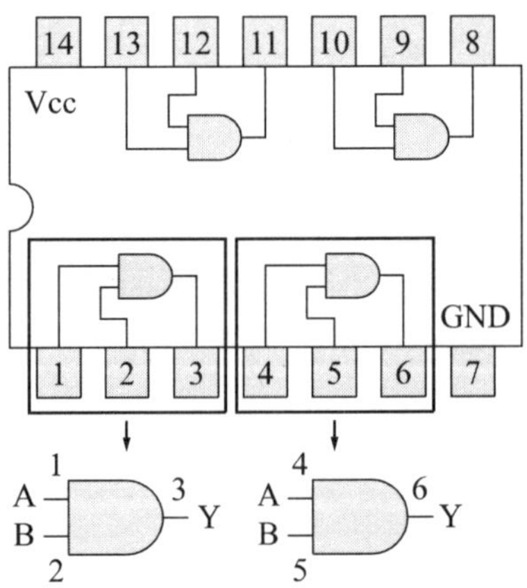


그림 7-5 AND 회로의 선택 사용

## 4. 실험순서

(1) 다음의 AND 회로에 대하여 논리식을 쓰고 논리회로를 구성하고 실습을 통하여 진리표를 완성한다.

**표 7-5 실습회로 1**

<table>
<tr><th>논리회로</th><th>논리식</th><th>진리표</th></tr>
<tr><td>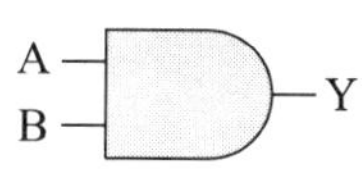<br>7408</td><td></td><td><table><tr><th>A</th><th>B</th><th>Y</th></tr><tr><td>0</td><td>0</td><td></td></tr><tr><td>0</td><td>1</td><td></td></tr><tr><td>1</td><td>0</td><td></td></tr><tr><td>1</td><td>1</td><td></td></tr></table></td></tr>
</table>

(2) 다음의 OR 회로에 대하여 논리식을 쓰고 논리회로를 구성하고 실습을 통하여 진리표를 완성한다.

**표 7-6 실습회로 2**

<table>
<tr><th>논리회로</th><th>논리식</th><th>진리표</th></tr>
<tr><td>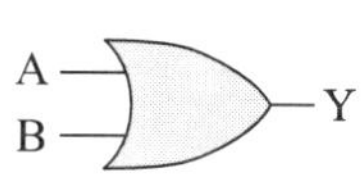<br>7432</td><td></td><td><table><tr><th>A</th><th>B</th><th>Y</th></tr><tr><td>0</td><td>0</td><td></td></tr><tr><td>0</td><td>1</td><td></td></tr><tr><td>1</td><td>0</td><td></td></tr><tr><td>1</td><td>1</td><td></td></tr></table></td></tr>
</table>

(3) 다음의 회로에 대하여 논리식을 쓰고 논리회로를 구성하고 실습을 통하여 진리표를 완성한다.

**표 7-7 실습회로 3**

<table>
<tr><th>논리회로</th><th>논리식</th><th>진리표</th></tr>
<tr><td>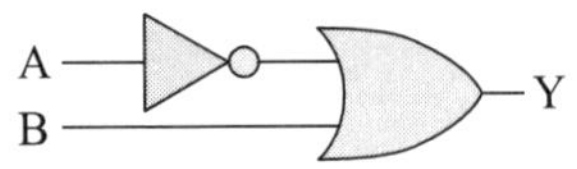</td><td></td><td>
<table>
<tr><th>A</th><th>B</th><th>Y</th></tr>
<tr><td>0</td><td>0</td><td></td></tr>
<tr><td>0</td><td>1</td><td></td></tr>
<tr><td>1</td><td>0</td><td></td></tr>
<tr><td>1</td><td>1</td><td></td></tr>
</table>
</td></tr>
</table>

(4) 다음의 회로에 대하여 논리식을 쓰고 논리회로를 구성하고 실습을 통하여 진리표를 완성한다.

**표 7-8 실습회로 4**

<table>
<tr><th>논리회로</th><th>논리식</th><th>진리표</th></tr>
<tr><td>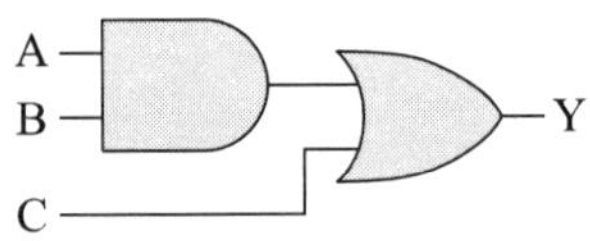</td><td></td><td>
<table>
<tr><th>A</th><th>B</th><th>C</th><th>Y</th></tr>
<tr><td>0</td><td>0</td><td>0</td><td></td></tr>
<tr><td>0</td><td>0</td><td>1</td><td></td></tr>
<tr><td>0</td><td>1</td><td>0</td><td></td></tr>
<tr><td>0</td><td>1</td><td>1</td><td></td></tr>
<tr><td>1</td><td>0</td><td>0</td><td></td></tr>
<tr><td>1</td><td>0</td><td>1</td><td></td></tr>
<tr><td>1</td><td>1</td><td>0</td><td></td></tr>
<tr><td>1</td><td>1</td><td>1</td><td></td></tr>
</table>
</td></tr>
</table>

(5) 다음 논리식을 논리회로로 변환하여 그리시오.

$$Y = (A + \overline{B}) \cdot C$$

| 결과보고서 | | | |
|---|---|---|---|
| 실험제목 | AND, OR, NOT 게이트 | | |
| 조 원 | | 실험조 | 조 |
| 실습일자 | | 제출자 | |

(1) 표 7-5 실습결과

| 논리회로 | 논리식 | 진리표 |
|---|---|---|
| 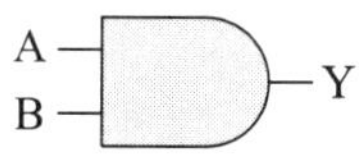 7408 | | (아래 표) |

| A | B | Y |
|---|---|---|
| 0 | 0 | |
| 0 | 1 | |
| 1 | 0 | |
| 1 | 1 | |

(2) 표 7-6 실습결과

| 논리회로 | 논리식 | 진리표 |
|---|---|---|
| 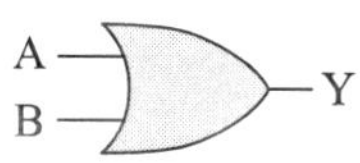 7432 | | (아래 표) |

| A | B | Y |
|---|---|---|
| 0 | 0 | |
| 0 | 1 | |
| 1 | 0 | |
| 1 | 1 | |

(3) 표 7-7 실습결과

| 논리회로 | 논리식 | 진리표 |
|---|---|---|
| 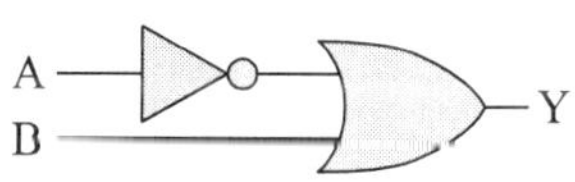 | | (아래 표) |

| A | B | Y |
|---|---|---|
| 0 | 0 | |
| 0 | 1 | |
| 1 | 0 | |
| 1 | 1 | |

(4) 표 7-8 실습결과

<table>
<tr><th>논리회로</th><th>논리식</th><th>진리표</th></tr>
<tr><td>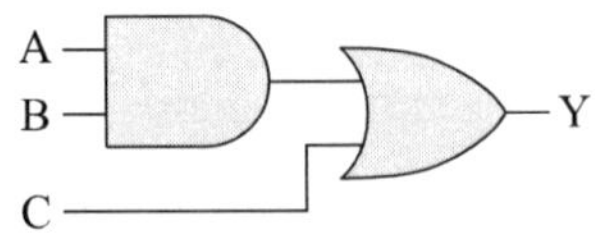
</td><td></td><td>
<table>
<tr><th>A</th><th>B</th><th>C</th><th>Y</th></tr>
<tr><td>0</td><td>0</td><td>0</td><td></td></tr>
<tr><td>0</td><td>0</td><td>1</td><td></td></tr>
<tr><td>0</td><td>1</td><td>0</td><td></td></tr>
<tr><td>0</td><td>1</td><td>1</td><td></td></tr>
<tr><td>1</td><td>0</td><td>0</td><td></td></tr>
<tr><td>1</td><td>0</td><td>1</td><td></td></tr>
<tr><td>1</td><td>1</td><td>0</td><td></td></tr>
<tr><td>1</td><td>1</td><td>1</td><td></td></tr>
</table>
</td></tr>
</table>

(5) 다음 논리식을 논리회로로 변환하여 그리시오.

$$Y = (A + \overline{B}) \cdot C$$

# 실험 8 불 대수의 성질

## 1. 실험목적

(1) 불 대수의 기본 정리와 법칙을 실습을 통하여 학습한다.
(2) 드모르강의 정리에 대한 실습결과를 확인하고 이해한다.

## 2. 실험에 사용되는 기기 및 부품

(1) 브레드보드
(2) 저항(330 Ω)
(3) LED
(4) 점퍼 와이어
(5) 와이어 스트리퍼
(6) DC 파워서플라이(전원공급기)
(7) IC(7408, 7432)

## 3. 관련 지식

### 1) 불 대수의 기본 연산

불 대수는 일반적인 대수방정식에서 해를 구하는 것과는 다르게 결과가 참, 또는 거짓으로 나타나는 논리적인 판단을 위한 기법이라고 할 수 있으며 불 대수의 기본 정리와 법칙은 표 8-1과 같다.

표 8-1 불 대수 기본 정리

| | | |
|---|---|---|
| 기본 정리 | $A \cdot 0 = 0$ | $A + 0 = A$ |
| | $A \cdot 1 = A$ | $A + 1 = 1$ |
| | $A \cdot A = A$ | $A + A = A$ |
| | $A \cdot \overline{A} = 0$ | $A + \overline{A} = 1$ |
| 교환법칙 | $A \cdot B = B \cdot A$ | $A + B = B + A$ |
| 결합법칙 | $(A \cdot B) \cdot C = A \cdot (B \cdot C)$ | $(A + B) + C = A + (B + C)$ |
| 분배법칙 | $A \cdot (B + C) = A \cdot B + A \cdot C$ | $A + (B \cdot C) = (A + B) \cdot (A + C)$ |
| 흡수법칙 | $A + (A \cdot B) = A$ | $A + (\overline{A} \cdot B) = A + B$ |
| 드모르강 정리 | $\overline{A \cdot B} = \overline{A} + \overline{B}$ | $\overline{A + B} = \overline{A} \cdot \overline{B}$ |
| 이중부정 | $\overline{\overline{A}} = A$ | |

## 2) 불 대수의 쌍대

불 대수는 쌍대의 법칙이 성립하게 되는데 이는 불 대수식에서 0과 1을 서로 바꾸고 연산자 +와 ·를 동시에 바꾸면 성립한다는 것을 말한다.

예를 들어 위의 불 대수의 기본 법칙들은 쌍대의 관계가 성립한다.

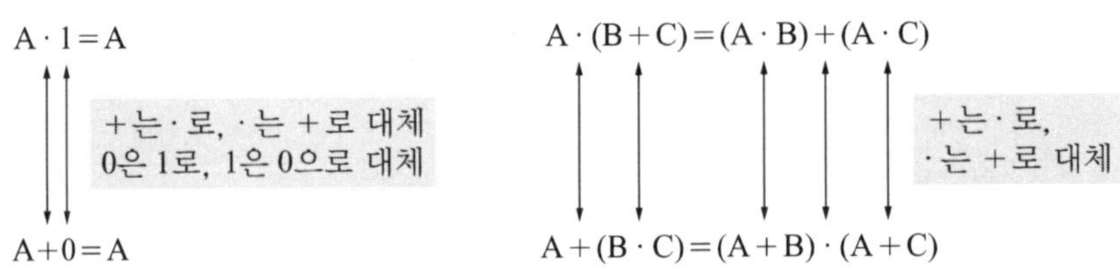


그림 8-1 쌍대 법칙

## 3) 드모르강의 법칙

위의 표에서 나타낸 바와 같이 드모르강의 법칙은 불 대수식에서 부정의 값을 쉽게 구할 수 있는 법칙으로써 $1 \cdot A + (B \cdot \overline{C})$의 부정 $\overline{1 \cdot A + (B \cdot \overline{C})}$을 드모르강 법칙을 이용하여 쉽게 바꾸면 다음과 같다.

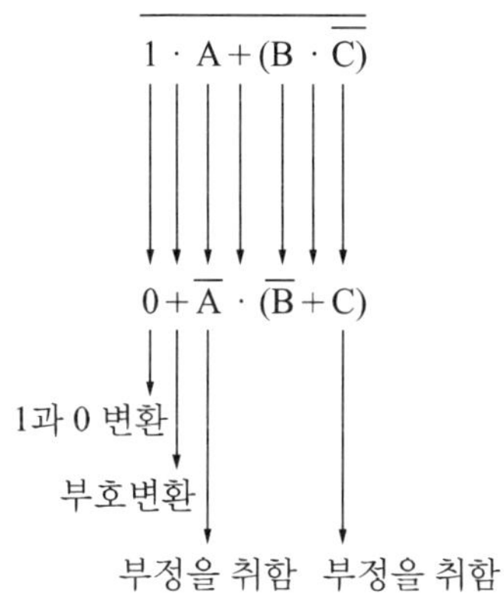


그림 8-2 드모르강 법칙

## 4. 실험순서

(1) 다음 논리회로를 구성하여 출력 Y를 논리식으로 표현하고 실습을 통하여 신리표를 완성하고 고찰하시오.

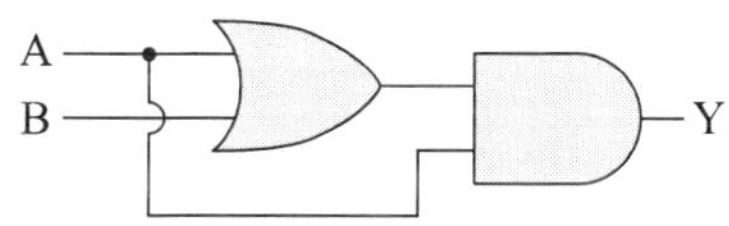


그림 8-3 실습회로 1

표 8-2 실습회로 1 결과

<table>
<tr><th>Y의 논리식</th><th>진리표</th><th>고찰</th></tr>
<tr><td></td><td><table><tr><th>A</th><th>B</th><th>Y</th></tr><tr><td>0</td><td>0</td><td></td></tr><tr><td>0</td><td>1</td><td></td></tr><tr><td>1</td><td>0</td><td></td></tr><tr><td>1</td><td>1</td><td></td></tr></table></td><td>실습결과 어떤 법칙을 만족하는가?</td></tr>
</table>

(2) 다음 논리회로를 구성하시오.

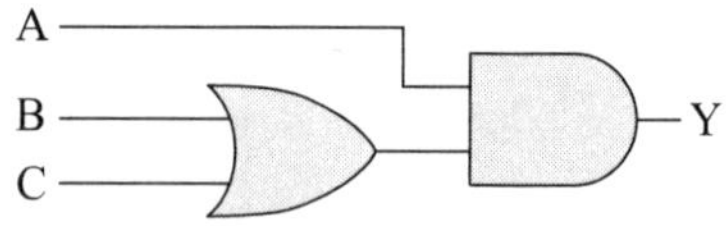


그림 8-4 실습회로 2

① 출력 Y 논리식을 쓰고 실습을 통하여 진리표를 완성하시오.

표 8-3 실습회로 2 결과 1

<table>
<tr><th>Y의 논리식</th><th>진리표</th><th>고찰</th></tr>
<tr><td></td><td>
<table>
<tr><th>A</th><th>B</th><th>C</th><th>Y</th></tr>
<tr><td>0</td><td>0</td><td>0</td><td></td></tr>
<tr><td>0</td><td>0</td><td>1</td><td></td></tr>
<tr><td>0</td><td>1</td><td>0</td><td></td></tr>
<tr><td>0</td><td>1</td><td>1</td><td></td></tr>
<tr><td>1</td><td>0</td><td>0</td><td></td></tr>
<tr><td>1</td><td>0</td><td>1</td><td></td></tr>
<tr><td>1</td><td>1</td><td>0</td><td></td></tr>
<tr><td>1</td><td>1</td><td>1</td><td></td></tr>
</table>
</td><td>Y의 논리식을 분배법칙을 이용하여 전개하시오.</td></tr>
</table>

② 출력 Y를 분배법칙을 이용하여 전개한 식을 이용하여 논리회로를 그리고 진리표를 완성하시오.

표 8-4 실습회로 2 결과 2

<table>
<tr><th>논리회로</th><th>진리표</th><th>고찰</th></tr>
<tr><td></td><td>
<table>
<tr><th>A</th><th>B</th><th>C</th><th>Y</th></tr>
<tr><td>0</td><td>0</td><td>0</td><td></td></tr>
<tr><td>0</td><td>0</td><td>1</td><td></td></tr>
<tr><td>0</td><td>1</td><td>0</td><td></td></tr>
<tr><td>0</td><td>1</td><td>1</td><td></td></tr>
<tr><td>1</td><td>0</td><td>0</td><td></td></tr>
<tr><td>1</td><td>0</td><td>1</td><td></td></tr>
<tr><td>1</td><td>1</td><td>0</td><td></td></tr>
<tr><td>1</td><td>1</td><td>1</td><td></td></tr>
</table>
</td><td>①에서 실습한 진리표와 비교하시오.</td></tr>
</table>

(3) 드모르강 법칙 $Y = \overline{A+B} = \overline{A} \cdot \overline{B}$ 이 성립하는지 논리회로를 구성하고 진리표 작성을 통하여 고찰하시오.

① $Y = \overline{A+B}$ 회로실습

표 8-5 ①의 결과

| $Y=\overline{A+B}$ 논리회로<br>(IC7432와 IC7404 이용) | 진리표 |
|---|---|
| | <table><tr><th>A</th><th>B</th><th>Y</th></tr><tr><td>0</td><td>0</td><td></td></tr><tr><td>0</td><td>0</td><td></td></tr><tr><td>0</td><td>1</td><td></td></tr><tr><td>0</td><td>1</td><td></td></tr></table> |

② $Y = \overline{A} \cdot \overline{B}$ 회로실습

표 8-6 ②의 결과

| $Y=\overline{A} \cdot \overline{B}$ 논리회로<br>(IC7408과 IC7404 이용) | 진리표 |
|---|---|
| | <table><tr><th>A</th><th>B</th><th>Y</th></tr><tr><td>0</td><td>0</td><td></td></tr><tr><td>0</td><td>0</td><td></td></tr><tr><td>0</td><td>1</td><td></td></tr><tr><td>0</td><td>1</td><td></td></tr></table> |

| 결과보고서 | | | |
|---|---|---|---|
| 실험제목 | 불 대수의 성질 | | |
| 조 원 | | 실험조 | 조 |
| 실습일자 | | 제출자 | |

(1) 실습회로 1의 결과

| Y의 논리식 | 진리표 | 고찰 |
|---|---|---|
| | | 실습결과 어떤 법칙을 만족하는가? |

| A | B | Y |
|---|---|---|
| 0 | 0 | |
| 0 | 1 | |
| 1 | 0 | |
| 1 | 1 | |

(2) 실습회로 2의 결과

① 출력 Y 논리식 및 진리표

| Y의 논리식 | 진리표 | 고찰 |
|---|---|---|
| | | Y의 논리식을 분배법칙을 이용하여 전개하시오. |

| A | B | C | Y |
|---|---|---|---|
| 0 | 0 | 0 | |
| 0 | 0 | 1 | |
| 0 | 1 | 0 | |
| 0 | 1 | 1 | |
| 1 | 0 | 0 | |
| 1 | 0 | 1 | |
| 1 | 1 | 0 | |
| 1 | 1 | 1 | |

② 출력 Y 논리식 및 진리표

<table>
<tr><th>논리회로</th><th>진리표</th><th>고찰</th></tr>
<tr><td></td><td>

| A | B | C | Y |
|---|---|---|---|
| 0 | 0 | 0 | |
| 0 | 0 | 1 | |
| 0 | 1 | 0 | |
| 0 | 1 | 1 | |
| 1 | 0 | 0 | |
| 1 | 0 | 1 | |
| 1 | 1 | 0 | |
| 1 | 1 | 1 | |

</td><td>①에서 실습한 진리표와 비교하시오.</td></tr>
</table>

(3) 실습회로 3의 결과

① $Y = \overline{A + B}$ 회로실습

<table>
<tr><th>$Y = \overline{A+B}$ 논리회로<br>(IC7432와 IC7404 이용)</th><th>진리표</th></tr>
<tr><td></td><td>

| A | B | Y |
|---|---|---|
| 0 | 0 | |
| 0 | 0 | |
| 0 | 1 | |
| 0 | 1 | |

</td></tr>
</table>

② $Y = \overline{A} \cdot \overline{B}$ 회로실습

<table>
<tr><th>$Y = \overline{A} \cdot \overline{B}$ 논리회로<br>(IC7408과 IC7404 이용)</th><th>진리표</th></tr>
<tr><td></td><td>

| A | B | Y |
|---|---|---|
| 0 | 0 | |
| 0 | 0 | |
| 0 | 1 | |
| 0 | 1 | |

</td></tr>
</table>

실험

# 9 NAND, NOR 게이트

## 1. 실험목적

(1) NAND, NOR 게이트로 이루어진 논리회로의 결선 방법을 익히고 실험결과의 고찰을 통하여 동작특성을 학습한다.
(2) NAND, NOR의 만능게이트의 역할과 논리회로의 변환방법을 익히고 실습을 통하여 동작특성을 학습한다.

## 2. 실험에 사용되는 기기 및 부품

(1) 브레드보드
(2) 저항(330 Ω)
(3) LED
(4) 점퍼 와이어
(5) 와이어 스트리퍼
(6) DC 파워서플라이(전원공급기)
(7) IC(7400, 7402)

## 3. 관련 지식

### 1) NAND 게이트

AND 게이트에 NOT 게이트가 합쳐진 회로를 NAND 게이트라고 한다. 이것은 두 개의 신호의 입력신호의 논리값이 모두 1일 경우에만 출력신호의 논리값이 0이

되는 게이트로 AND 게이트의 반대신호를 발생한다. NAND 게이트의 논리회로, 논리식 및 진리표는 다음과 같다. IC번호는 7400이다.

표 9-1 NAND 게이트

| 논리회로 | 논리식 | 진리표 |
|---|---|---|
| 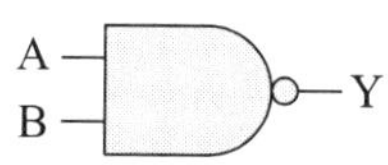 7400 | $Y = \overline{A \cdot B}$ | A B Y / 0 0 1 / 0 1 1 / 1 0 1 / 1 1 0 |

| A | B | Y |
|---|---|---|
| 0 | 0 | 1 |
| 0 | 1 | 1 |
| 1 | 0 | 1 |
| 1 | 1 | 0 |

## 2) NOR 게이트

OR 게이트에 NOT 게이트가 합쳐진 회로를 NOR 게이트라고 한다. 이것은 누개의 신호의 입력신호의 논리값이 모두 0일 경우에만 출력신호의 논리값이 1이 되는 게이트로 OR 게이트의 반대신호를 발생한다. NOR 게이트의 논리회로, 논리식 및 진리표는 다음과 같다. IC번호는 7402이다.

표 9-2 NOR 게이트

| 논리회로 | 논리식 | 진리표 |
|---|---|---|
| 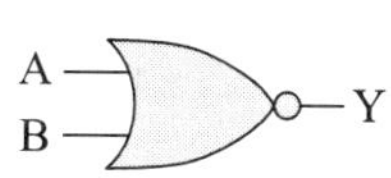 7402 | $Y = \overline{(A+B)}$ | A B Y / 0 0 1 / 0 1 0 / 1 0 0 / 1 1 0 |

| A | B | Y |
|---|---|---|
| 0 | 0 | 1 |
| 0 | 1 | 0 |
| 1 | 0 | 0 |
| 1 | 1 | 0 |

## 3) IC소자의 구조

NAND, NOR 논리 IC소자의 내부 회로 구조는 다음 그림 9-1과 같다.

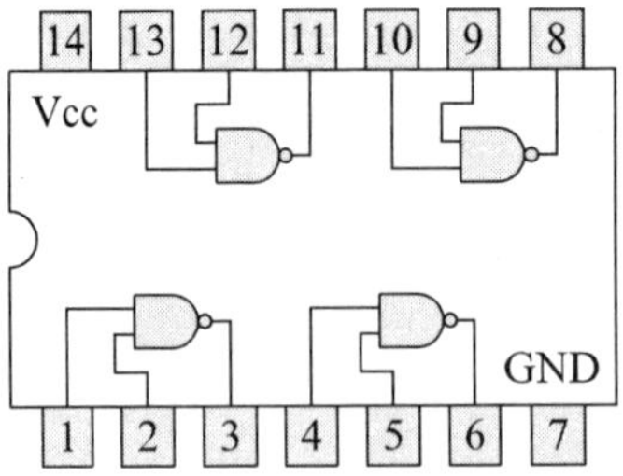


(a) NAND(7400)

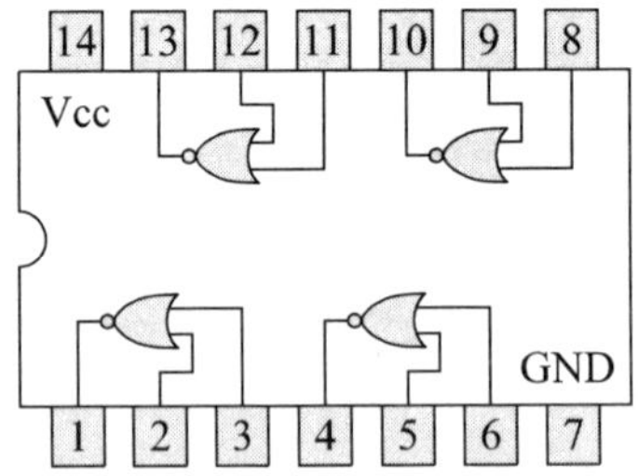


(b) NOR(7402)

그림 9-1 IC 내부 회로 구조

### 4) NAND, NOR의 만능게이트

기본 소자인 AND, OR, NOT 게이트를 NAND 게이트만을 이용하여 구성할 수 있고 또는 NOR만을 이용하여 구성할 수 있기 때문에 만능게이트라고 한다.

#### (1) 만능게이트를 이용한 NOT 게이트 구성

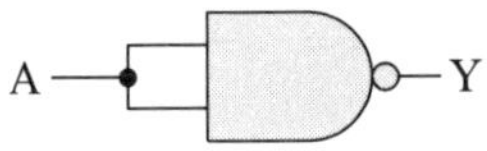


(a) NAND만을 이용한 NOT 게이트

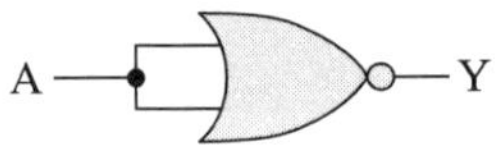


(b) NOR만을 이용한 NOT 게이트

그림 9-2 NOT 게이트 구성

#### (2) 만능게이트를 이용한 AND 게이트 구성

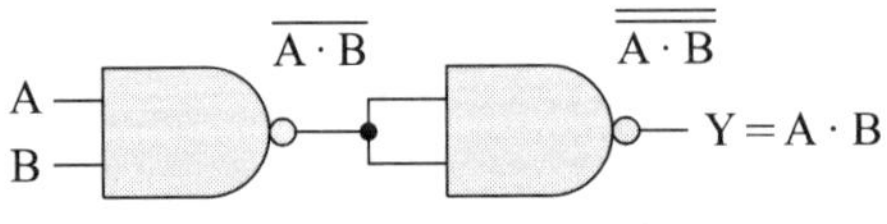


(a) NAND만을 이용한 AND 게이트

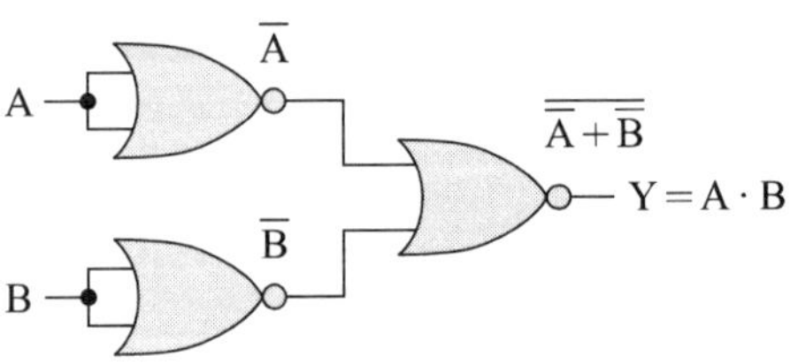


(b) NOR만을 이용한 AND 게이트

그림 9-3 AND 게이트 구성

### (3) 만능게이트를 이용한 OR 게이트 구성

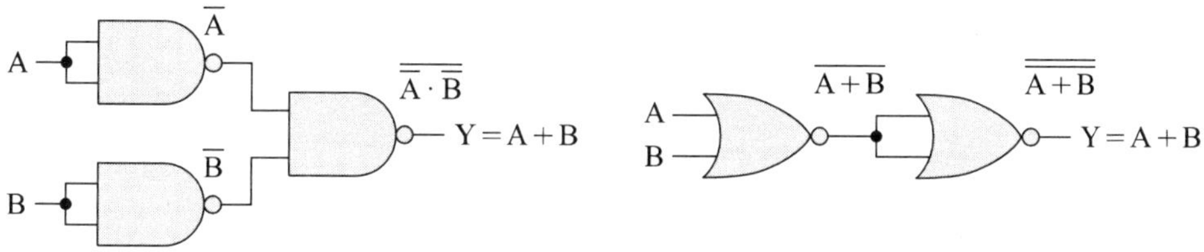


(a) NAND만을 이용한 OR 게이트 (b) NOR만을 이용한 OR 게이트

**그림 9-4 OR 게이트 구성**

### (4) 기본 회로에서 NAND, NOR 회로 변환

**① NAND만의 회로로 변환**

논리식 Y = A + (B · C)를 논리회로로 나타내면 예제회로 1은 그림 9-5와 같다.

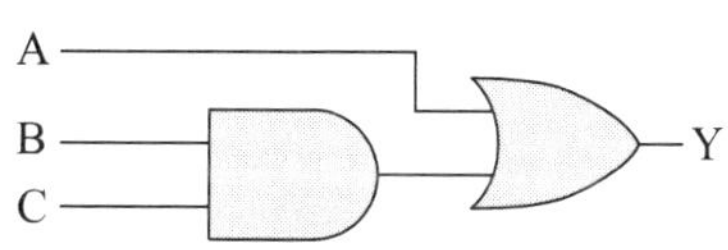


**그림 9-5 예제회로 1**

위의 식과 같이 합의 곱형태 즉 논리회로에서 OR가 맨 마지막으로 나오는 회로는 NAND만의 회로로 변환하여 나타낼 수 있다.

논리식을 이용하여 변환하기 위해서는 주어진 식에 부정을 두 번 취하여 드모르강 정리를 이용하면 된다. 부정을 두 번 취하면 원래식과 같기 때문이다.

$$Y = A + (B \cdot C) = \overline{\overline{A + (B \cdot C)}}$$

드모르강 정리를 이용하면 다음과 같이 NAND만의 회로로 변환이 가능하다

$$Y = \overline{\overline{A} \cdot \overline{(B \cdot C)}}$$

$$\overline{\overline{A}\cdot\overline{(B\cdot C)}}$$

① ②

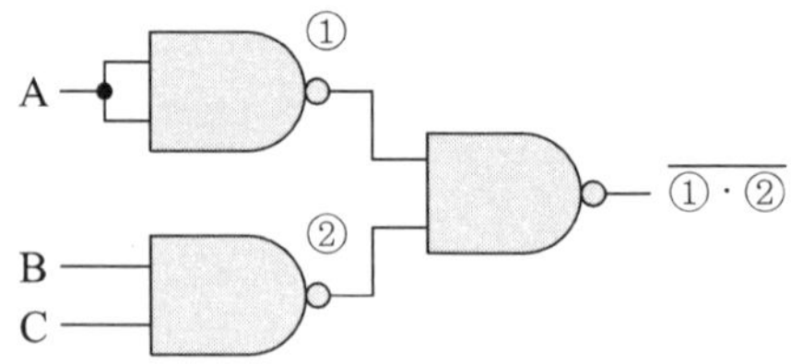


그림 9-6 예제회로 1의 NAND 회로 변환

**② NOR만의 회로로 변환**

논리식 $Y = A \cdot (B + C)$를 논리회로로 나타낸 예제회로 2는 그림 9-7과 같다.

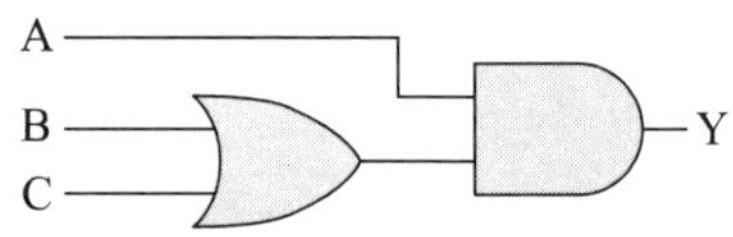


그림 9-7 예제회로 2

논리식을 이용하여 변환하기 위해서는 주어진 식에 부정을 두 번 취하여 드모르강 정리를 이용하면 된다. 부정을 두 번 취하면 원래식과 같기 때문이다.

$$Y = A \cdot (B + C) = \overline{\overline{A \cdot (B + C)}}$$

드모르강 정리를 이용하면 다음과 같이 NOR만의 회로로 변환이 가능하다.

$$Y = \overline{\overline{A} + \overline{(B + C)}}$$

$$\overline{\overline{A}+\overline{(B+C)}}$$

① ②

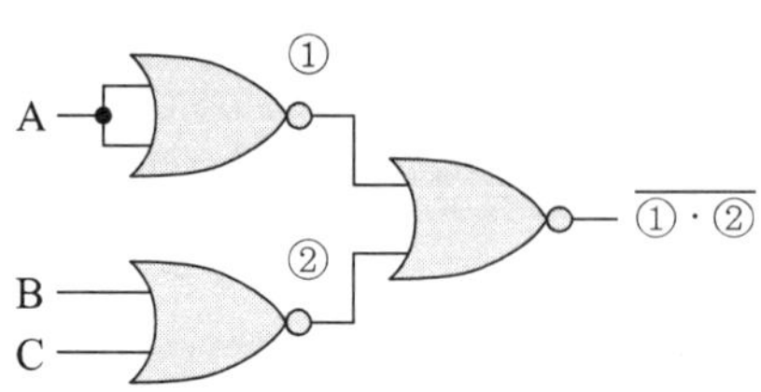


그림 9-8 예제회로 2의 NAND 회로 변환

논리회로를 이용하여 변환하는 방법은 다음과 같다.

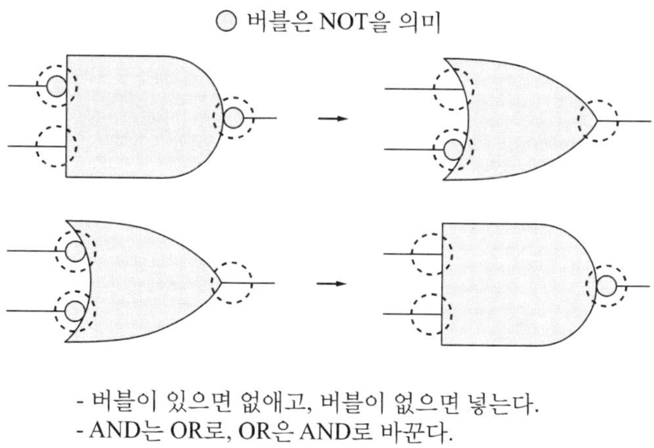


그림 9-9 논리회로의 변환 방법

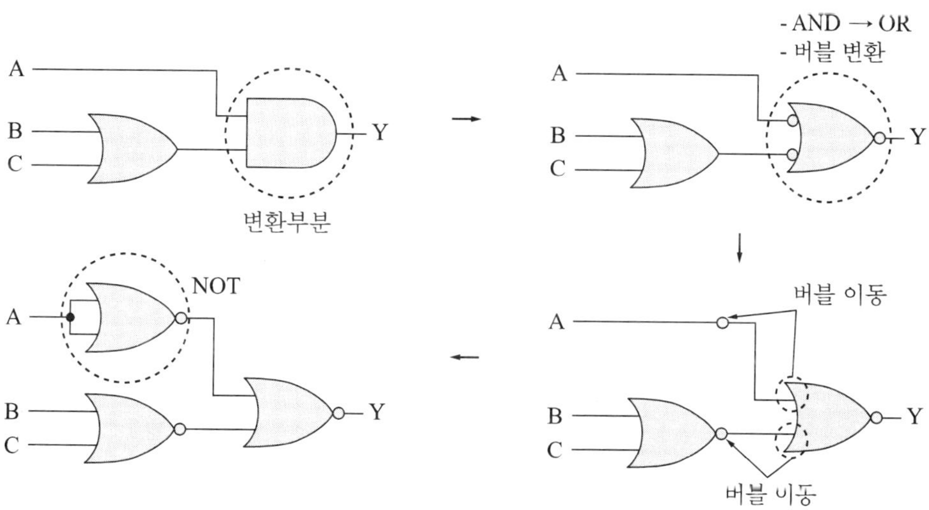


그림 9-10 NOR 게이트만으로 변환 방법의 예

## 4. 실험순서

(1) 다음 그림 9-11과 같이 실습회로 1을 구성하고 실험을 통하여 다음을 완성하시오.

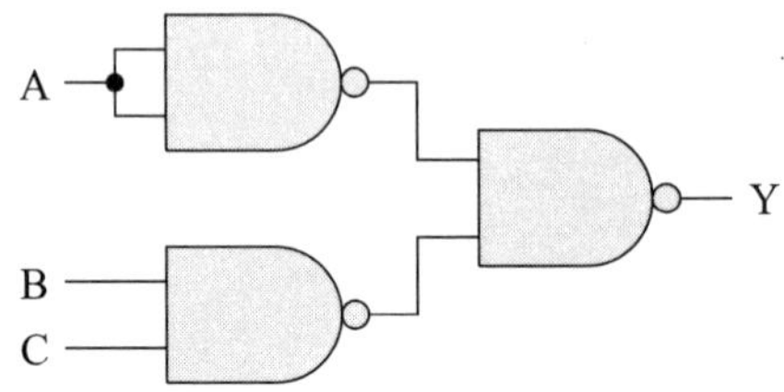


그림 9-11 실습회로 1

표 9-3 실험회로 1의 결과

| 논리회로(AND 1개, OR 1개로 표현) | 진리표 | | | |
|---|---|---|---|---|
| | A | B | C | Y |
| | 0 | 0 | 0 | |
| | 0 | 0 | 1 | |
| | 0 | 1 | 0 | |
| | 0 | 1 | 1 | |
| | 1 | 0 | 0 | |
| | 1 | 0 | 1 | |
| | 1 | 1 | 0 | |
| | 1 | 1 | 1 | |

(2) 다음 그림 9-12와 같이 실습회로 2를 구성하고 실험을 통하여 다음을 완성하시오.

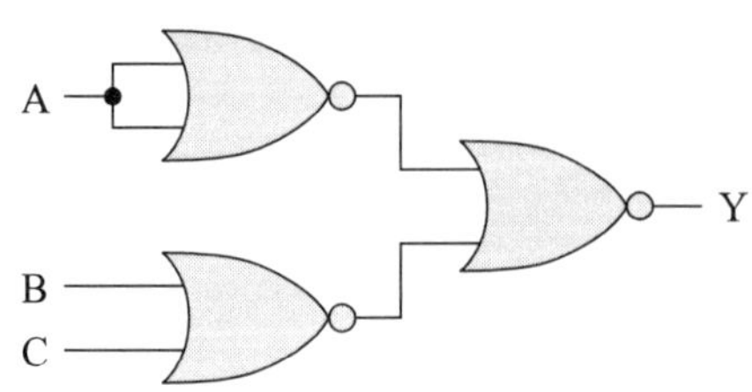


그림 9-12 실습회로 2

표 9-4 실험회로 2의 결과

<table>
<tr><th>논리회로(AND 1개, OR 1개로 표현)</th><th>진리표</th></tr>
<tr><td></td><td>

| A | B | C | Y |
|---|---|---|---|
| 0 | 0 | 0 | |
| 0 | 0 | 1 | |
| 0 | 1 | 0 | |
| 0 | 1 | 1 | |
| 1 | 0 | 0 | |
| 1 | 0 | 1 | |
| 1 | 1 | 0 | |
| 1 | 1 | 1 | |

</td></tr>
</table>

(3) 논리식 $Y = A \cdot (\overline{B} + C)$의 논리회로를 그리고, NOR만 이용한 논리식으로 변환하고 논리회로를 그리시오.

표 9-5 문제 (3) 결과

| $Y = A \cdot (\overline{B} + C)$ 논리회로 | NOR만 이용한 논리회로<br>(논리식 : ) |
|---|---|
| | |

(4) 논리식 $Y = \overline{A} + (B \cdot \overline{C})$의 논리회로를 그리고, NAND만 이용한 논리식으로 변환하고 논리회로를 그리시오.

표 9-6 문제 (4) 결과

| $Y = \overline{A} + (B \cdot \overline{C})$ 논리회로 | NAND만 이용한 논리회로<br>(논리식 : ) |
|---|---|
| | |

| 결과보고서 | | | |
|---|---|---|---|
| 실험제목 | **NAND, NOR 게이트** | | |
| 조 원 | | 실험조 | 조 |
| 실습일자 | | 제출자 | |

(1) 표 9-3 실습회로 1의 결과

| 논리회로(AND 1개, OR 1개로 표현) | 진리표 |
|---|---|
| | |

| A | B | C | Y |
|---|---|---|---|
| 0 | 0 | 0 | |
| 0 | 0 | 1 | |
| 0 | 1 | 0 | |
| 0 | 1 | 1 | |
| 1 | 0 | 0 | |
| 1 | 0 | 1 | |
| 1 | 1 | 0 | |
| 1 | 1 | 1 | |

(2) 표 9-4 실험회로 2의 결과

| 논리회로(AND 1개, OR 1개로 표현) | 진리표 |
|---|---|
| | |

| A | B | C | Y |
|---|---|---|---|
| 0 | 0 | 0 | |
| 0 | 0 | 1 | |
| 0 | 1 | 0 | |
| 0 | 1 | 1 | |
| 1 | 0 | 0 | |
| 1 | 0 | 1 | |
| 1 | 1 | 0 | |
| 1 | 1 | 1 | |

(3) 논리식 $Y = A \cdot (\overline{B} + C)$의 논리회로를 그리고, NOR만 이용한 논리식으로 변환하고 논리회로를 그리시오.

표 9-5 문제 (3) 결과

| $Y = A \cdot (\overline{B} + C)$ 논리회로 | NOR만 이용한 논리회로<br>(논리식 : ) |
|---|---|
| | |

(4) 논리식 $Y = \overline{A} + (B \cdot \overline{C})$의 논리회로를 그리고, NAND만 이용한 논리식으로 변환하고 논리회로를 그리시오.

표 9-6 문제 (4) 결과

| $Y = \overline{A} + (B \cdot \overline{C})$ 논리회로 | NAND만 이용한 논리회로<br>(논리식 : ) |
|---|---|
| | |

# 실험 10 Exclusive-OR, Exclusive-NOR 게이트

## 1. 실험목적

(1) 논리소자 Exclusive-OR, Exclusive-NOR 게이트의 개념과 동작특성을 실험을 통하여 학습한다.

(2) Exclusive-OR, Exclusive-NOR 게이트로 이루어진 논리회로의 결선 방법을 익히고 실험결과의 고찰을 통하여 동작특성을 학습한다.

## 2. 실험에 사용되는 기기 및 부품

(1) 브레드보드
(2) 저항
(3) LED
(4) 점퍼 와이어
(5) 와이어 스트리퍼
(6) DC 파워서플라이(전원공급기)
(7) IC(7404, 7408, 7432, 7486)

## 3. 관련 지식

### 1) Exclusive-OR 게이트

Exclusive-OR 게이트는 두 개의 입력이 들어올 때 입력이 서로 다른 경우 출력이 나오는 회로로써 반일치회로라고 한다. 다른 이름으로 배타적 OR 회로 또는

XOR이라고 표기하기도 한다. XOR 게이트의 논리회로, 논리식 및 진리표는 다음 표 10-1과 같다. IC번호는 7486이다.

표 10-1 XOR 게이트

| 논리회로 | 논리식 | 진리표 |
|---|---|---|
| 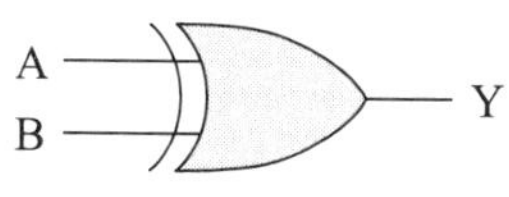<br>7486 | $Y = \bar{A}B + A\bar{B}$<br>$= A \oplus B$ | A / B / Y |

| A | B | Y |
|---|---|---|
| 0 | 0 | 0 |
| 0 | 1 | 1 |
| 1 | 0 | 1 |
| 1 | 1 | 0 |

## 2) Exclusive-NOR 게이트

Exclusive-NOR 게이트는 두 개의 입력이 들어올 때 입력이 서로 같은 경우 출력이 나오는 회로로써 일치회로라고 한다. 다른 이름으로 배타적 NOR 회로 또는 XNOR이라고 표기하기도 한다. XNOR 게이트의 논리회로, 논리식 및 진리표는 다음 표 10-2와 같다. IC번호는 74266이다.

표 10-2 XNOR 게이트

| 논리회로 | 논리식 | 진리표 |
|---|---|---|
| 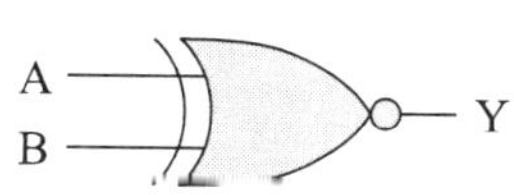<br>74266 | $Y = \bar{A}\bar{B} + AB$<br>$= A \odot B$ | A / B / Y |

| A | B | Y |
|---|---|---|
| 0 | 0 | 1 |
| 0 | 1 | 0 |
| 1 | 0 | 0 |
| 1 | 1 | 1 |

XOR과 XNOR의 진리표를 살펴보면 서로의 출력이 반대가 됨을 알 수 있으므로 XOR과 XNOR의 관계는 다음과 같이 나타낼 수 있다.

$$Y = A \oplus B = \overline{A \odot B}$$

즉, $\overline{A \odot B} = \overline{\bar{A}\bar{B} + AB}$ 이므로 이를 드모르강의 정리를 이용하여 전개하면

$$
\begin{aligned}
\overline{\overline{A}\,\overline{B} + AB} &= \overline{\overline{A}\,\overline{B}} \cdot \overline{AB} \\
&= (A+B) \cdot (\overline{A}+\overline{B}) \\
&= A\overline{A} + A\overline{B} + \overline{A}B + B\overline{B} \\
&= 0 + A\overline{B} + \overline{A}B + 0 \\
&= A\overline{B} + \overline{A}B \\
&= A \oplus B
\end{aligned}
$$

### 3) IC소자의 구조

XOR, XNOR 논리 IC소자의 내부 회로 구조는 다음 그림 10-1과 같다.

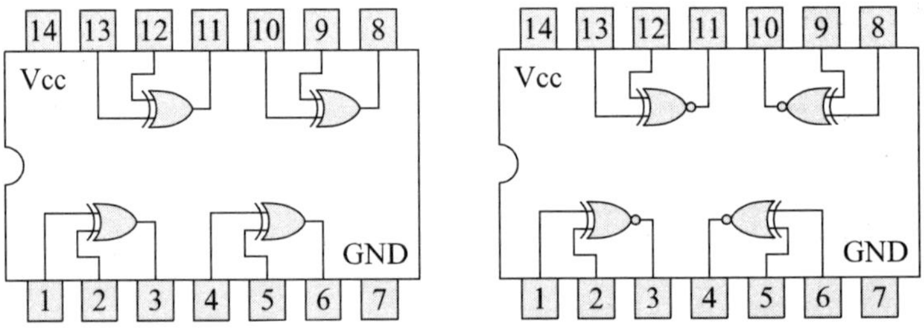


(a) XOR (7486) (b) XNOR (74266)

그림 10-1 IC 내부구조

> **주의**
> XNOR(74266)의 경우 제조사에 따라 방향이 한 방향으로 되어 있는 것이 있으므로 데이터시트를 잘 확인하여야 한다.

## 4. 실험순서

(1) 다음 그림 10-2와 같이 실습회로 1을 구성하고 실험을 통하여 다음을 완성하시오.

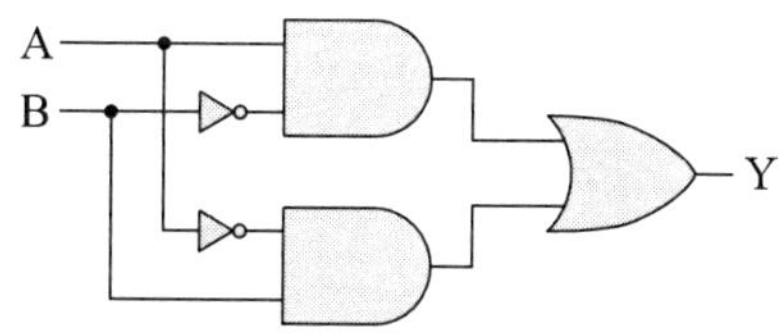


그림 10-2 **실습회로 1**

표 10-3 **진리표**

| A | B | Y |
|---|---|---|
| 0 | 0 | |
| 0 | 1 | |
| 1 | 0 | |
| 1 | 1 | |

논리식 :

(2) 다음 그림 10-3과 같이 실습회로 2를 구성하고 실험을 통하여 다음을 완성하시오.

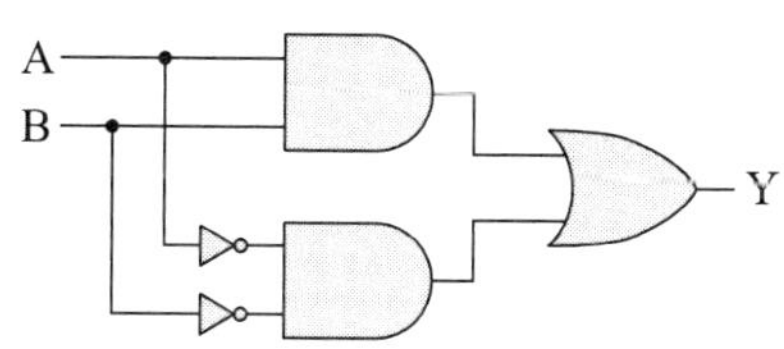


그림 10-3 **실습회로 2**

표 10-4 **진리표**

| A | B | Y |
|---|---|---|
| 0 | 0 | |
| 0 | 1 | |
| 1 | 0 | |
| 1 | 1 | |

논리식 :

(3) 다음 그림 10-4와 같이 실습회로 3을 구성하고 실험을 통하여 다음을 완성하시오.

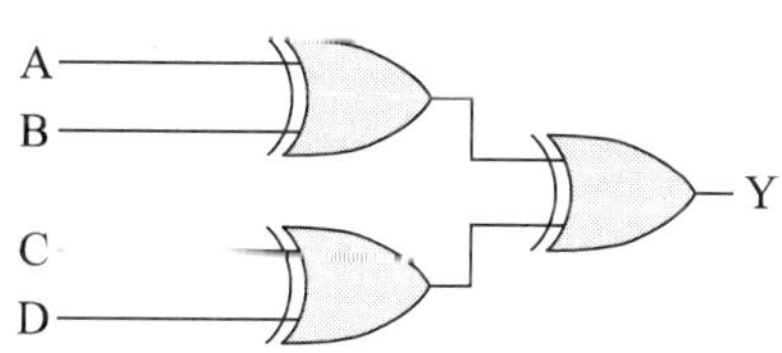


그림 10-4 **실습회로 3**

표 10-5 **진리표**

| A | B | C | D | Y |
|---|---|---|---|---|
| 0 | 0 | 0 | 0 | |
| 0 | 0 | 1 | 0 | |
| 0 | 1 | 1 | 0 | |
| 0 | 1 | 1 | 1 | |
| 1 | 0 | 0 | 0 | |
| 1 | 0 | 1 | 1 | |
| 1 | 1 | 0 | 0 | |
| 1 | 1 | 1 | 1 | |

논리식 :

> **고찰**
> 실습결과의 진리표를 보고 입력의 1의 개수에 따라 출력이 변화하는 것을 고찰하고 어떠한 점을 찾을 수 있는가?

(4) 다음 XOR의 식 $Y = A \oplus B = \overline{A}B + A\overline{B}$을 만능회로인 NAND 게이트만을 이용한 논리식으로 변환하고 논리회로를 그리시오.

표 10-6 문제 (4)의 결과

| 논리식 변환 | 논리회로(NAND만 이용) |
|---|---|
| | |

(5) 다음 XNOR의 식 $Y = \overline{A \odot B} = \overline{A}\,\overline{B} + AB$을 만능회로인 NAND 게이트만을 이용한 논리식으로 변환하고 논리회로를 그리시오.

표 10-7 문제 (5)의 결과

| 논리식 변환 | 논리회로(NAND만 이용) |
|---|---|
| | |

## 결과보고서

| 실험제목 | Exclusive-OR, Exclusive-NOR 게이트 | | |
|---|---|---|---|
| 조 원 | | 실험조 | 조 |
| 실습일자 | | 제출자 | |

(1) 실습회로 1 결과

표 10-3 진리표

| A | B | Y |
|---|---|---|
| 0 | 0 | |
| 0 | 1 | |
| 1 | 0 | |
| 1 | 1 | |

논리식 :

(2) 실습회로 2 결과

표 10-4 진리표

| A | B | Y |
|---|---|---|
| 0 | 0 | |
| 0 | 1 | |
| 1 | 0 | |
| 1 | 1 | |

논리식 :

(3) 실습회로 3 결과

표 10-5 진리표

| A | B | C | D | Y |
|---|---|---|---|---|
| 0 | 0 | 0 | 0 | |
| 0 | 0 | 1 | 0 | |
| 0 | 1 | 1 | 0 | |
| 0 | 1 | 1 | 1 | |
| 1 | 0 | 0 | 0 | |
| 1 | 0 | 1 | 1 | |
| 1 | 1 | 0 | 0 | |
| 1 | 1 | 1 | 1 | |

논리식 :

**고찰**

실습결과의 진리표를 보고 입력의 1의 개수에 따라 출력이 변화하는 것을 고찰하고 어떠한 점을 찾을 수 있는가?

(4) 다음 XOR의 식 $Y = A \oplus B = \overline{A}B + A\overline{B}$을 만능회로인 NAND 게이트만을 이용한 논리식으로 변환하고 논리회로를 그리시오.

표 10-6 문제 (4)의 결과

| 논리식 변환 | 논리회로(NAND만 이용) |
| --- | --- |
| | |

(5) 다음 XNOR의 식 $Y = \overline{A \odot B} = \overline{A}\,\overline{B} + AB$을 만능회로인 NAND 게이트만을 이용한 논리식으로 변환하고 논리회로를 그리시오.

표 10-7 문제 (5)의 결과

| 논리식 변환 | 논리회로(NAND만 이용) |
| --- | --- |
| | |

# 3장

# 시퀀스 기초 및 응용 실험

# 11 시퀀스 동작 기초

실험

## 1. 실험목적

(1) 시퀀스 기기의 기본 심벌을 익힌다.
(2) 시퀀스 회로에 사용되는 푸시버튼과 릴레이의 구조와 동작을 익힌다.
(3) 시퀀스 도면을 보고 도면을 해독하고 결선하는 방법을 익힌다.

## 2. 실험에 사용되는 기기 및 부품

(1) 배선용 합판
(2) 배선용 차단기(MCCB, 단상)
(3) 릴레이(220 V, 8 pin, 2a2b) 1개, 릴레이 소켓(8 pin 원형) 1개
(4) 푸시버튼(2개)
(5) 파일럿램프(220 V, 2개)
(6) 전선
(7) 공구(스트리퍼, 드라이버, 접시머리나사 12 mm 등)
(8) 컨트롤박스(2구 2개)

## 3. 관련 지식

### 1) 시퀀스 제어의 접점

시퀀스(sequence)는 "일련의 연속된 순서 또는 차례"라는 의미를 가진다. 시퀀스 제어라는 것은 어떠한 공정 및 시스템의 제어를 위해서 미리 정해진 연속된 순서에

따라 제어 동작을 순차적으로 실행해 나가는 제어를 의미한다.

시퀀스 제어에서 접점이란 입력된 전기신호를 통과(ON)시킬 것인지, 차단(OFF)시킬 것인지의 스위치 역할을 하는 것을 접점이라고 한다. 이러한 접점에는 a접점과 b접점으로 구성되어 있다.

### (1) a접점

a접점은 외부에서 아무런 입력이 가해지지 않는 상태에서는 회로가 개방된 상태 즉 OFF 상태를 나타내는 기능을 하는 접점을 말하며 열려있는 접점(arbeit contact)의 머리글자인 a를 따와서 a접점이라고 한다. a접점은 회로를 만든다는 의미 즉 누르면 회로가 동작한다는 의미인 메이크 접점(make contact)라고 하며 초기에 열려있는 접점(Normally Open contact)이라고 해서 NO라고 표기하여 사용한다.

a접점은 초기에 개방되어 있는 상태이므로 주로 회로를 ON(전원 투입)을 시키는데 사용한다.

### (2) b접점

b접점은 외부에서 아무런 입력이 가해지지 않는 상태에서는 회로가 연결된 상태 즉 ON 상태를 나타내는 기능을 하는 접점을 말하며 누르면 차단되는 접점(break contact)의 머리글자인 b를 따와서 b접점이라고 한다. 또한 초기에 닫혀있는 접점(Normally Close contact)이라고 해서 NC라고 표기하여 사용한다.

b접점은 초기에 닫혀 있는 상태이므로 주로 회로를 OFF(전원 차단)을 시키는데 사용한다.

## 2) 시퀀스 제어 기본 설계 동작 원칙

시퀀스 제어를 통하여 순차적인 제어 동작을 실행하기 위해서는 주어진 입력에 대해서 원하는 출력을 얻기 위해 a접점과 b접점을 적절히 조합하여 설계가 가능하며 시퀀스 제어회로 설계를 위한 기본 원칙은 다음과 같다.

(1) 설비를 구동하거나 제어기기에 입력신호를 넣을 경우는 a접점을 사용한다. 즉 a접점은 구동시키는 접점이다.

(2) 설비 운전을 정지시키거나 제어기기에 신호를 차단할 경우에는 b접점을 사용한다. 즉 b접점은 정지시키는 접점이다.

(3) 신호를 계속적으로 투입시키고자 할 경우 자기유지회로를 사용한다.

(4) 동작이 완료된 후에는 반드시 자기유지회로를 중지시켜야 한다.

일반적으로 설비의 제어를 구성하기 위해서는 도면을 작성하여야 한다. 도면을 작성하게 되면 가능한 한 간단하고 이해하기 쉽게 구성하여 나타내어야 한다. 이를 위해서는 미리 약속해 둔 기호를 이용하여야 하는데 시퀀스 회로에 많이 사용되는 시퀀스 제어를 위한 심벌은 표 11-1과 같다.

**표 11-1 시퀀스 제어 심벌**

| 번호 | 명 칭 | KS 심벌 | | IEC 심벌 | |
|---|---|---|---|---|---|
| | | a접점 | b접점 | a접점 | b접점 |
| 1 | 일반접점<br>(수동접점 - 스위치) | 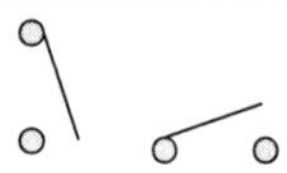 | 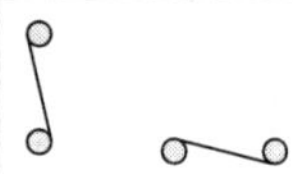 | 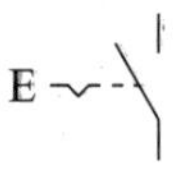 |  |
| 2 | 푸시버튼 | 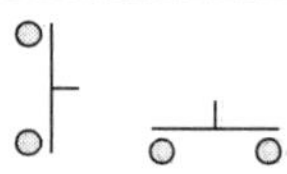 |  | 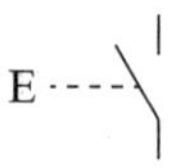 | 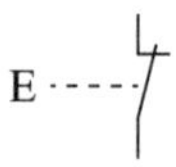 |
| 3 | 리미트스위치<br>(기계적 접점) | 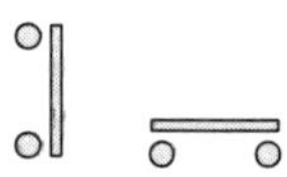 | 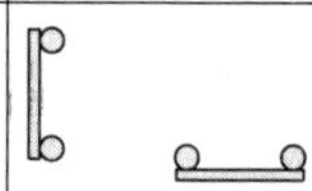 |  |  |
| 4 | 계전기접점<br>(릴레이접점) | 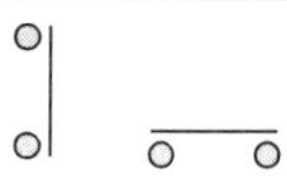 | 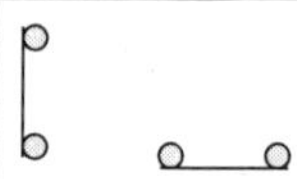 |  |  |
| 5 | 한시동작 순시복귀접점<br>(On Delay Timer) | 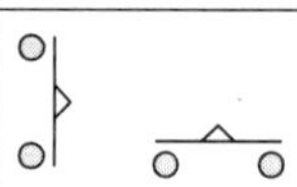 | 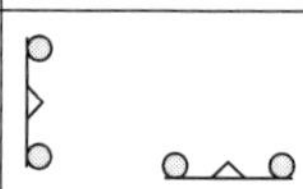 |  |  |
| 6 | 순시동작 한시복귀접점<br>(Off Delay Timer) |  | 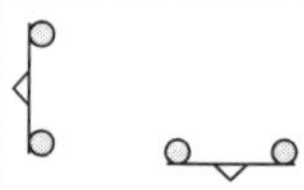 |  | 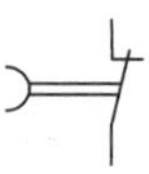 |
| 7 | 플리커 타이머<br>ON/OFF Delay Timer | 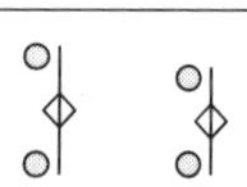 | 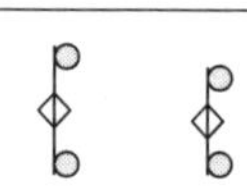 |  |  |
| 8 | 열동 과부하계전기 접점 | 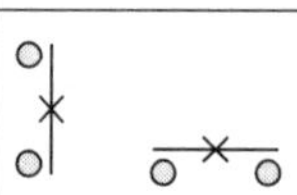 | 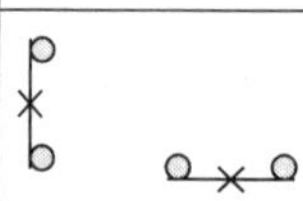 |  |  |
| 9 | 전자접촉기 접점 | 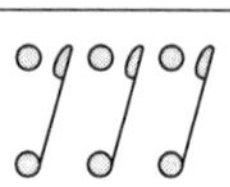 | |  | |

## 3) 시퀀스 제어기기 구조 및 동작

### (1) 푸시버튼

푸시버튼은 제어기기 중 조작용 스위치로 분류되는 대표적인 기기이며, 푸시버튼을 사람이 손으로 눌러 조작하여 제어 명령을 입력하게 된다. 푸시버튼은 한번 눌러서 손을 떼면 다시 복원되는 복귀형과 한번 눌렀을 때 복귀하지 않고 유지하고 있다가 한번 더 눌렀을 때 복귀하는 유지형이 있다.

일반적 제어용은 복귀형 푸시버튼이 많이 사용된다. 일반적으로 제어용 도면에선 푸시버튼은 Push Button의 약자로 PB1, PB2 등을 많이 사용한다.

그림 11-1은 실험에 사용되는 1a1b 접점을 가지는 복귀형 푸시버튼을 나타내고 있다.

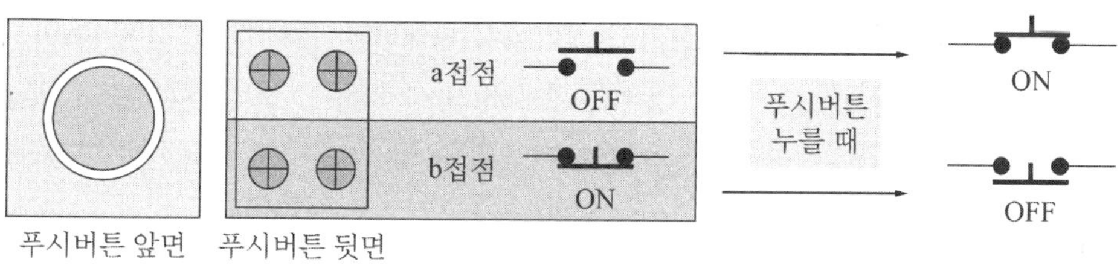


(a) 푸시버튼의 개요도 및 접점 기호

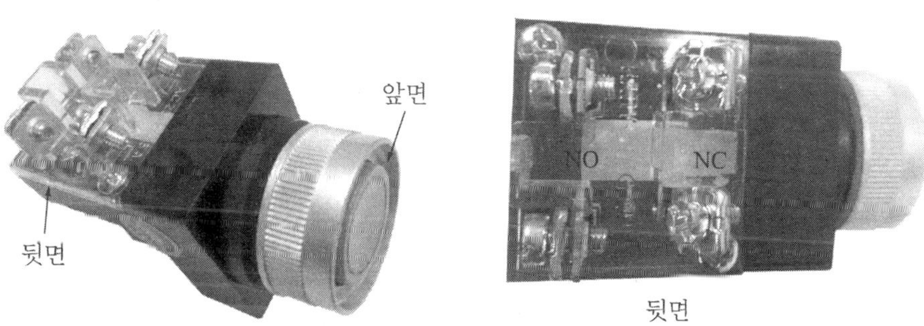


(b) 푸시버튼 실제 외형

그림 11-1 푸시버튼의 구조

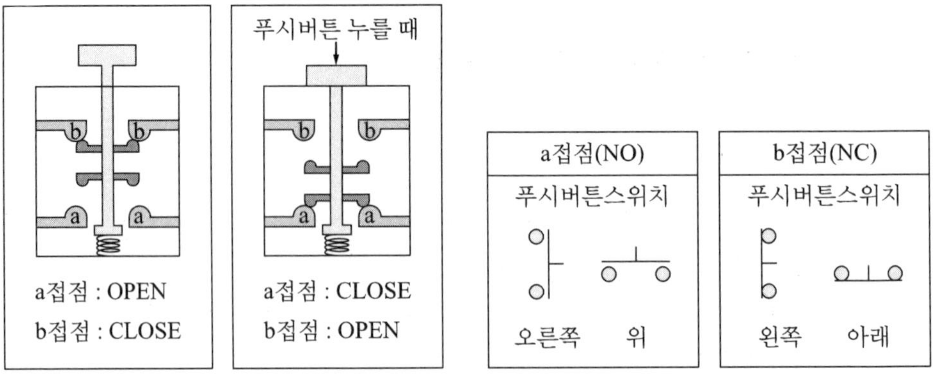


그림 11-2 푸시버튼의 동작 개요도

## (2) 릴레이

릴레이는 전자 계전기라고도 하며, 전자석에 의한 철편의 흡입력을 이용해서 접점을 개폐하는 기능을 가진 유접점 신호처리 제어기기이다. 계전기는 일반적으로 릴레이라고 더 많이 불리어지고 있다. 릴레이는 전원공급방식에 따라 직류용과 교류용이 있다. 그리고 사용되는 핀수에 따라 8핀, 11핀, 14핀으로 구분된다. 일반적으로 도면에서 릴레이의 기호는 Ry, R, X 등으로 주로 사용되며 그림 11-3과 같다.

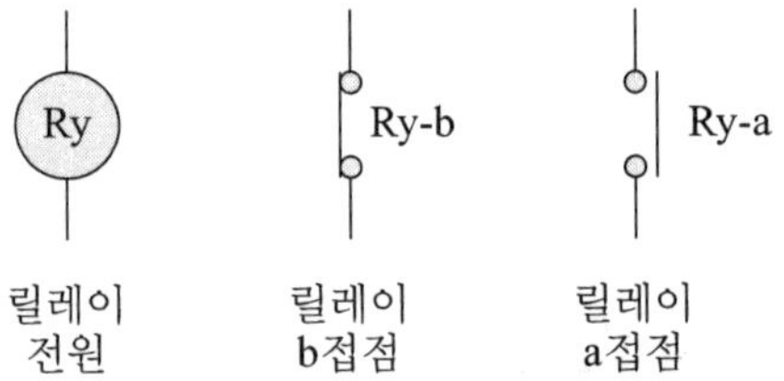


그림 11-3 릴레이의 시퀀스 도면 기호 예

그림 11-4 8핀 릴레이 소켓과 릴레이

8핀 릴레이는 a접점 2개, b접점 2개(2a2b)의 접점을 가지며 내부 회로도는 그림 11-5와 같다.

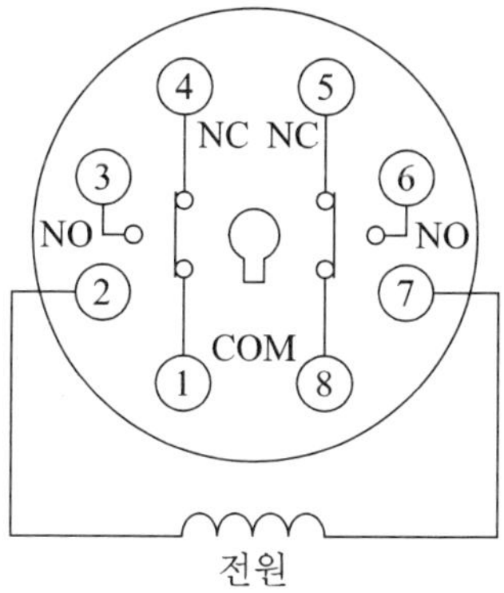


● 8핀 릴레이
- a접점 : 1 − 3번, 8 − 6번
- b접점 : 1 − 4번, 8 − 5번
- 전원 : 2 − 7번

그림 11-5 8핀 릴레이 내부 회로도

11핀 릴레이는 a접점 3개, b접점 3개로 구성된 3a3b의 접점을 가지며 실제 외형은 그림 11-6과 같다.

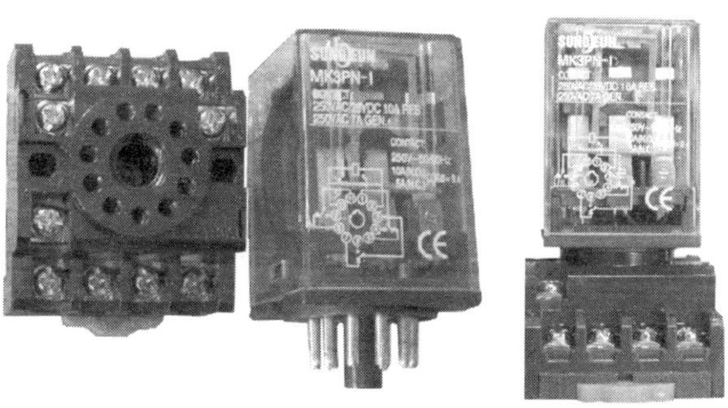


그림 11-6 11핀 릴레이 및 릴레이 소켓

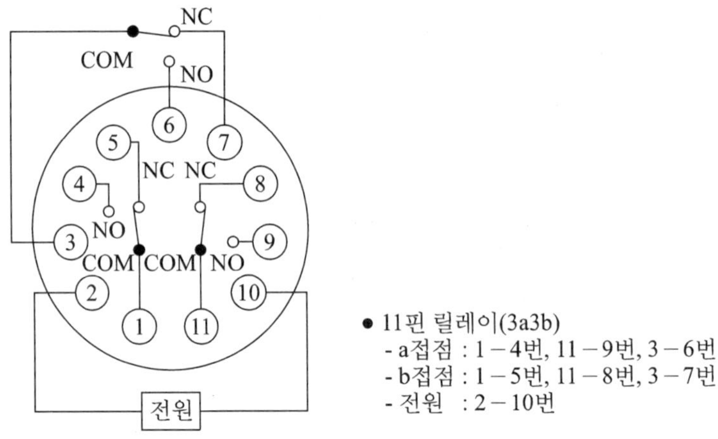


**그림 11-7 11핀 릴레이 내부 회로도**

14핀 릴레이는 a접점 4개, b접점 4개로 구성된 4a4b의 접점을 가지며 실제 외형은 그림과 같다.

**그림 11-8 14핀 릴레이 외형**

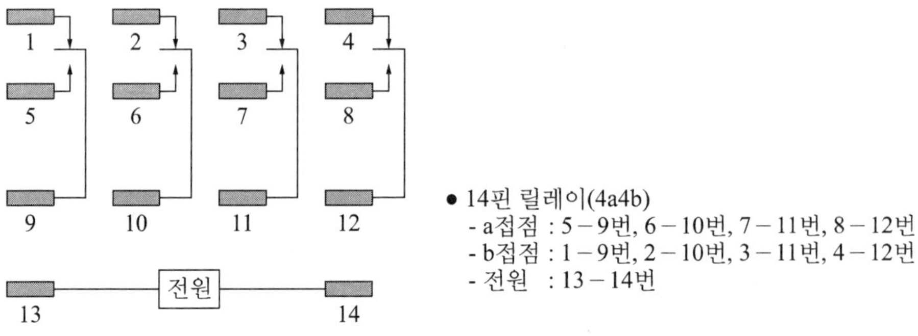


**그림 11-9 14핀 릴레이 내부 회로도**

### ① 릴레이 동작

8핀 릴레이의 동작을 알아보기 위해 그림 11-10에 8핀 릴레이의 내부 결선도의 동작을 나타내었다.

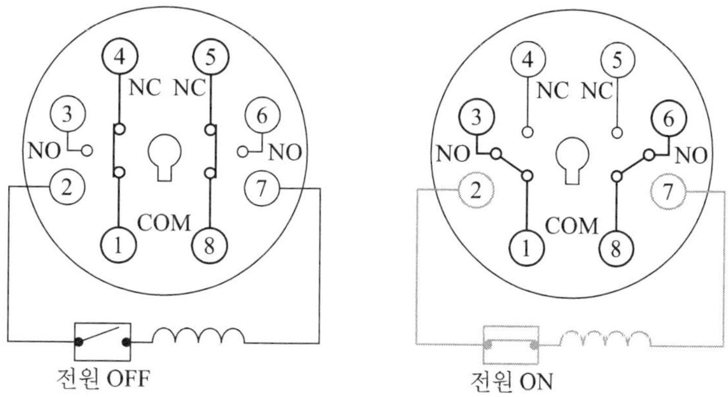


(a) 동작 전 릴레이 내부회로　　(b) 동작 후 릴레이 내부회로

그림 11-10 릴레이의 동작

그림 11-10(a)는 릴레이 전원 2-7번 단자에 전원이 투입되기 전 회로를 나타내고 있다. 이때는 b접점 단자인 1-4, 8-5번 단자가 연결되어 있지만, 릴레이의 전원 2-7번 단자에 전원이 투입되게 되면 그림 11-10(b)와 같이 원래 a접점이었던 단자 1-3과 8-6번이 연결되게 된다. 다시 2-7번 전원단자가 끊어지게 되면 그림 11-10(b)에서 그림 11-10(a)로 원래대로 복귀하게 된다.

- a접점(1-3, 8-6번 단자)
  2-7번 전원단자에 전원이 인가되면 접점이 닫히고, 전원이 끊기면 접점이 열림
- b접점(1-4, 8-5번 단자)
  2-7번 전원단자에 전원이 인가되면 접점이 열리고, 전원이 끊기면 접점이 닫힘

### 4) 시퀀스 도면의 해독

시퀀스 도면이 주어지면 어떻게 동작해야 하는지 해독을 해야 한다. 시퀀스의 동작은 푸시버튼 a접점의 동작을 통하여 다른 제어기기가 동작하므로 푸시버튼 a접점을 먼저 찾아야 한다.

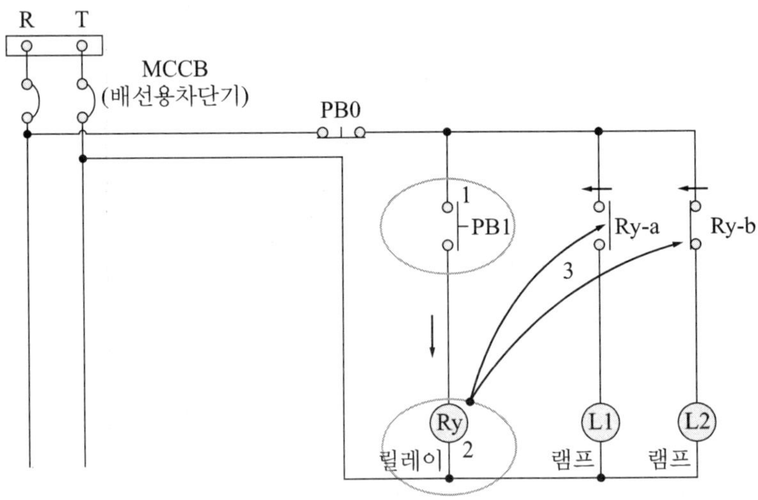


그림 11-11 시퀀스 회로의 동작순서

그림 11-11의 동작순서는 다음과 같다.
초기동작을 살펴보면 닫혀 있는 Ry-b에 의해 램프 L2가 켜져 있다.

① 먼저 수동으로 동작을 시키기 위해 푸시버튼 PB1을 누른다.
(계속 누르고 있는다.)
② PB1이 눌러지면 릴레이 Ry로 전류가 흐른다.
③ 이 Ry에 의해서 열려 있던 Ry-a는 닫혀서 램프 L1에 불이 들어온다.
④ 동시에 닫혀 있던 Ry-b는 열리게 되어 켜져 있던 램프 L2가 꺼진다.

그림 11-11에서 알 수 있듯이 PB1은 a접점이므로 릴레이를 동작을 하게 하는 역할을 하고, Ry-a접점도 a접점이므로 L1을 켜는 역할이며, Ry-b는 b접점이므로 L2를 끄는 역할을 한다.

## 5) 시퀀스 배선 방법

시퀀스 도면이 주어지면 동작을 하도록 실제 배선을 해야 하는데 다음 두 과정이 필요하다.

- 도면에 접점번호 기입
- 도면에 배선번호 기입(넘버링작업)

### (1) 접점번호 기입

도면에 접점번호를 기입할 경우 주의사항을 그림 11-12의 도면에 나타내었다.

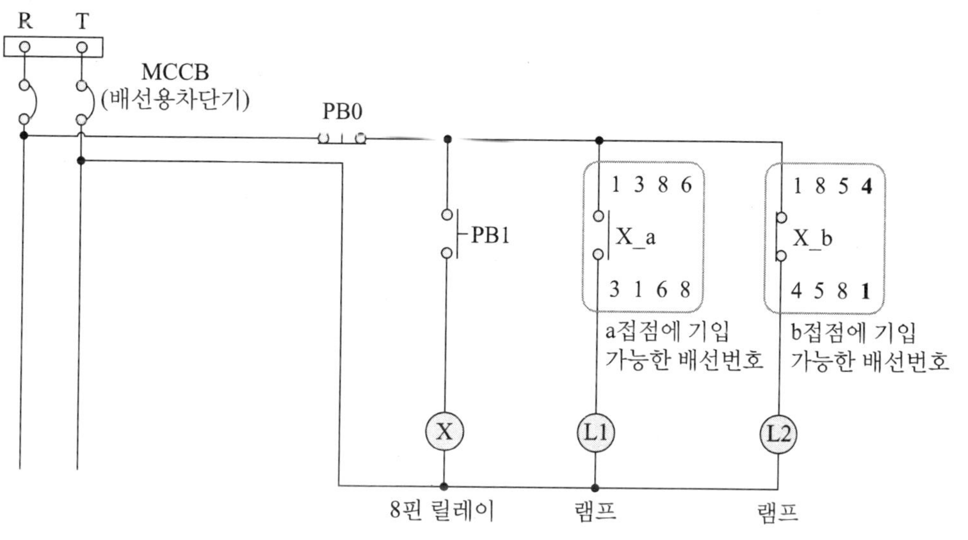


그림 11-12 8핀 릴레이 a접점과 b접점 핀번호 기입 방법

8 pin 릴레이를 사용할 경우 a접점 2개, b접점 2개이므로 기입 가능한 배선번호를 나타내었다. 만일 X_a에 1-3번을 선택했다면 X_b는 1-4, 8-5, 5-8번으로 기입 가능하지만 4-1번은 불가능하다. 왜냐하면 공통이 되는 1번이 서로 다른 곳에 연결되기 때문이다. 특히 주의해야 한다.

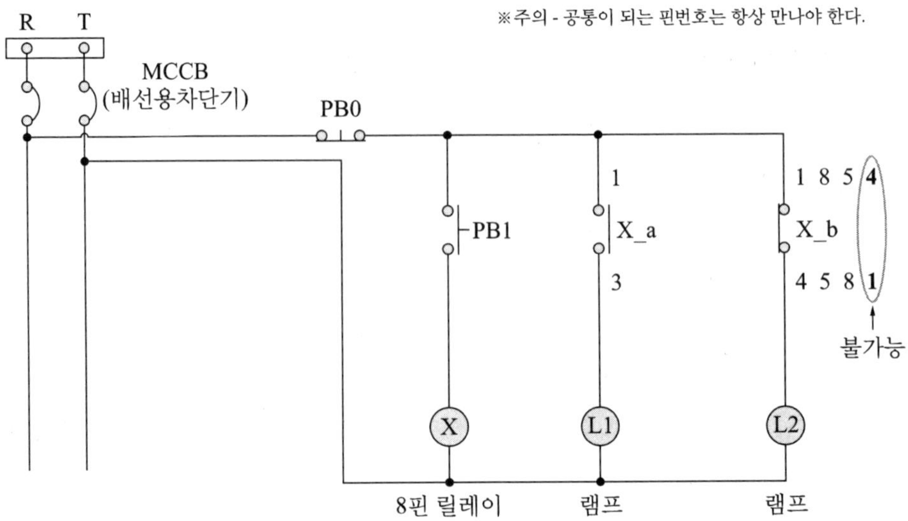


그림 11-13 릴레이 핀번호 기입 불가능한 경우

그림 11-13과 같이 a접점 X_a 릴레이 핀을 1-3번, 1-4번으로 선택했다면 다음으로 릴레이 X 전원입력 단자에는 입력되는 전압이 교류이기 때문에 2-7번, 7-2번으로 어느 쪽이든지 사용이 가능하다. 그러나 전원이 직류인 DC타입 릴레이는 2-7번 사용 시 릴레이 동작표시용 LED 전등이 들어오지 않으므로 7-2번으로 해주는 것이 좋다. 따라서 교류, 직류에 상관없이 사용할 수 있도록 항상 7-2번으로 기입하는 것을 습관화하면 좋다.

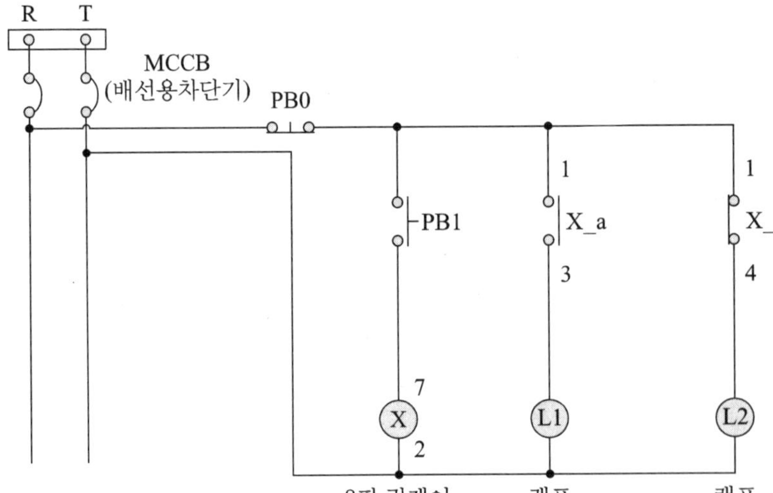


그림 11-14 기입 완료된 릴레이 핀번호

### (2) 배선번호(넘버링) 기입

릴레이의 핀번호가 기입되고 나면 배선번호는 일반적으로 문자나 숫자 등을 조합하여 기입한다. 보통 전원 쪽은 R, S, T 상을 기입하고 그 외에 접점을 기준으로 반드시 넘버링이 이루어져야 한다. 배선번호는 R1, R2, … 또는 101, 102, … 201, 202, … 등 편리한 데로 기입하면 된다. 본 실습에서는 101, 102, 103, … 등으로 그림 11-15에 기입한 예를 보여주고 있다.

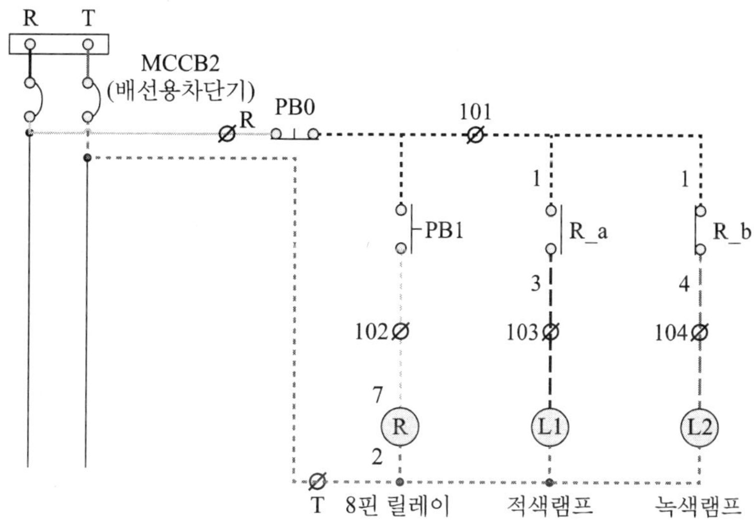


그림 11-15 기입 완료된 릴레이 핀번호와 배선번호

### (3) 실제 배선 방법

릴레이 핀번호와 넘버링을 하고 나면 이 도면을 참조하여 실제 배선을 어떻게 하는지 그림 11-16에 배신 순서를 나타내었다

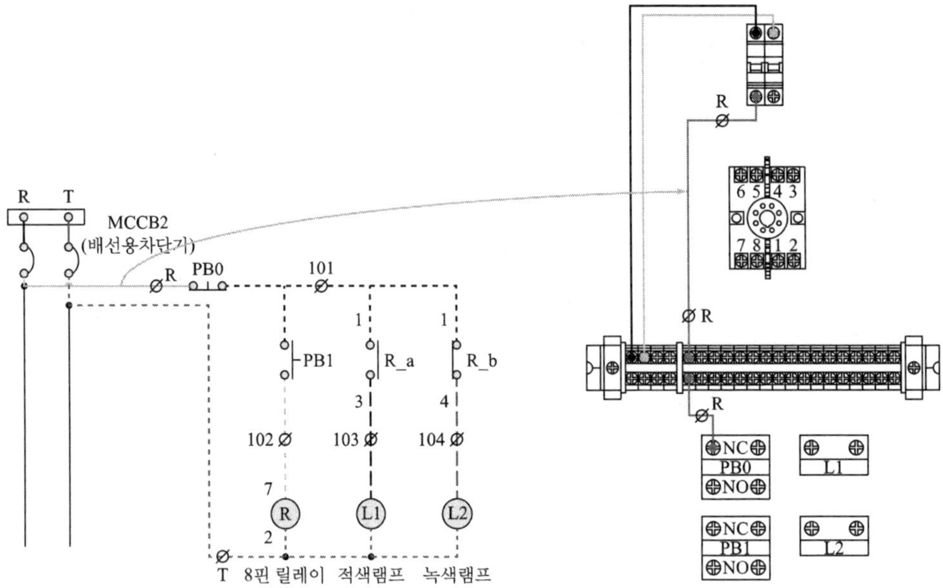


(a) 도면의 배선번호 R을 기기배치도에 결선

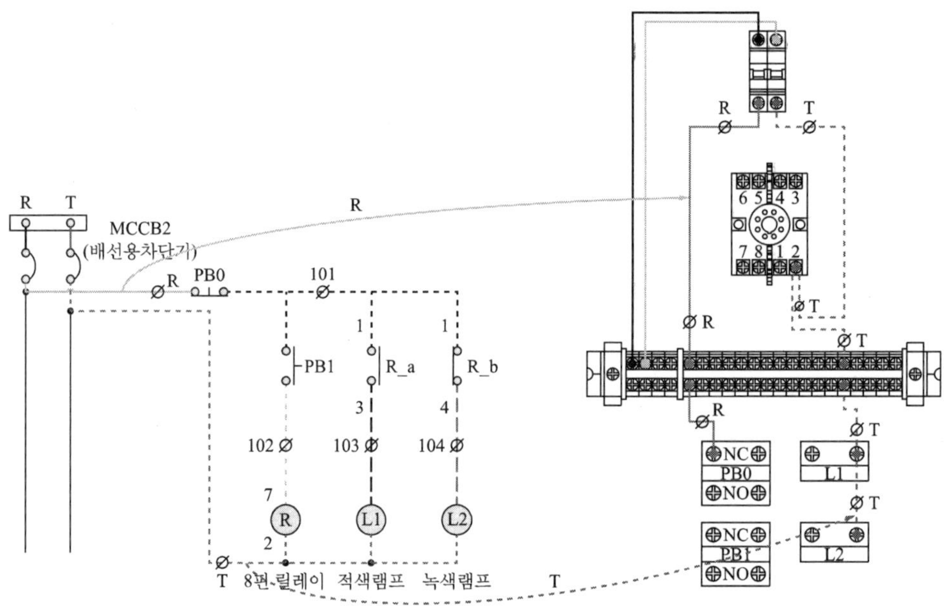


(b) 도면의 배선번호 T를 기기배치도에 결선

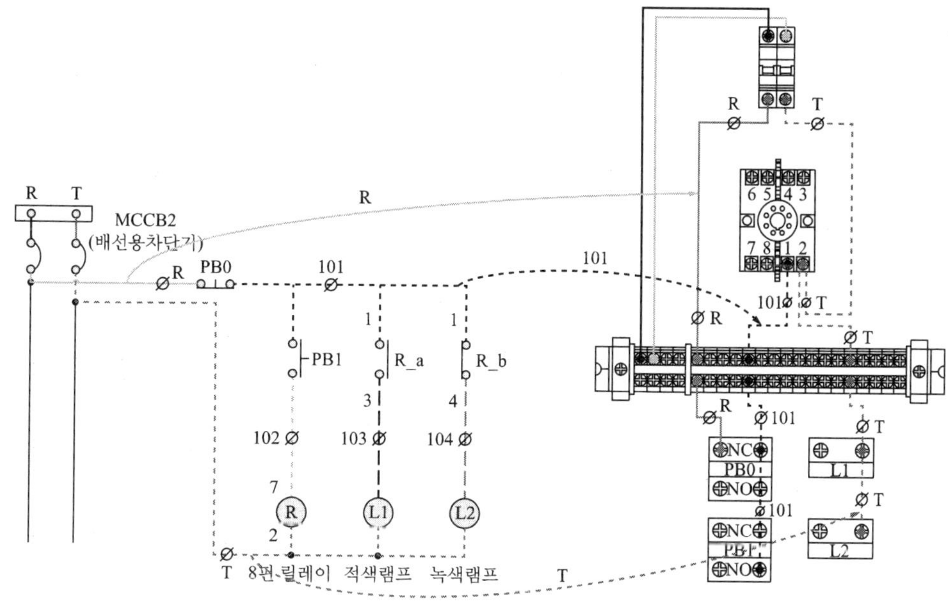


(c) 도면의 배선번호 101번을 기기배치도에 결선

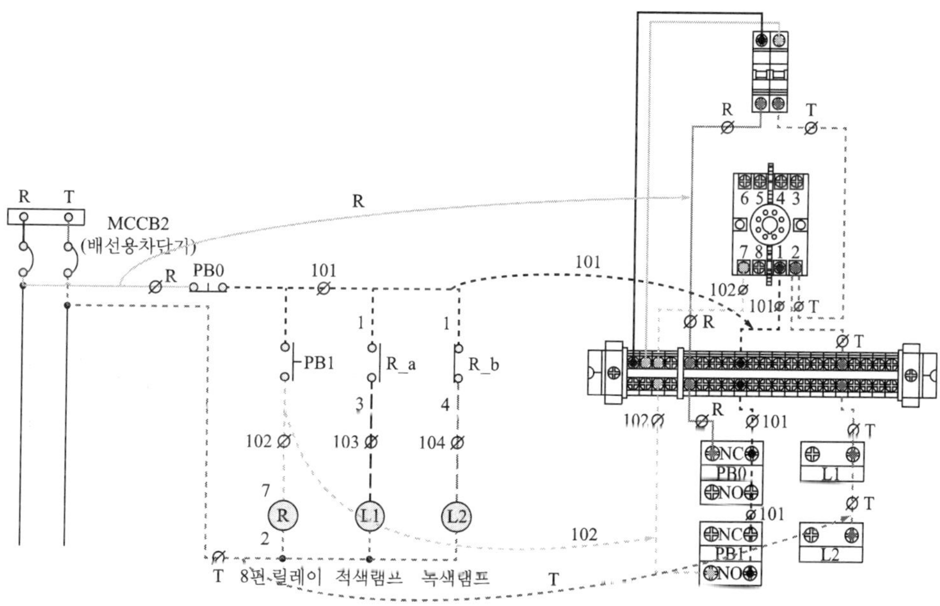


(d) 도면의 배선번호 102번을 기기배치도에 결선

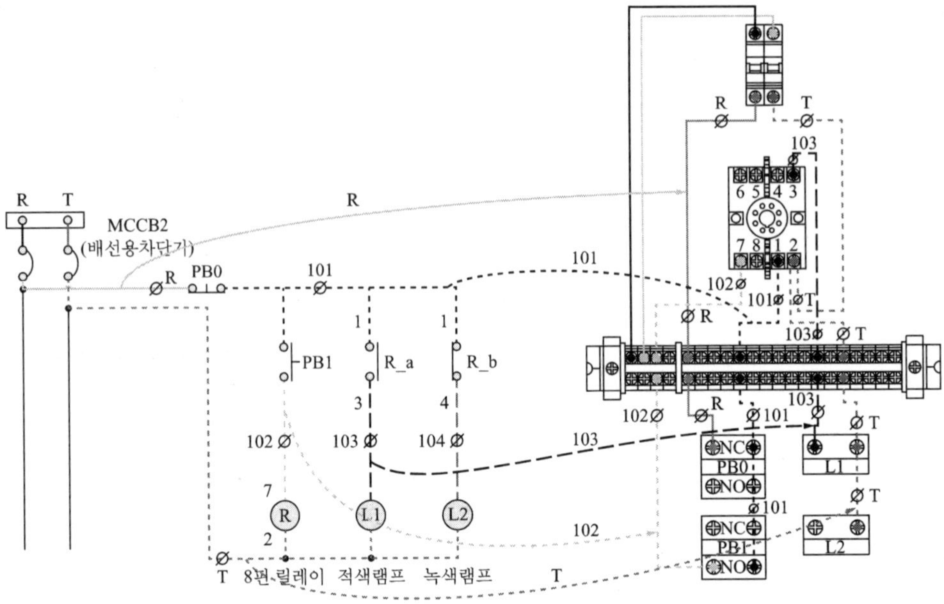


(e) 도면의 배선번호 103번을 기기배치도에 결선

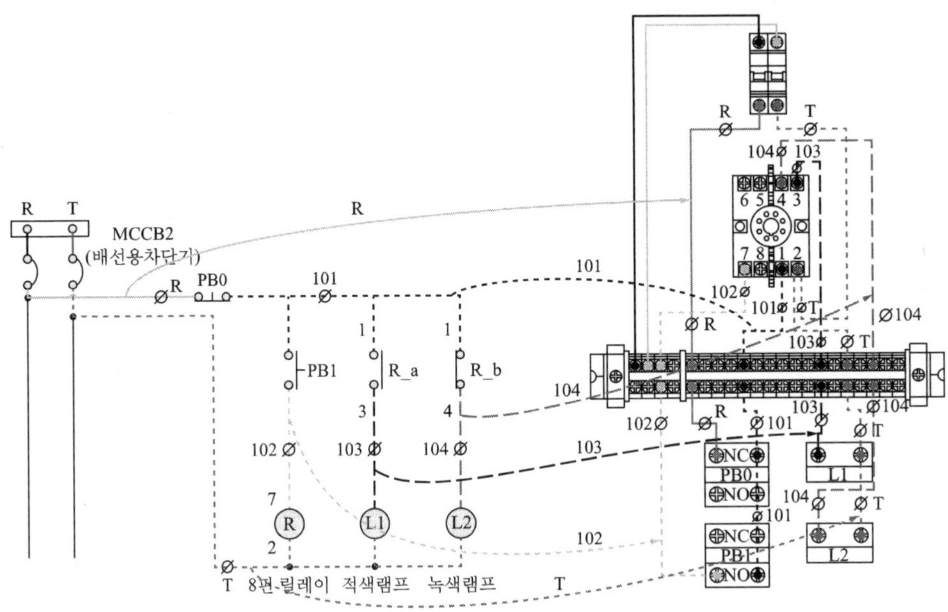


(f) 도면의 배선번호 104번을 기기배치도에 결선

**그림 11-16 배선 실습 순서**

## 4. 실험순서

### 1) 선택실습 1 : a접점 동작회로

그림 11-17에 제시된 실습회로 1을 구성하고, 다음 순서로 실습을 수행한다.

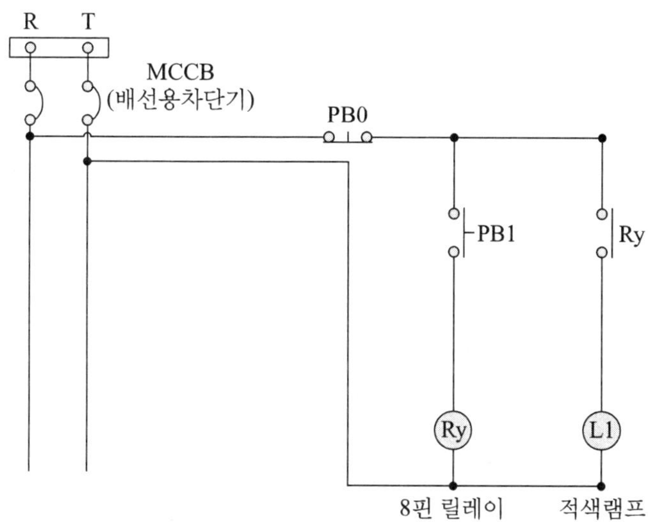


그림 11-17 실습회로 1(a접점 동작회로)

① 다음 시퀀스 회로를 분석하고 동작순서를 기입한다.

- 동작순서(결과보고서에 작성)
  - 초기상태 :
  - PB1 누른 후 동작

② 시퀀스 회로도에 릴레이 접점번호를 기입한다.

③ 배선 작업을 위해서 시퀀스 회로도에 넘버링을 한다.

④ 기기배치도 도면에 수기로 결선도를 작성한다.

⑤ 실제 배선실습을 하고 동작을 확인한다.

⑥ 동작실험 결과와 분석결과가 일치하는지 점검한다.

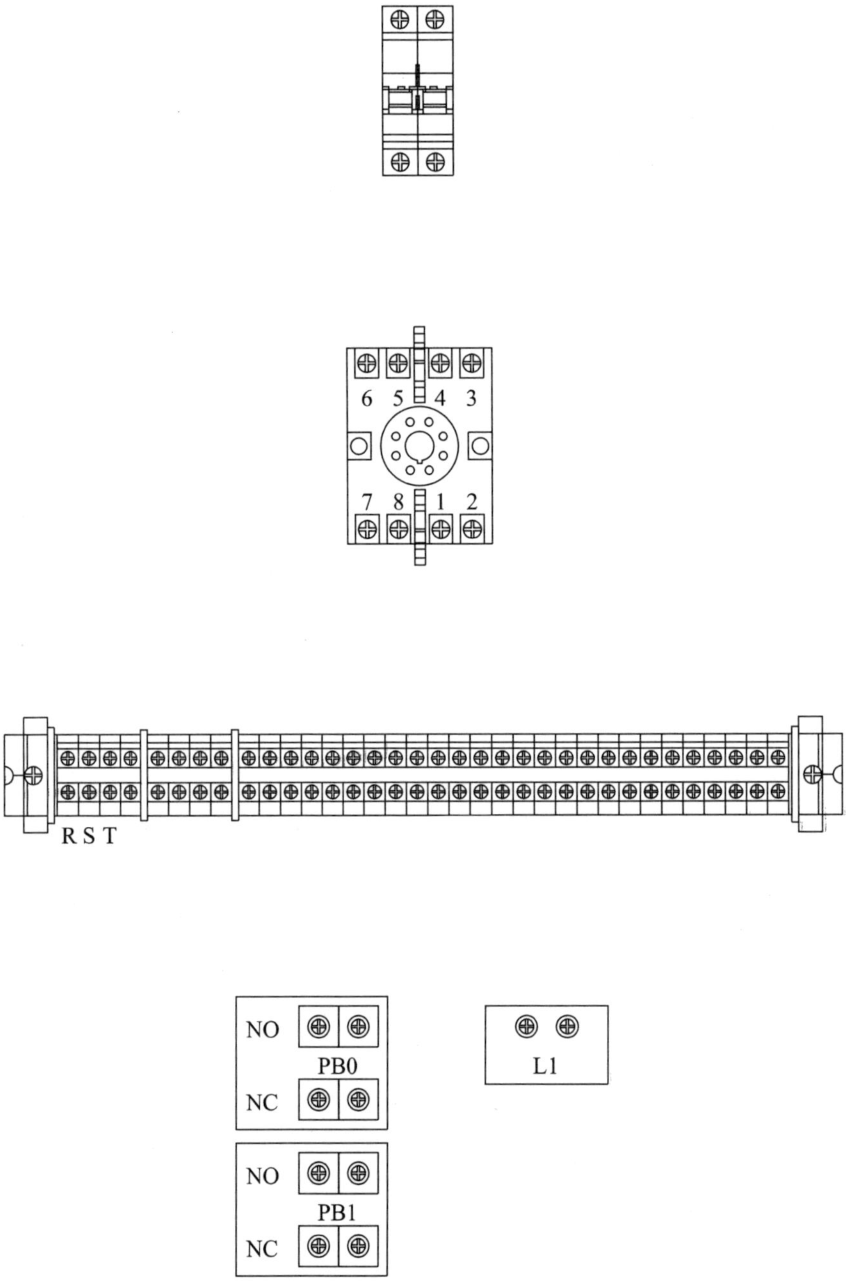


그림 11-18 실습회로 1 결선도 작성

## 2) 선택실습 2 : b접점 동작회로

그림 11-19에 제시된 실습회로 2를 구성하고, 다음 순서로 실습을 수행한다.

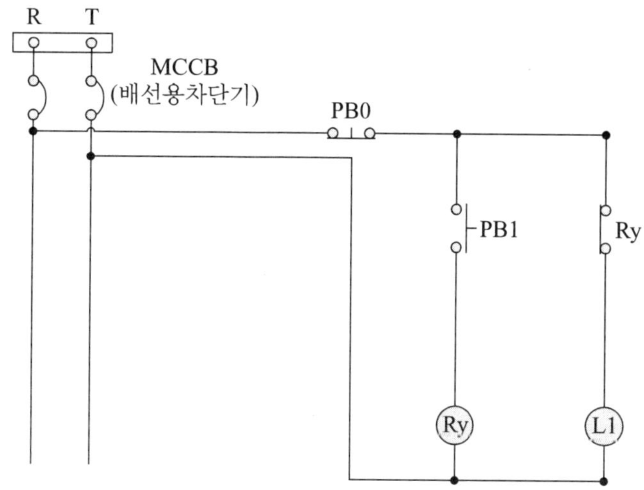


그림 11-19 실습회로 2(b접점 동작회로)

① 실습회로 2의 동작을 분석하여 동작순서를 설명한다.
- 동작순서(결과보고서에 작성)
  - 초기상태 :
  - PB1 누른 후 동작

② 시퀀스 회로도에 릴레이 접점번호를 기입한다.
③ 배선 작업을 위해서 시퀀스 회로도에 넘버링을 한다.
④ 기기배치도 도면에 수기로 결선도를 작성한다.
⑤ 실제 배선실습을 하고 동작을 확인한다.
⑥ 동작실험 결과와 분석결과가 일치하는지 점검한다.

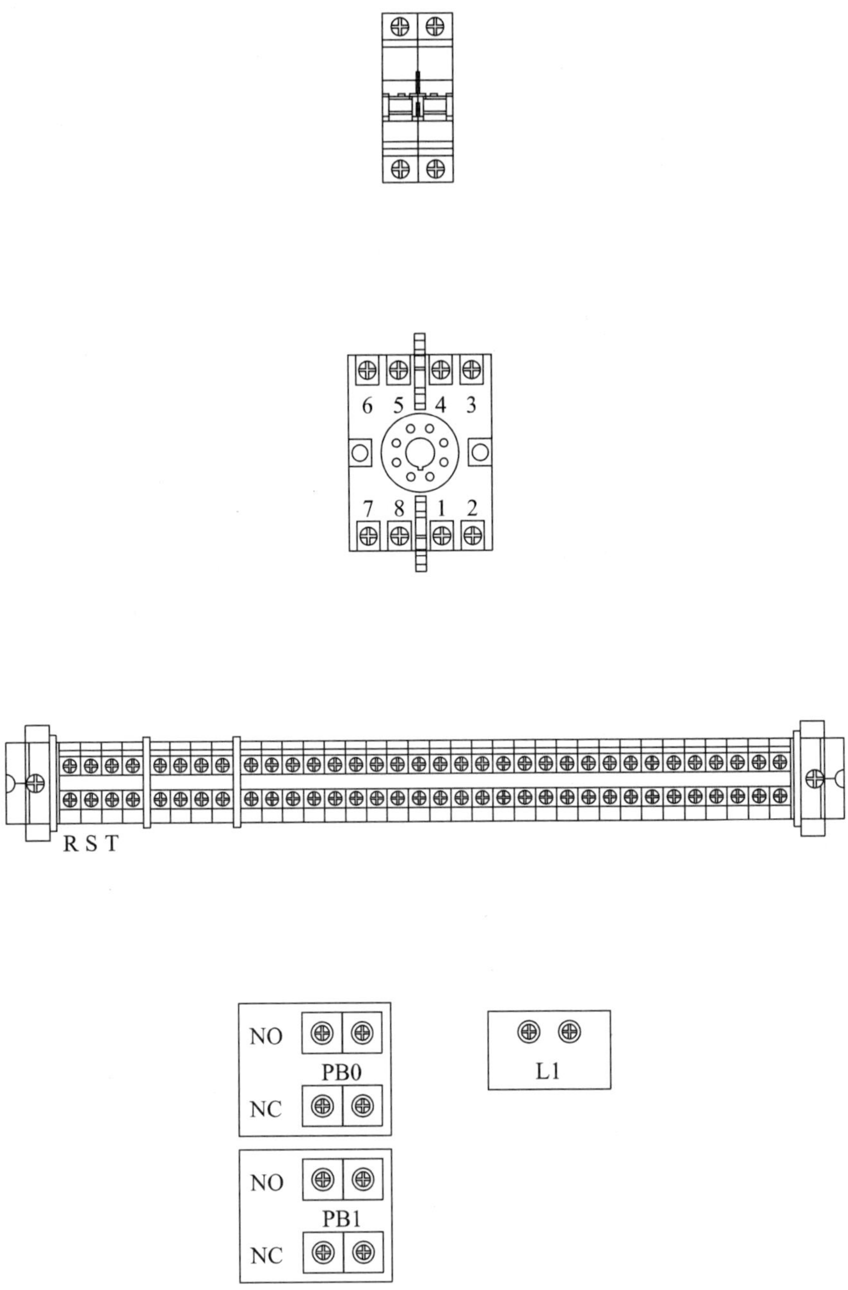


그림 11-20 실습회로 2 결선도 작성

### 3) 선택실습 3 : a, b접점 동시 동작회로

그림 11-21에 제시된 실습회로 3을 구성하고, 다음 순서로 실습을 수행한다.

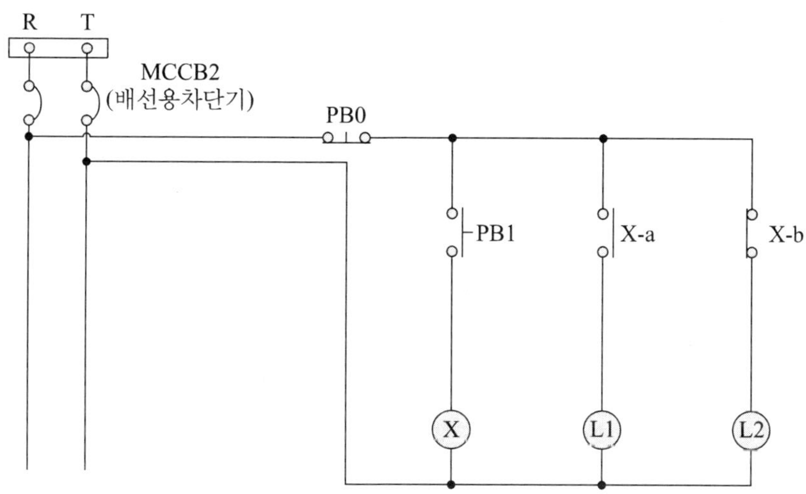


그림 11-21 실습회로 3(a, b접점 동시 동작회로)

① 실습회로 3의 동작을 분석하여 동작순서를 설명한다.
- 동작순서(결과보고서에 작성)
  - 초기상태 :
  - PB1 누른 후 동작

② 도면에 릴레이 핀번호를 기입한다.

③ 도면에 배선을 위한 배선번호를 기입한다.

④ 기기배치도에 필기구를 이용하여 결선을 한다.

⑤ 실제 배선실습을 하고 동작을 확인한다.

⑥ 동작실험 결과와 분석결과가 일치하는지 점검한다.

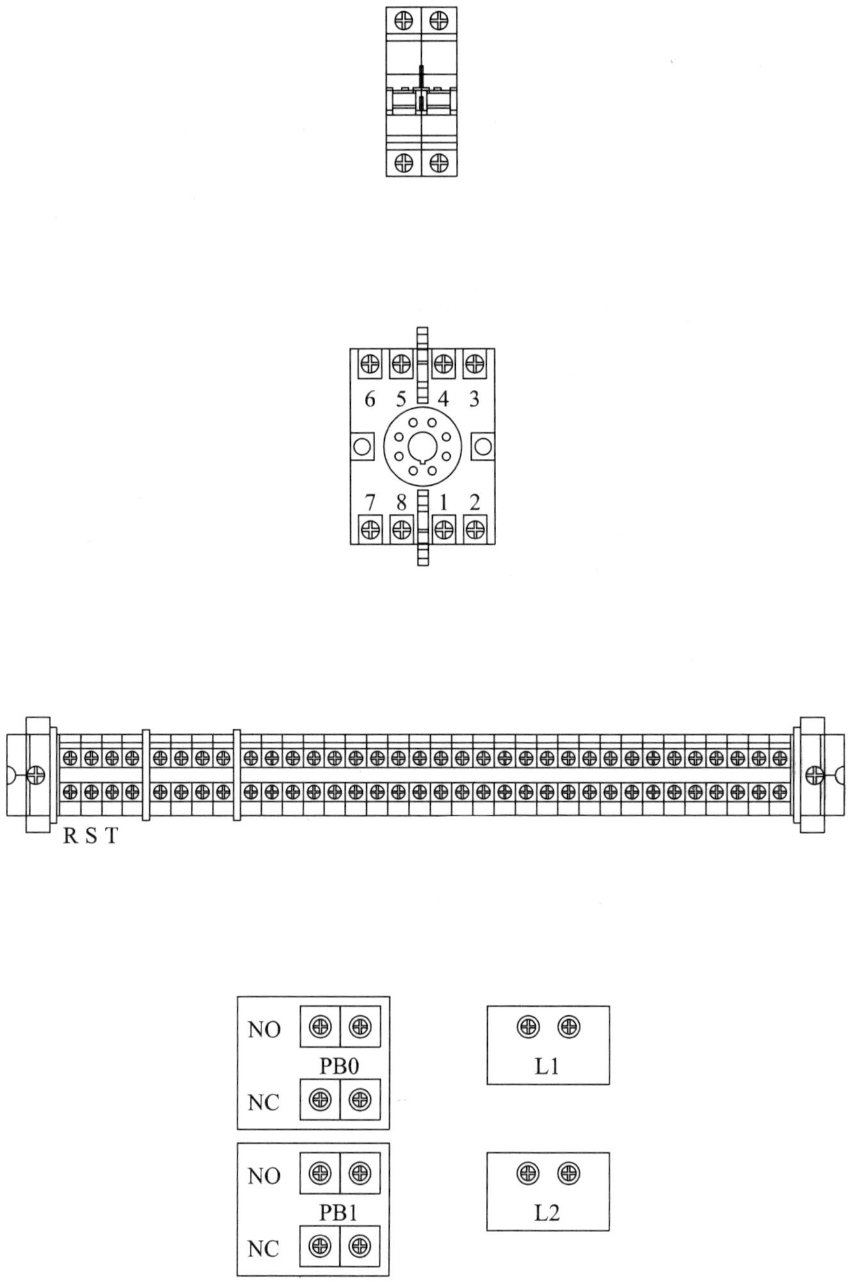


그림 11-22 실습회로 3 결선도 작성

| 결과보고서 | | | |
|---|---|---|---|
| 실험제목 | **선택실습 1 : a접점 동작회로** | | |
| 조 원 | | 실험조 | 조 |
| 실습일자 | | 제출자 | |

1) 실습회로 1(a접점 동작회로) 접점번호 및 배선번호 기입

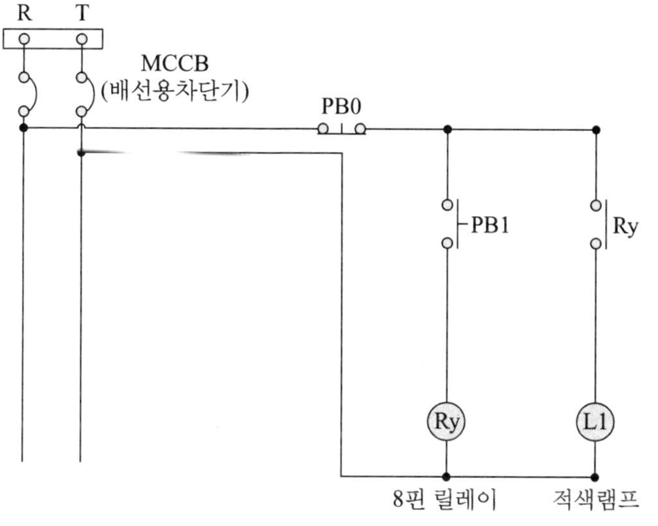


그림 11-17 실습회로 1(a접점 동작회로)

- 동작순서
  - 초기상태 :
  - PB1 누른 후 동작

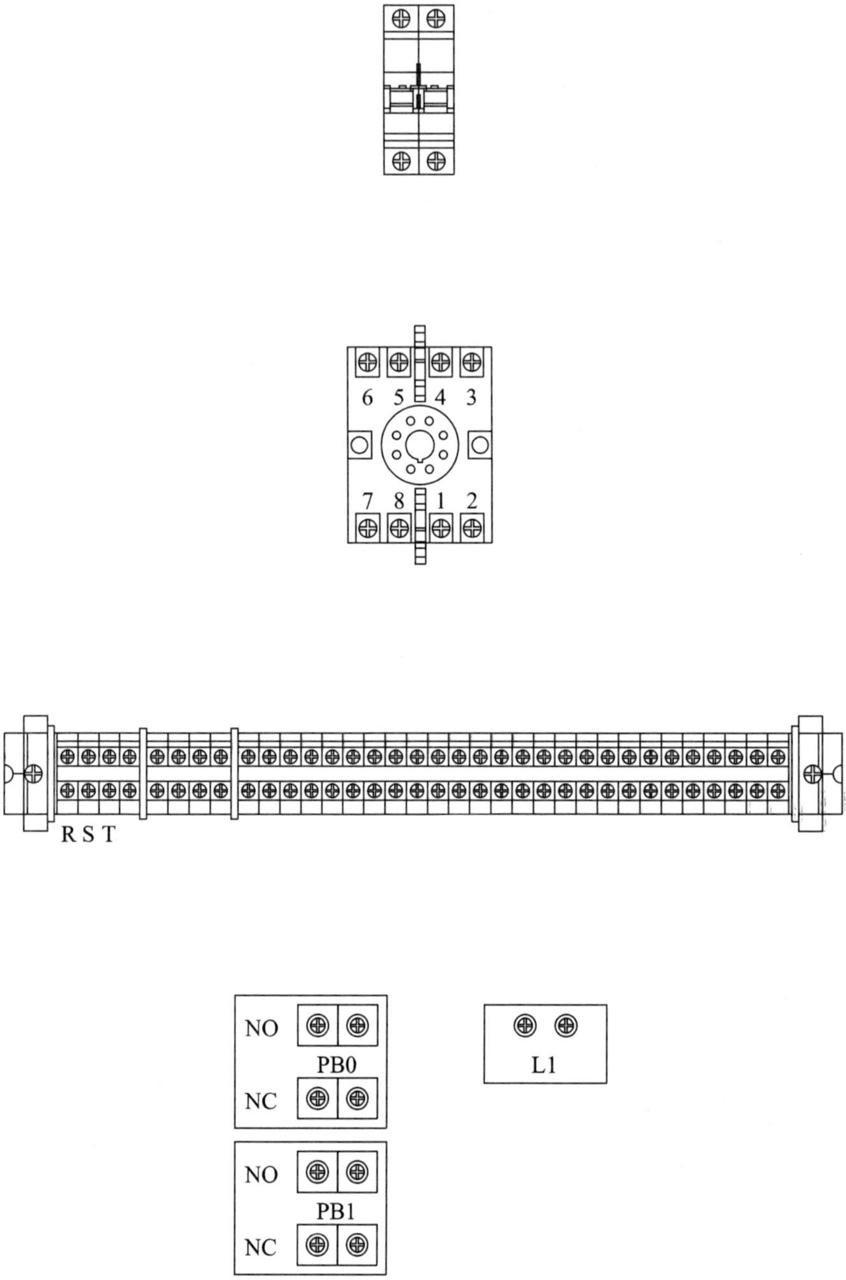


그림 11-18 실습회로 1 결선도 작성

| 결과보고서 | | | |
|---|---|---|---|
| 실험제목 | **선택실습 2 : b접점 동작회로** | | |
| 조 원 | | 실험조 | 조 |
| 실습일자 | | 제출자 | |

2) 실습회로 2(b접점 동작회로) 접점번호 및 배선번호 기입

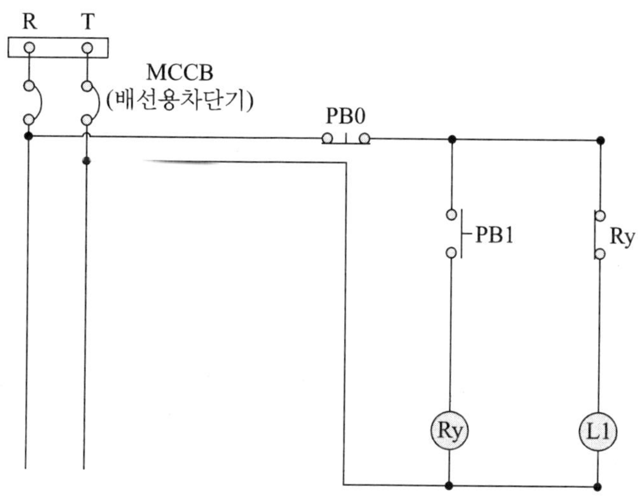


**그림 11-19 실습회로 2(b접점 동작회로)**

- 동작순서
  - 초기상태 :
  - PB1 누른 후 동작

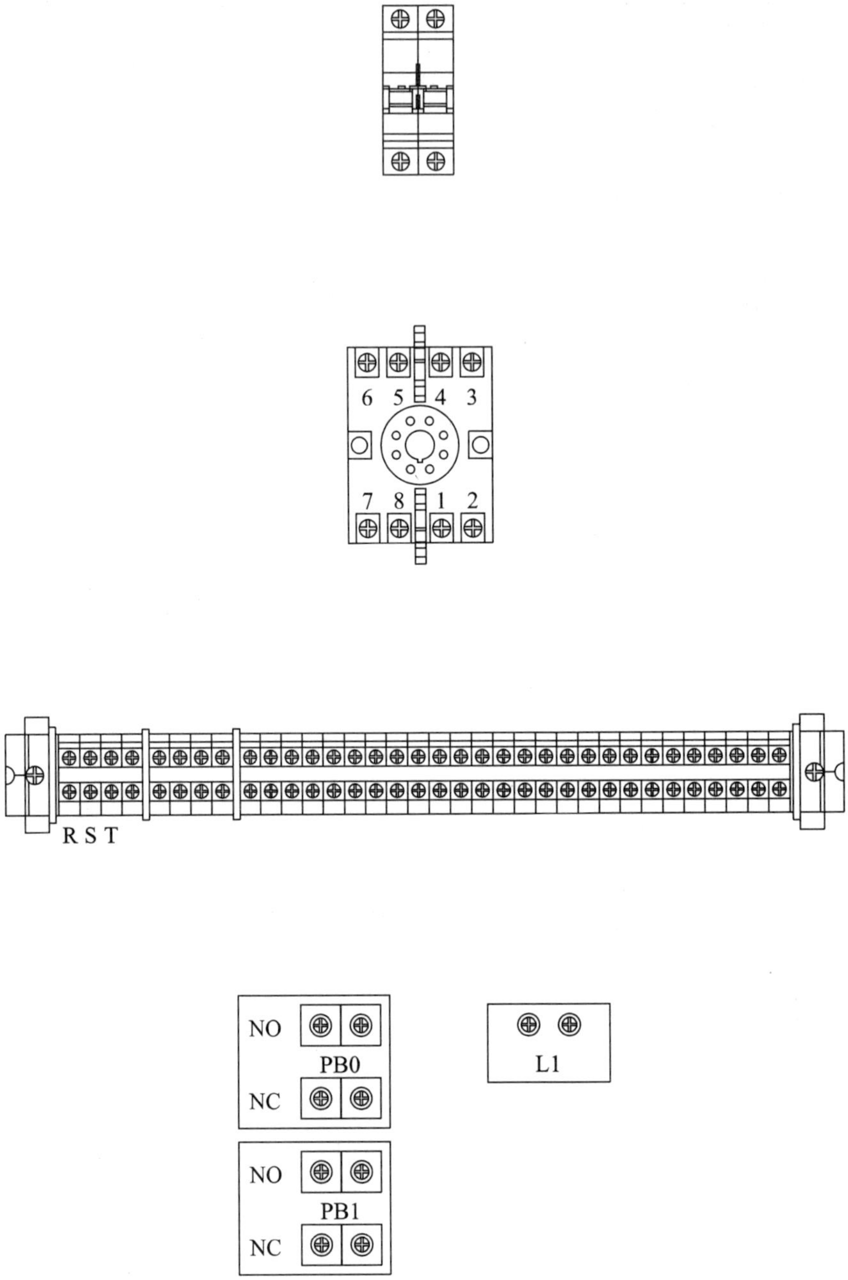


그림 11-20 실습회로 2 결선도 작성

| 결과보고서 | | | |
|---|---|---|---|
| 실험제목 | **선택실습 3 : a, b접점 동시 동작회로** | | |
| 조 원 | | 실험조 | 조 |
| 실습일자 | | 제출자 | |

3) 실습회로 3(a, b접점 동시 동작회로) 핀번호 및 배선번호기입

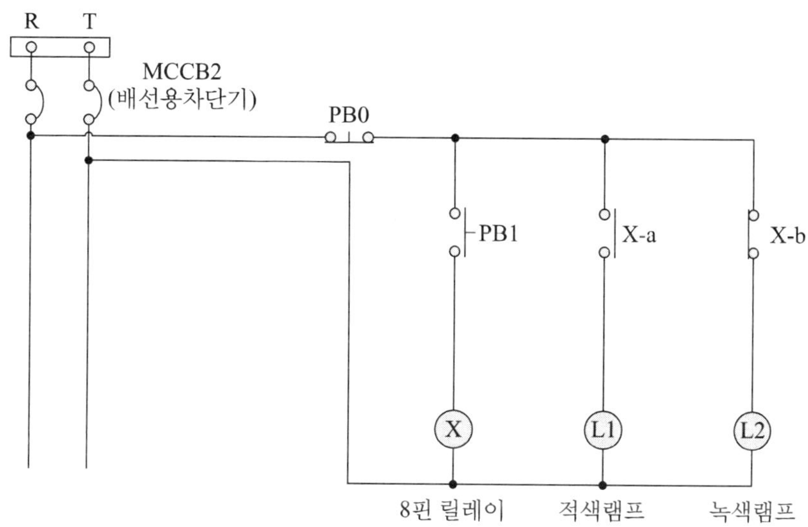


그림 11-21 실습회로 3(a, b접점 동시 동작회로)

- 동작순서
  - 초기상태 :
  - PB1 누른 후 동작

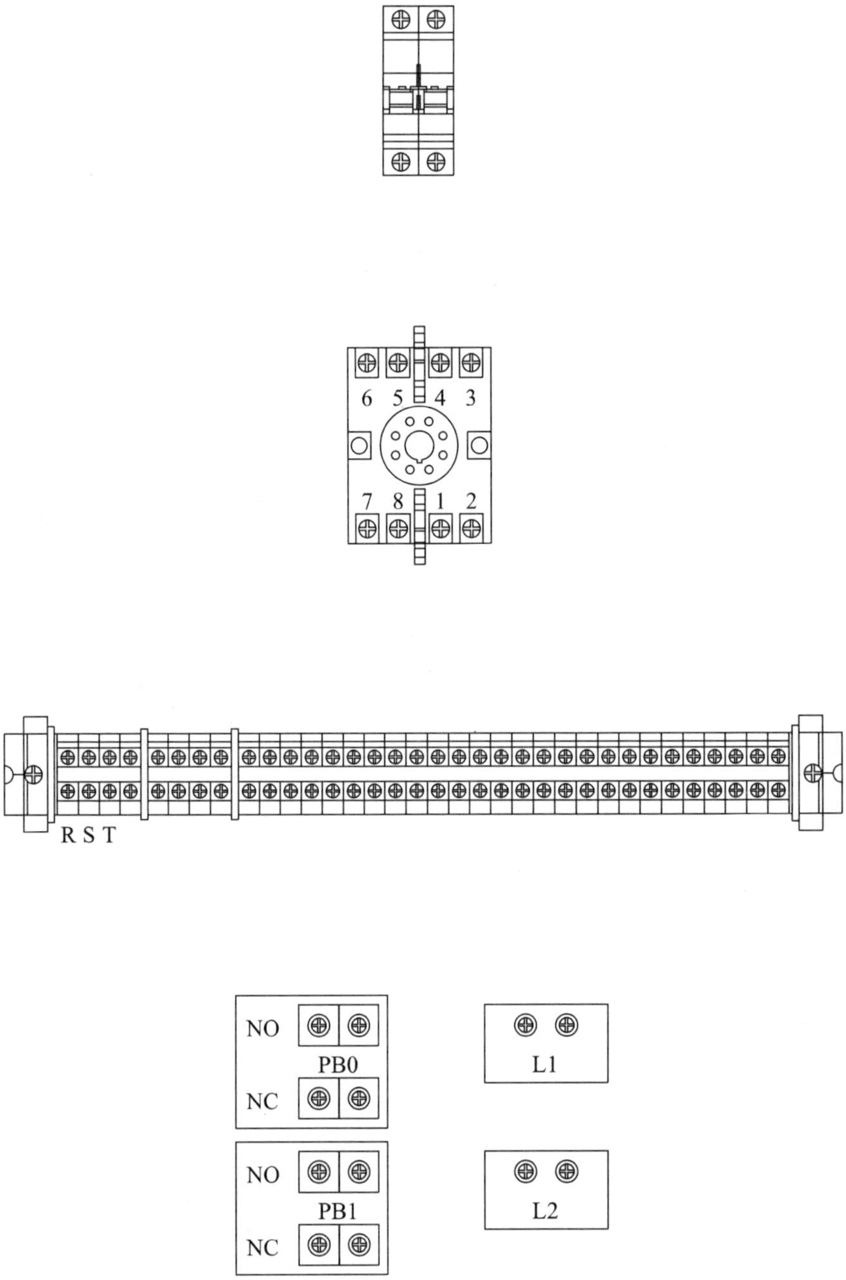


그림 11-22 실습회로 3 결선도 작성

# 12 자기유지회로

실험

## 1. 실험목적

(1) 자기유지회로의 동작원리와 회로 결선 방법을 익히고 동작에 대해 이해한다.
(2) 자기유지회로를 이용한 직렬회로, 병렬회로, XOR 회로, XNOR 회로의 도면을 이해하고 회로 결선 방법 및 동작에 대해 이해한다.

## 2. 실험에 사용되는 기기 및 부품

(1) 배선용 합판
(2) 배선용 차단기(MCCB, 단상)
(3) 릴레이(220 V, 8 pin, 2a2b) 2개, 릴레이 소켓(8 pin 원형) 2개, 릴레이(220 V, 14 pin, 4a4b) 1개, 릴레이 소켓(14 pin) 1개
(4) 푸시버튼(3개)
(5) 파일럿램프(220 V, 2개)
(6) 전선
(7) 공구(스트리퍼, 드라이버, 섭시버리나사 12 mm 등)
(8) 컨트롤박스(2구 3개)

## 3. 관련 지식

### 1) 자기유지회로

일반적으로 사용하는 푸시버튼은 자동 복귀형 버튼으로써 푸시버튼을 손으로 누

르고 있는 동안만 전류가 통하고 손을 떼면 전류의 흐름이 차단된다. 그러므로 손으로 누르고 난 후 손을 떼도 전원을 차단하기 전까지 계속해서 전류를 흘리고자 할 경우에 사용하는 회로가 필요한데 이를 자기유지회로라고 한다. 자기유지회로를 구성하기 위해서는 릴레이의 접점을 통하여 푸시버튼이 계속해서 눌러져 있는 역할을 하게 하는 것이다.

일반적으로 자동 복구가 되지 않는 똑딱이 스위치 같은 경우에는 자기유지회로가 필요 없다.

푸시버튼을 통하여 램프를 켜는 회로를 그림 12-1에 나타내었다. 그림 12-1과 같이 푸시버튼 PB1을 손으로 누르고 있는 경우에는 전류가 흘러서 램프 L1에 불이 켜진다. 그러나 푸시버튼 PB에서 손을 떼면 자동적으로 원래대로 복귀하기 때문에 전류가 차단되어 램프 L1이 꺼지게 된다.

이를 보완하기 위해서 그림 12-2와 같이 릴레이 R을 접속하고 릴레이 R의 a접점 푸시버튼 PB와 병렬로 접속하게 되면 자기유지회로가 되는데 동작은 그림 12-2와 같다.

먼저 그림 12-2(b)와 같이 푸시버튼을 누르고 있는 동안에는 전류가 흘러 릴레이 R의 전원회로 7-2번으로 전류가 흘러 릴레이 R의 a접점이 붙게 되어 12-2(c)와 같이 R의 a접점 쪽으로도 전류가 흐르게 된다. 이때 12-2(d)와 같이 손을 떼게 되면 PB는 자동으로 떨어지게 되어 PB쪽으로는 전류가 흐르지 않지만 릴레이 R의 a접점은 계속해서 붙어 있으므로 계속해서 전류가 흐르게 된다. 즉 손을 떼도 전류가 지속적으로 공급되는 회로가 되는데 이것이 자기유지회로의 기본 원리가 된다.

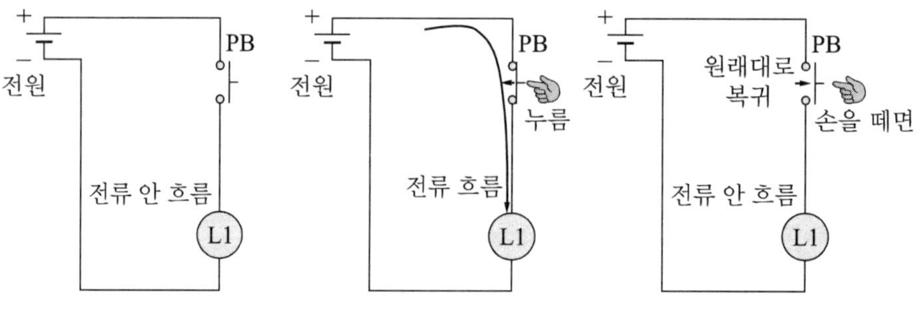


(a) 초기상태 (b) 손으로 누른 상태 (c) 손을 떼면 원래대로 복귀

그림 12-1 자동 복귀형 푸시버튼의 동작

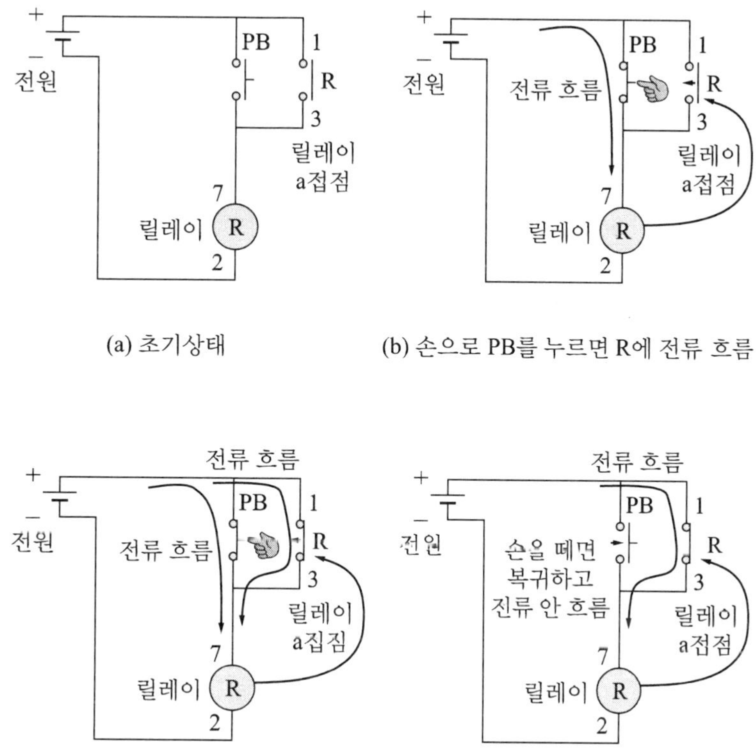


(a) 초기상태 (b) 손으로 PB를 누르면 R에 전류 흐름

(c) PB와 R로 전류 흐름 (d) 손을 떼도 R로 전류 흐름

그림 12-2 자기유지회로 동작

## 2) 릴레이 접점의 직렬접속

그림 12-3과 같이 두 개의 스위치가 있을 경우 모든 스위치가 ON이 되는 경우 출력이 나오고 하나라도 OFF인 경우의 출력이 나오지 않는 회로를 직렬회로라고 한다. 이는 그림 12-4와 같이 무접점 논리회로의 논리곱(AND) 회로와 같다.

그림 12-3 스위치의 직렬회로

논리회로 및 논리식

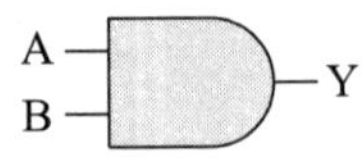


Y = A · B

진리표

| A | B | Y |
|---|---|---|
| 0 | 0 | 0 |
| 0 | 1 | 0 |
| 1 | 0 | 0 |
| 1 | 1 | 1 |

그림 12-4 무접점 논리회로의 직렬회로(AND 회로)

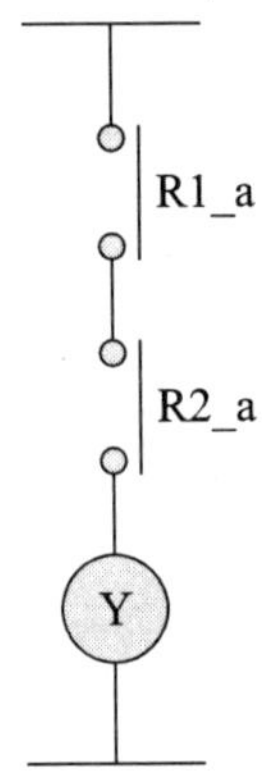


그림 12-5 릴레이 접점을 이용한 직렬회로

그림 12-4의 직렬회로는 릴레이를 이용하여 구현하려고 하면 릴레이 R1과 R2 2개가 필요하며 릴레이 R1과 R2의 자기유지회로를 구성하고 릴레이 접점 R1_a와 R2_a를 이용하여 그림 12-5와 같이 접속하면 된다. 이는 릴레이 R1과 R2가 둘 다 자기유지 되어 릴레이 접점 R1_a와 R2_a 동시에 닫혔을 때만 Y에 출력이 나오는 회로가 된다.

### 3) 릴레이 접점의 병렬접속

그림 12-6과 같이 두 개의 스위치가 있을 경우 입력 중 하나라도 ON인 경우 출력이 나오고 모든 입력이 OFF인 경우 출력이 나오지 않는 회로를 병렬회로라고 한다. 이는 다음 그림 12-7과 같이 무접점 논리회로의 논리합(OR) 회로와 같다.

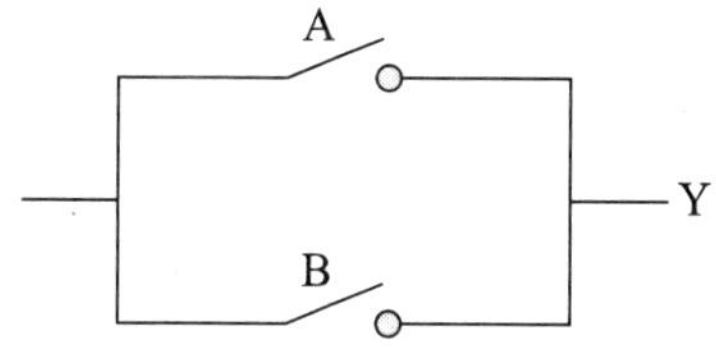


그림 12-6 스위치의 병렬회로

논리회로 및 논리식

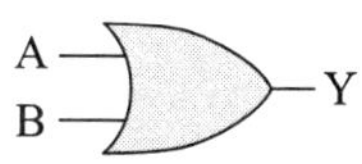


$Y = A + B$

진리표

| A | B | Y |
|---|---|---|
| 0 | 0 | 0 |
| 0 | 1 | 1 |
| 1 | 0 | 1 |
| 1 | 1 | 1 |

그림 12-7 무접점 논리회로의 병렬회로(OR 회로)

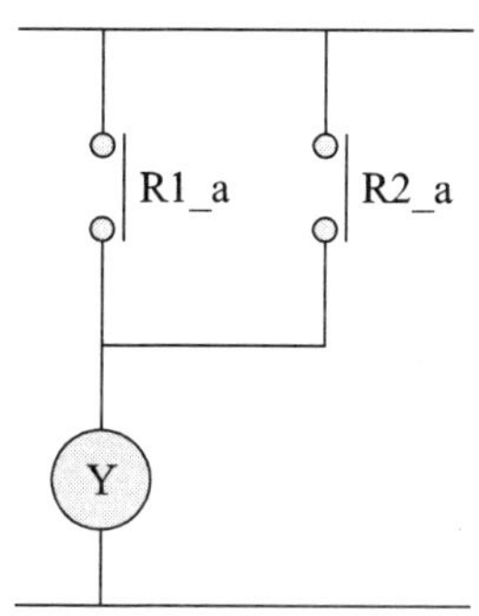


그림 12-8 릴레이 접점을 이용한 병렬회로

그림 12-7의 병렬회로를 릴레이를 이용하여 구현하려고 하면 릴레이 R1과 R2 2개가 필요하며 릴레이 R1과 R2의 자기유지회로를 구성하고 릴레이 접점 R1_a와 R2_a를 이용하여 그림 12-8과 같이 접속하면 된다. 이는 릴레이 R1과 R2 중에 하나라도 자기유지되어 릴레이 접점 R1_a와 R2_a 중 하나라도 닫혔을 경우 Y에 출력이 나오는 회로가 된다.

### 4) 릴레이를 이용한 XOR 회로

Exclusive-OR 회로는 배타적 OR 회로라고 하는데 이 회로는 두 개의 입력이 서로 다른 경우에 출력이 나오고 두 개의 입력이 일치하는 경우 출력이 나오지 않는 회로로써 반일치회로라고 한다. 이것은 그림 12-9의 무접점 논리회로의 XOR 회로와 같다.

논리회로 및 논리식

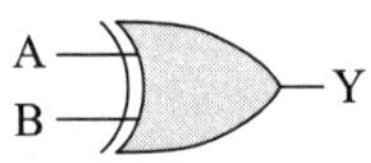


$$Y = \overline{A} \cdot B + A \cdot \overline{B}$$
$$= A \oplus B$$

진리표

| A | B | Y |
|---|---|---|
| 0 | 0 | 0 |
| 0 | 1 | 1 |
| 1 | 0 | 1 |
| 1 | 1 | 0 |

**그림 12-9 무접점 논리회로의 반일치회로(XOR 회로)**

그림 12-9의 반일치 릴레이를 이용하여 구현하려고 하면 릴레이 R1과 R2 2개가 필요하며 릴레이 R1과 R2의 자기유지회로를 구성하고 릴레이 접점 R1_a와 R2_a를 이용하여 그림 12-10과 같이 접속하면 된다. 이 회로는 반일치회로이므로 릴레이 R1이 자기유지 되고 R2는 자기유지가 안 되면 출력이 나오며, 또한 R1이 자기유지가 되면 R2는 자기유지가 안 되어야 출력이 나오는 회로이다.

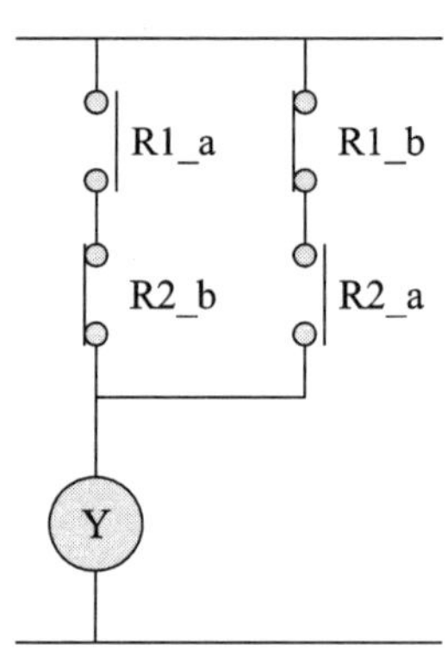


**그림 12-10 릴레이 접점을 이용한 반일치회로(XOR 회로)**

## 5) 릴레이를 이용한 XNOR 회로

Exclusive-NOR는 배타적 NOR 회로라고 하는데 이 회로는 두 개의 입력이 일치할 경우 출력이 나오고 두 개의 입력이 일치하지 않는 경우 출력이 나오지 않는 회로를 일치회로라고 한다. 이는 다음 그림 12-11과 같이 무접점 논리회로의 Exclusive-NOR 회로와 같다.

논리회로 및 논리식

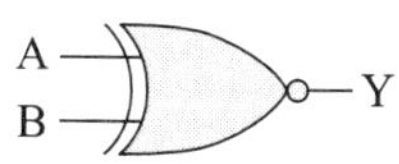


$$Y = A \cdot B + A \cdot B$$
$$= \overline{A \oplus B}$$

진리표

| A | B | Y |
|---|---|---|
| 0 | 0 | 1 |
| 0 | 1 | 0 |
| 1 | 0 | 0 |
| 1 | 1 | 1 |

그림 12-11 무접점 논리회로의 일치회로(XNOR 회로)

그림 12-11의 일치회로를 릴레이를 이용하여 구현하려고 하면 릴레이 R1과 R2 2개가 필요하며 릴레이 R1과 R2의 자기유지회로를 구성하고 릴레이 접점 R1_a와 R2_a를 이용하여 그림 12-12와 같이 접속하면 된다. 이 회로는 일치회로이므로 릴레이 R1이 자기유지 되면 R2는 자기유지가 되어야 되며, R1이 자기유지가 안 되면 R2도 자기유지가 안 되어야 출력이 나오는 회로이다.

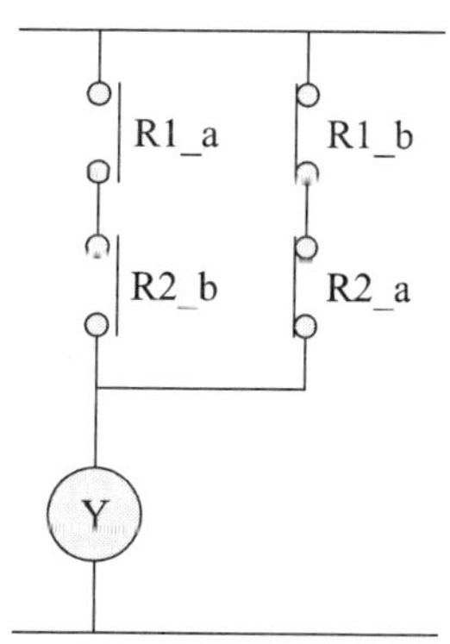


그림 12-12 릴레이 접점을 이용한 일치회로(XNOR 회로)

## 4. 실험순서

### 1) 선택실습 1 : 자기유지회로

그림 12-13에 제시된 실습회로 1(자기유지회로)을 구성하고, 다음 순서로 실습을 수행한다.

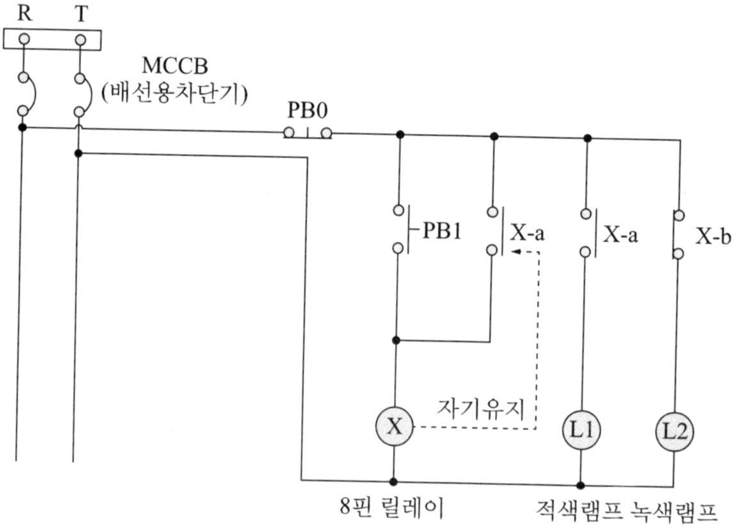


그림 12-13 **실습회로 1(자기유지회로)**

① 실습회로 1의 동작을 분석하여 동작순서를 설명한다.
- 동작순서(결과보고서에 작성)
  - 초기상태 :
  - PB1 누른 후 동작

② 도면에 릴레이 핀번호를 기입한다.

③ 도면에 배선을 위한 배선번호를 기입한다.

④ 기기배치도에 필기구를 이용하여 결선을 한다.

⑤ 실제 배선실습을 하고 동작을 확인한다.

⑥ 동작실험 결과와 분석결과가 일치하는지 점검한다.

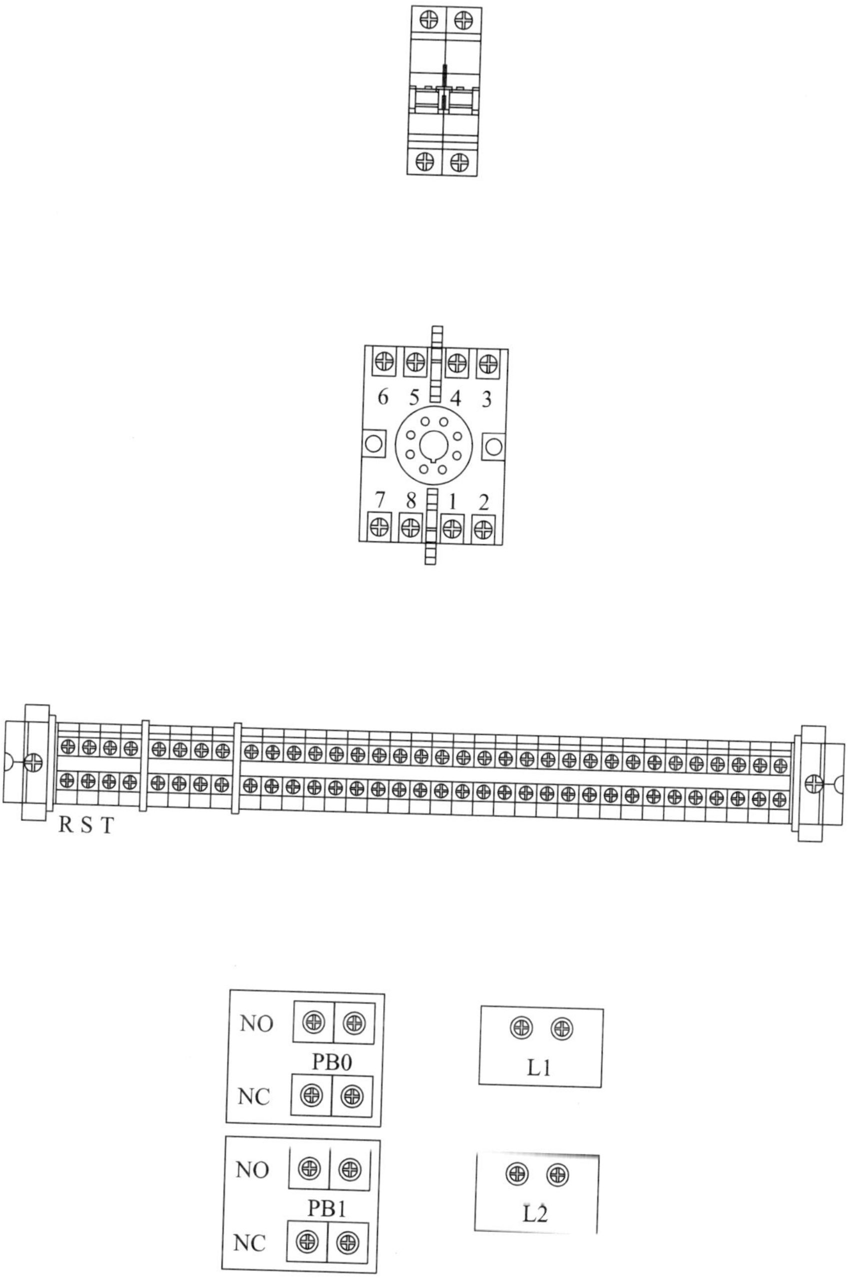


그림 12-14 실습회로 1(자기유지회로) 결선도 작성

## 2) 선택실습 2 : 직렬회로

그림 12-15에 제시된 실습회로 2(직렬회로)를 구성하고, 다음 순서로 실습을 수행한다.

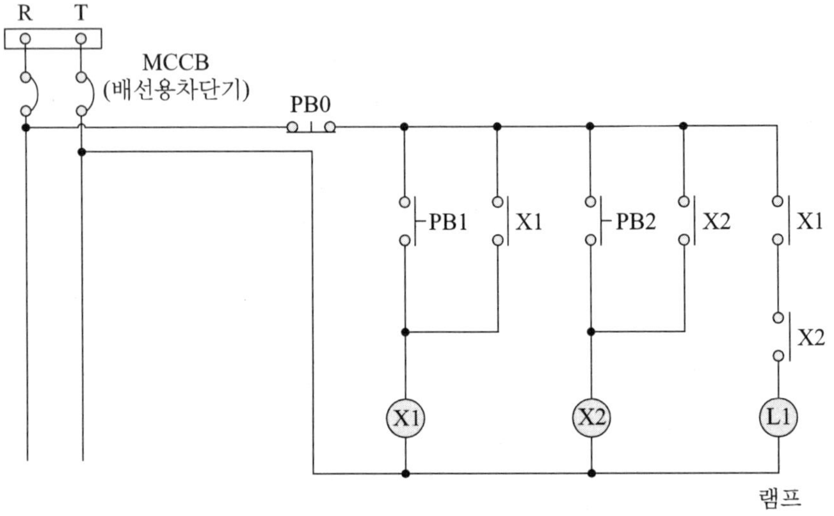


그림 12-15 실습회로 2(직렬회로)

① 실습회로 2의 동작을 분석하여 동작순서를 설명한다.
- 동작순서(결과보고서에 작성)
  - 초기상태 :
  - PB1 누른 후 동작

② 도면에 릴레이 핀번호를 기입한다.

③ 도면에 배선을 위한 배선번호를 기입한다.

④ 기기배치도에 필기구를 이용하여 결선을 한다.

⑤ 실제 배선실습을 하고 동작을 확인한다.

⑥ 동작실험 결과와 분석결과가 일치하는지 점검한다.

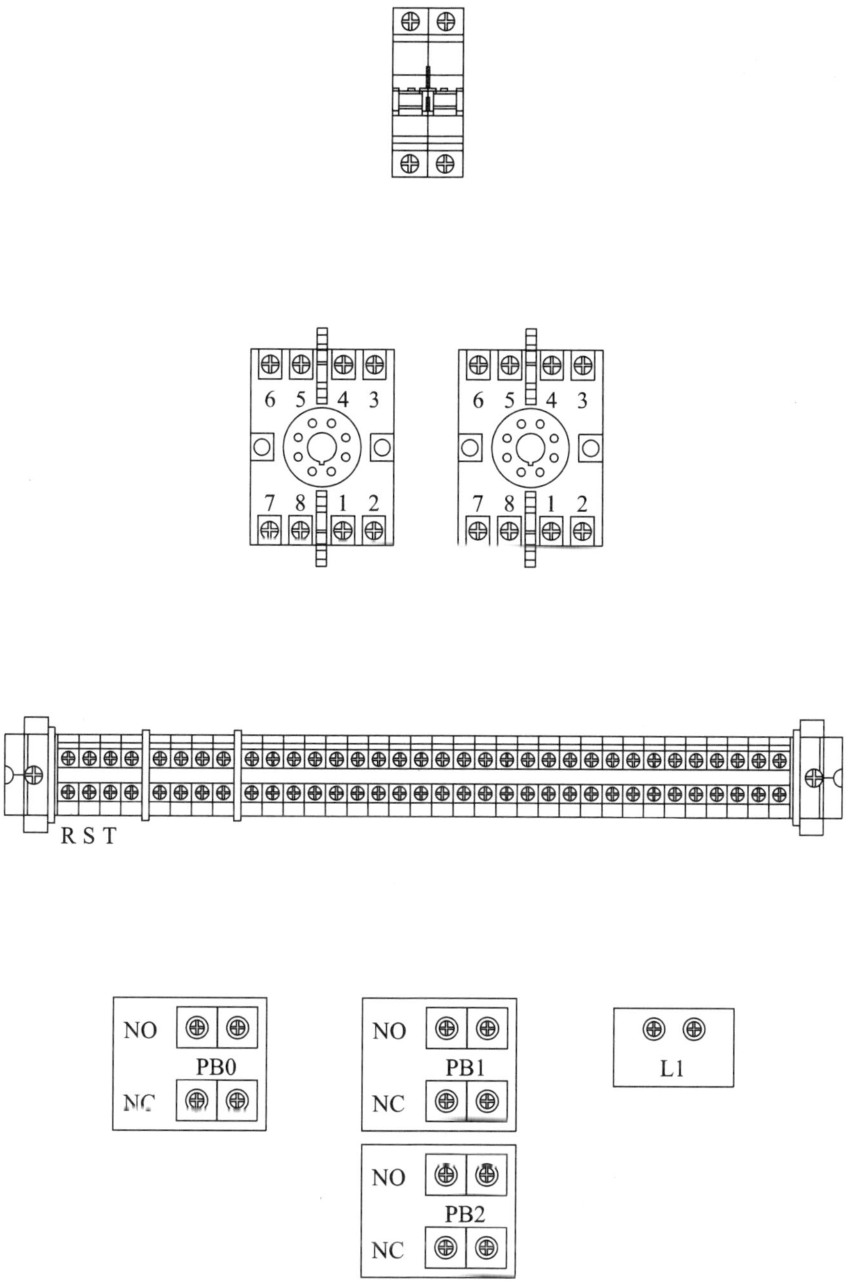


그림 12-16 실습회로 2(직렬회로) 결선도 작성

### 3) 선택실습 3 : 병렬회로

그림 12-17에 제시된 실습회로 3(병렬회로)을 구성하고, 다음 순서로 실습을 수행한다.

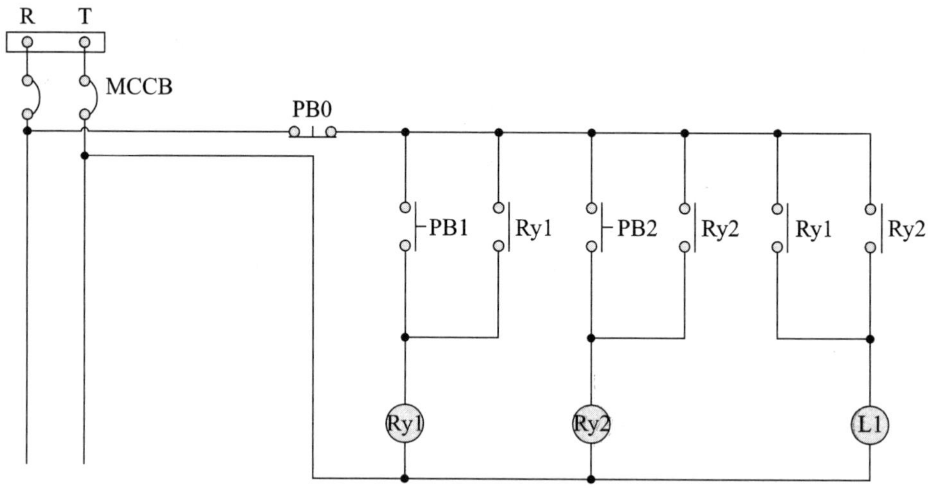


그림 12-17 실습회로 3(병렬회로)

① 실습회로 3의 동작을 분석하여 동작순서를 설명한다.
- 동작순서(결과보고서에 작성)
  - 초기상태 :
  - PB1 누른 후 동작

② 도면에 릴레이 핀번호를 기입한다.

③ 도면에 배선을 위한 배선번호를 기입한다.

④ 기기배치도에 필기구를 이용하여 결선을 한다.

⑤ 실제 배선실습을 하고 동작을 확인한다.

⑥ 동작실험 결과와 분석결과가 일치하는지 점검한다.

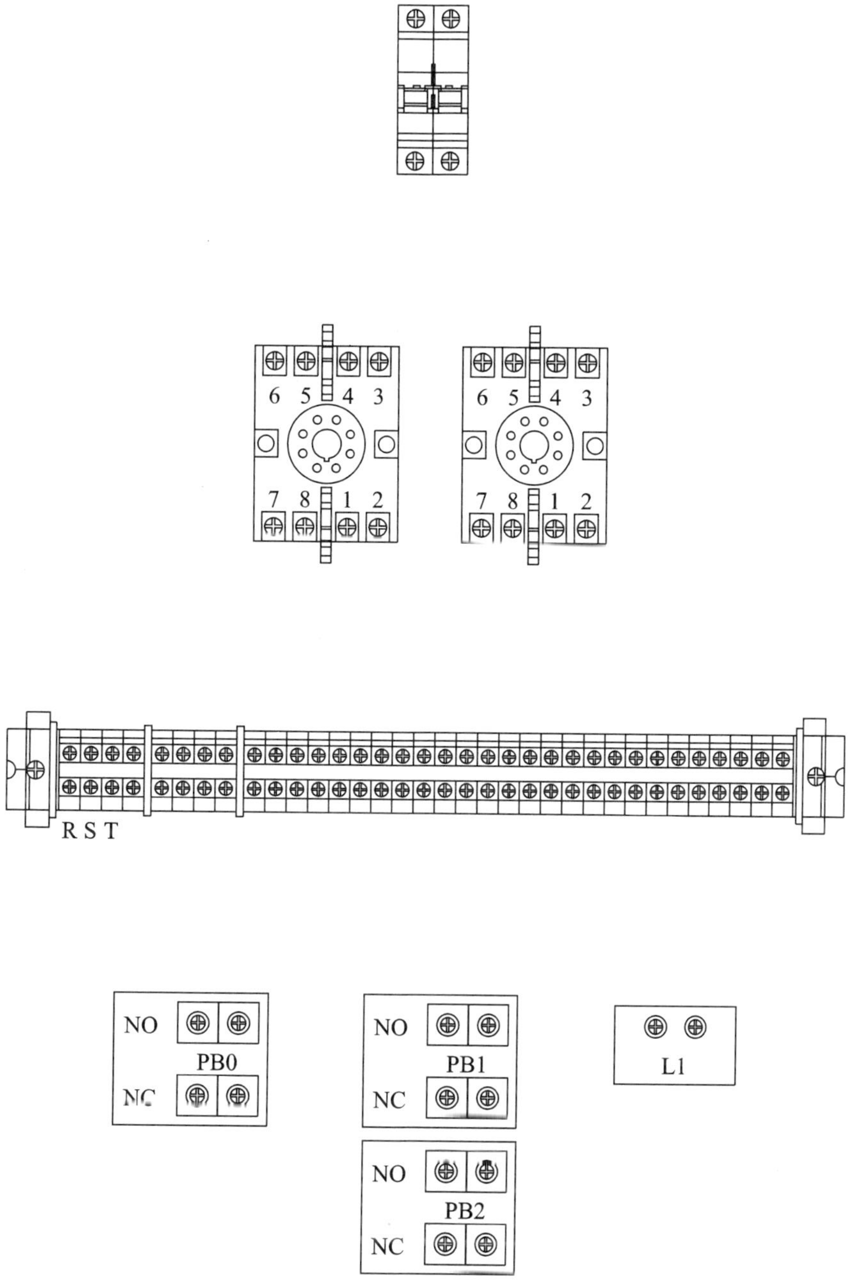


그림 12-18 실습회로 3(병렬회로) 결선도 작성

### 4) 선택실습 4 : 반일치회로

그림 12-19에 제시된 실습회로 4(반일치회로)를 구성하고, 다음 순서로 실습을 수행한다. (14핀 릴레이를 이용한다.)

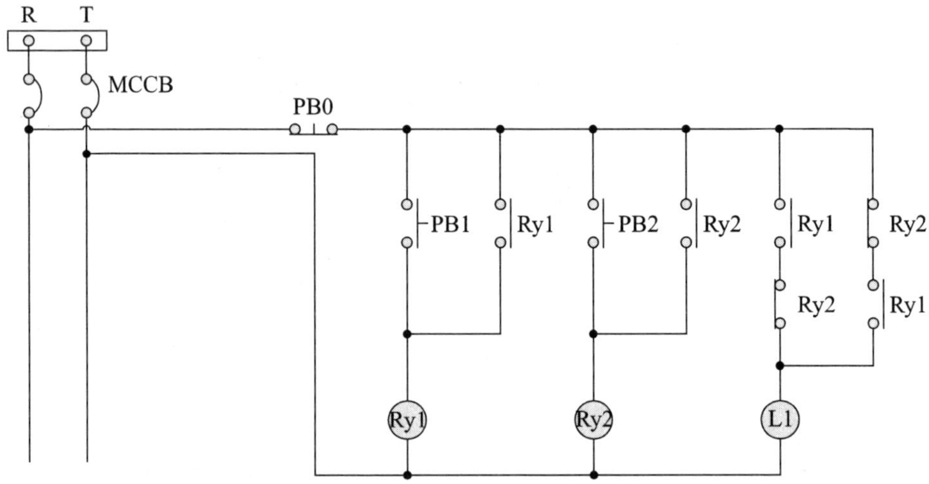


그림 12-19 실습회로 4(반일치회로)

① 실습회로 4의 동작을 분석하여 동작순서를 설명한다.

- 동작순서(결과보고서에 작성)
  - 초기상태 :
  - PB1 누른 후 동작

② 도면에 릴레이 핀번호를 기입한다.

③ 도면에 배선을 위한 배선번호를 기입한다.

④ 기기배치도에 필기구를 이용하여 결선을 한다.

⑤ 실제 배선실습을 하고 동작을 확인한다.

⑥ 동작실험 결과와 분석결과가 일치하는지 점검한다.

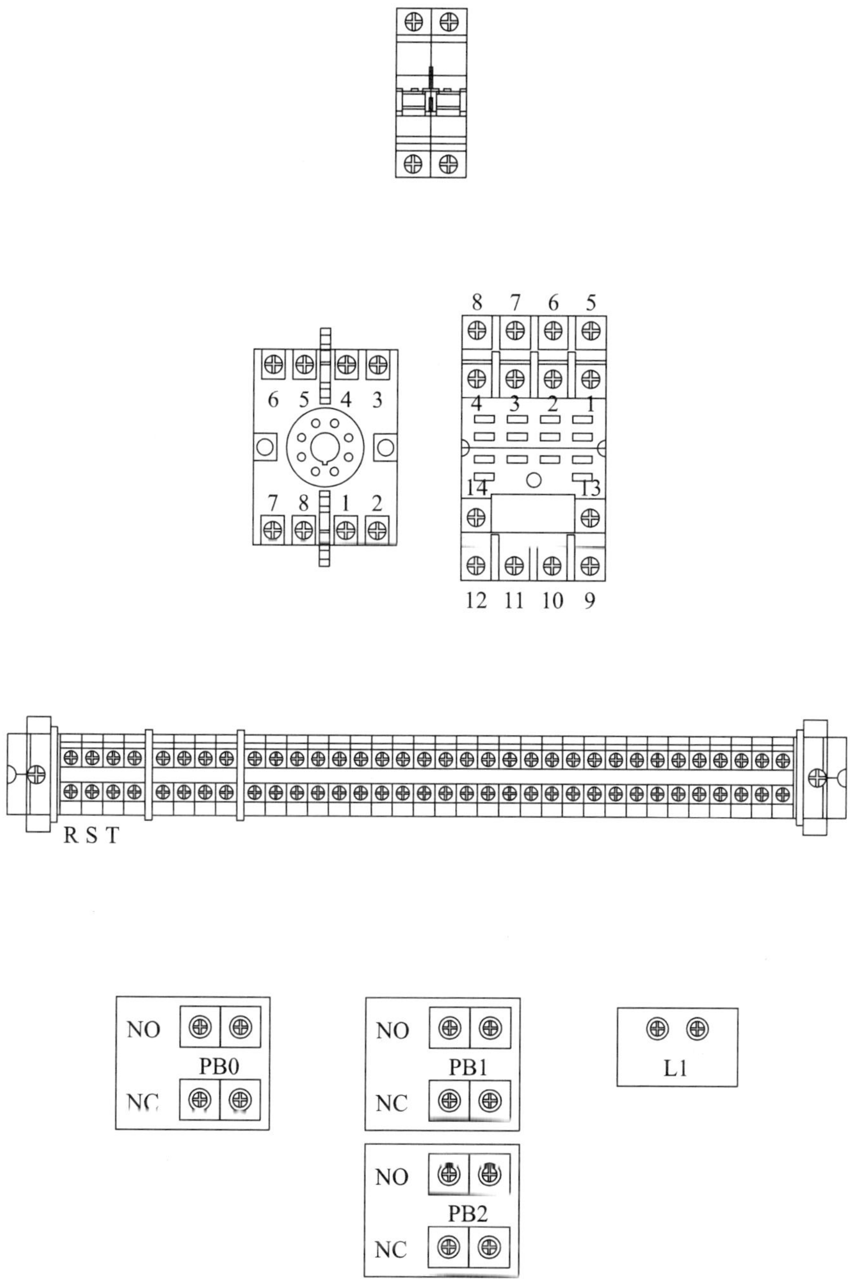


그림 12-20 실습회로 4(반일치회로) 결선도 작성

## 5) 선택실습 5 : 일치회로

그림 12-21에 제시된 실습회로 5(일치회로)를 구성하고, 다음 순서로 실습을 수행한다.

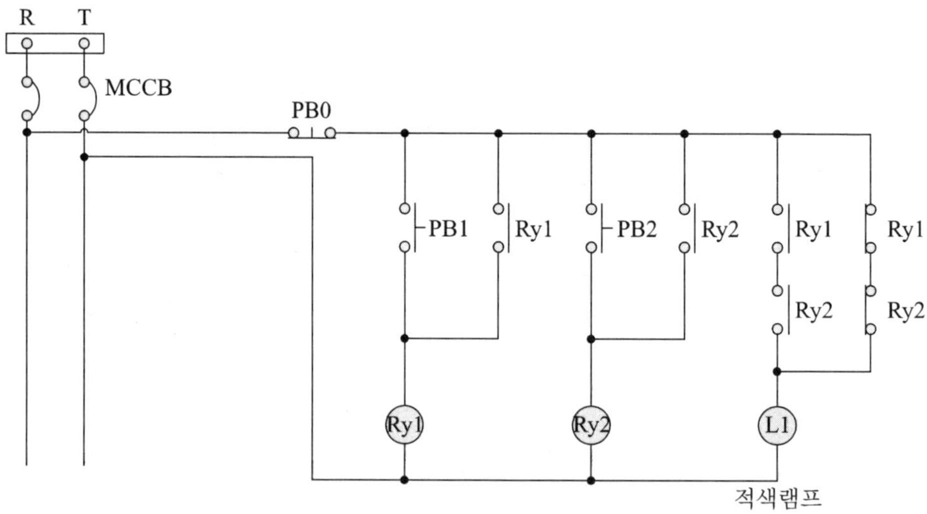


그림 12-21 실습회로 5(일치회로)

① 실습회로 5의 동작을 분석하여 동작순서를 설명한다.

- 동작순서(결과보고서에 작성)
  - 초기상태 :
  - PB1 누른 후 동작

② 도면에 릴레이 핀번호를 기입한다.

③ 도면에 배선을 위한 배선번호를 기입한다.

④ 기기배치도에 필기구를 이용하여 결선을 한다.

⑤ 실제 배선실습을 하고 동작을 확인한다.

⑥ 동작실험 결과와 분석결과가 일치하는지 점검한다.

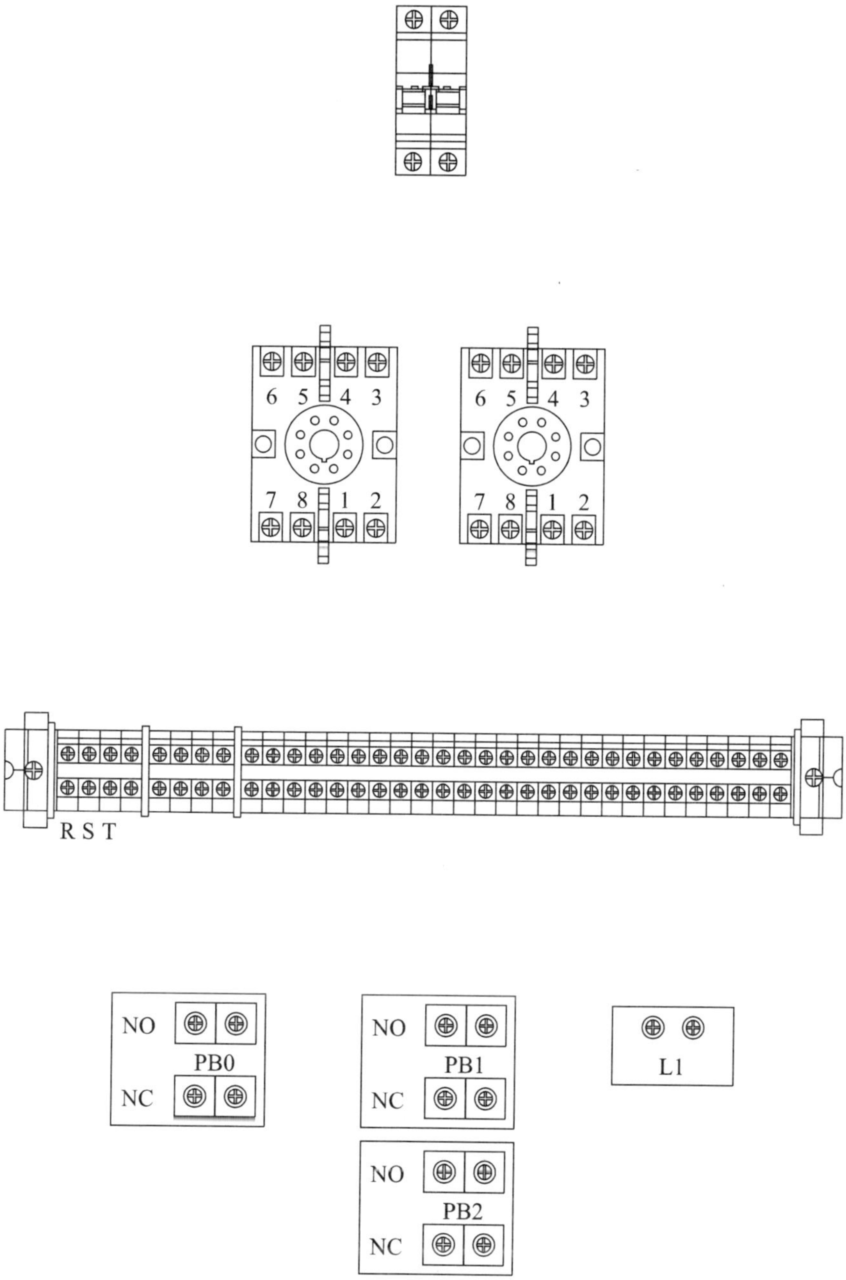


그림 12-22 실습회로 5(일치회로) 결선도 작성

| 결과보고서 | | | |
|---|---|---|---|
| 실험제목 | **선택실습 1 : 자기유지회로** | | |
| 조 원 | | 실험조 | 조 |
| 실습일자 | | 제출자 | |

1) 실습회로 1(자기유지회로) 핀번호 및 배선번호 기입

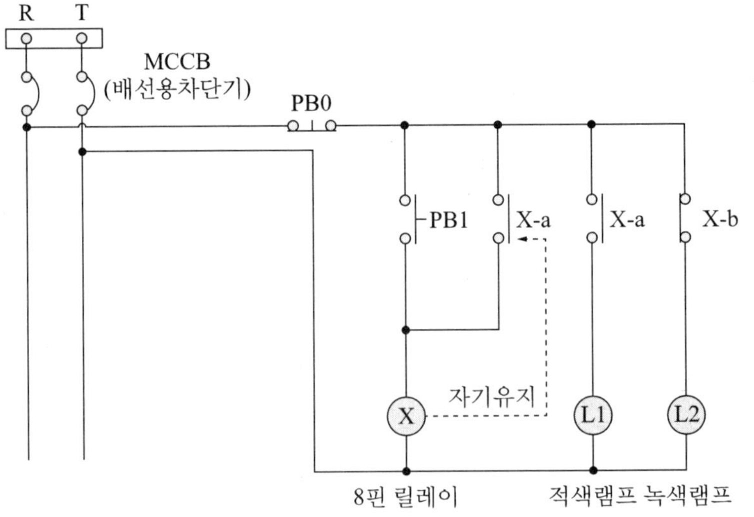


그림 12-13 실습회로 1(자기유지회로)

- 동작순서
  - 초기상태 :
  - PB1 누른 후 동작

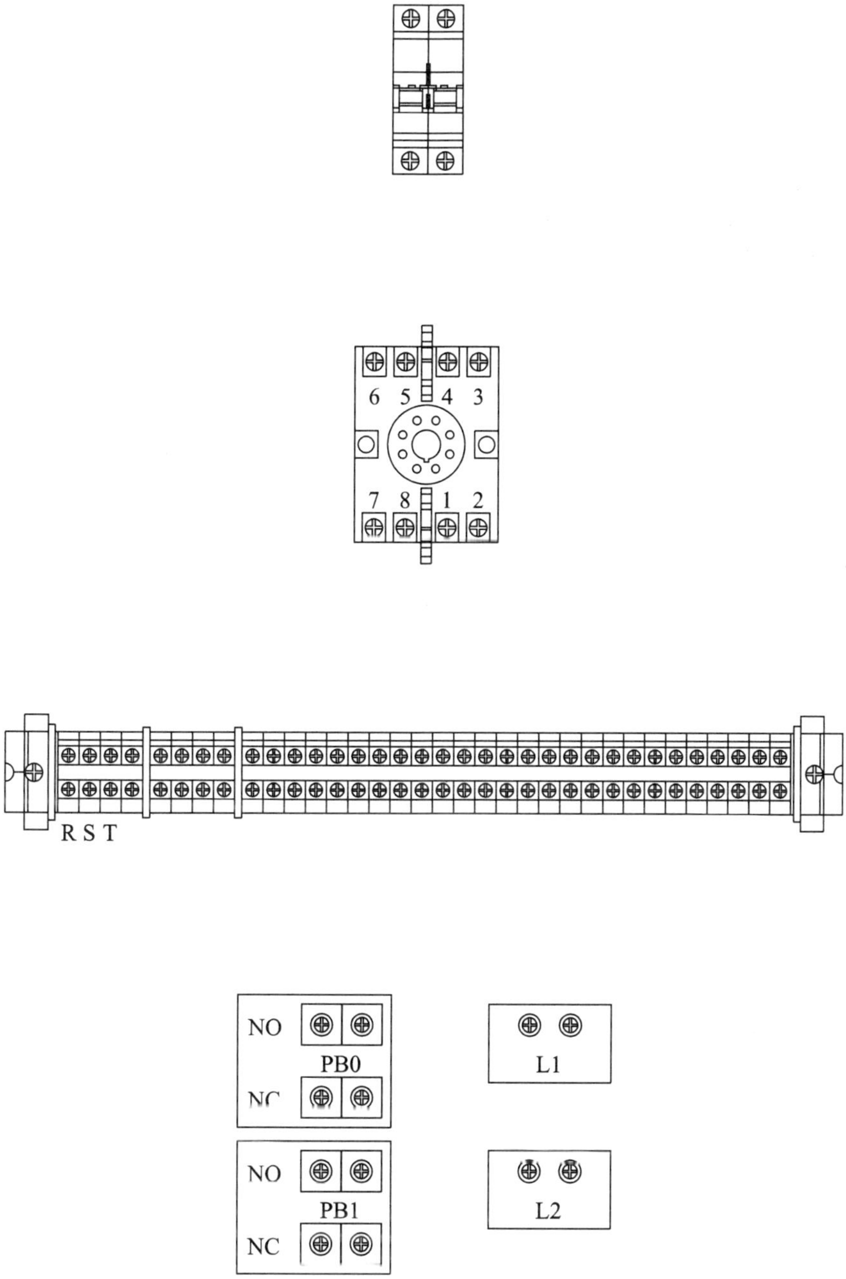


그림 12-14 실습회로 1(자기유지회로) 결선도 작성

| 결과보고서 | | | |
|---|---|---|---|
| 실험제목 | **선택실습 2 : 직렬회로** | | |
| 조 원 | | 실험조 | 조 |
| 실습일자 | | 제출자 | |

2) 실습회로 2(직렬회로) 핀번호 및 배선번호 기입

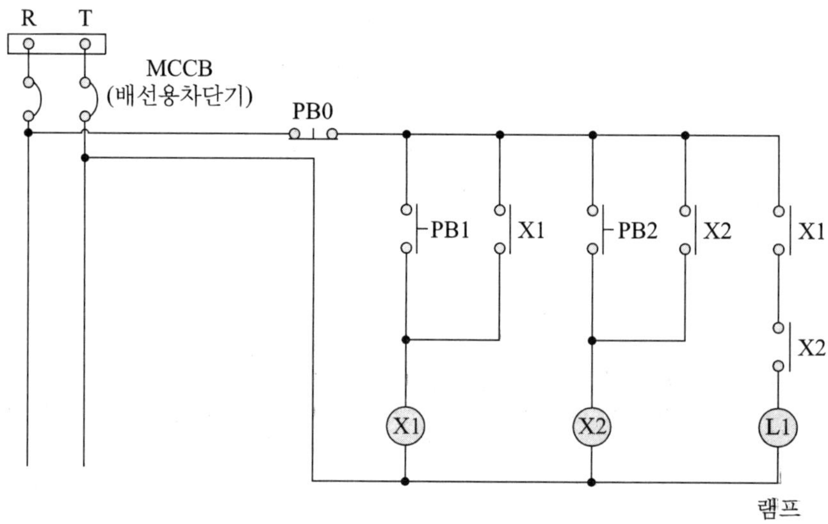


그림 12-15 **실습회로 2(직렬회로)**

- 동작순서
  - 초기상태 :
  - PB1 누른 후 동작

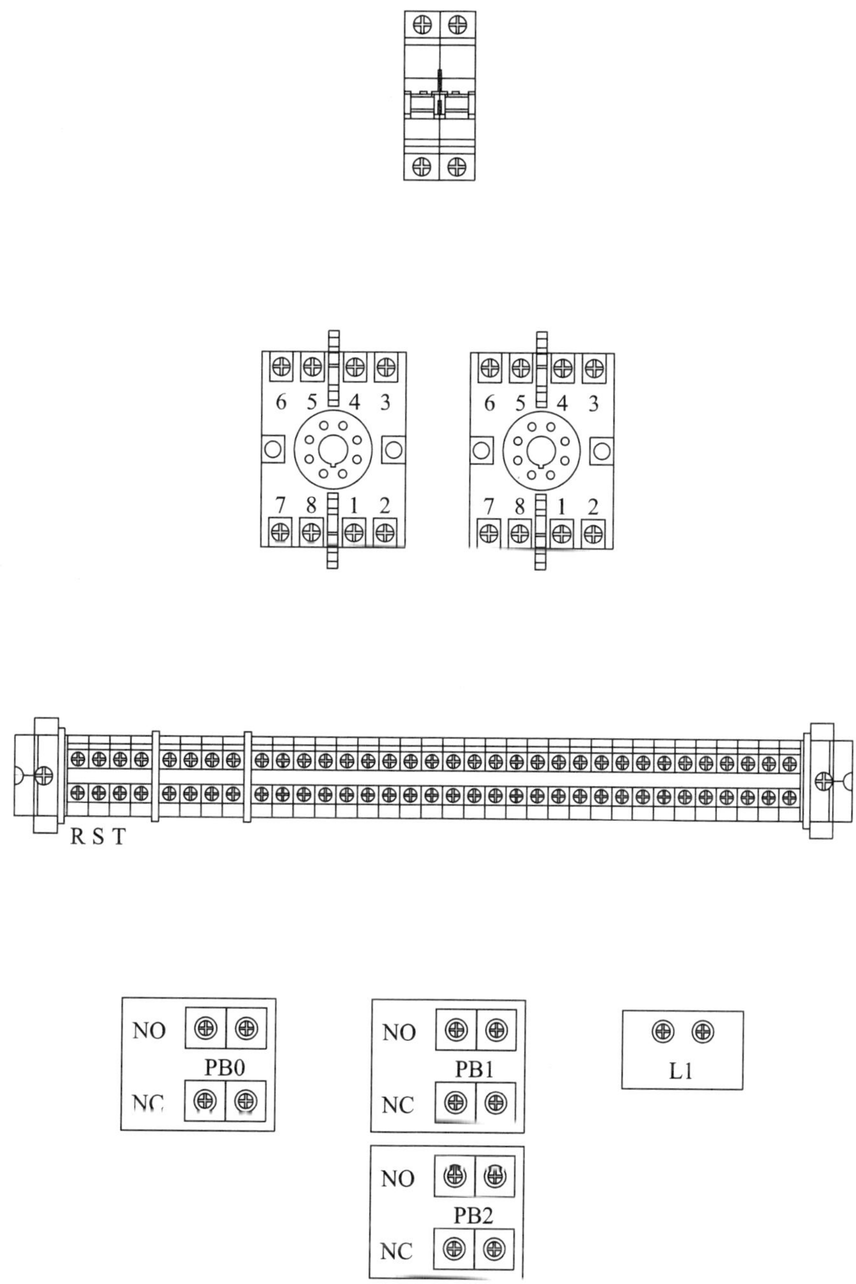


그림 12-10 실습회로 2(직렬회로) 결선도 작성

| 결과보고서 | | | |
|---|---|---|---|
| 실험제목 | 선택실습 3 : 병렬회로 | | |
| 조 원 | | 실험조 | 조 |
| 실습일자 | | 제출자 | |

3) 실습회로 3(병렬회로) 핀번호 및 배선번호 기입

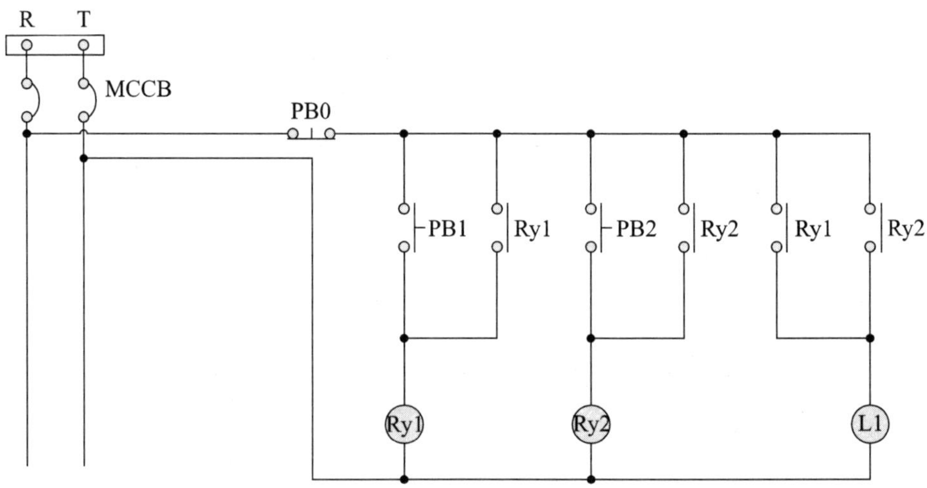


그림 12-17 **실습회로 3(병렬회로)**

- 동작순서
  - 초기상태 :
  - PB1 누른 후 동작

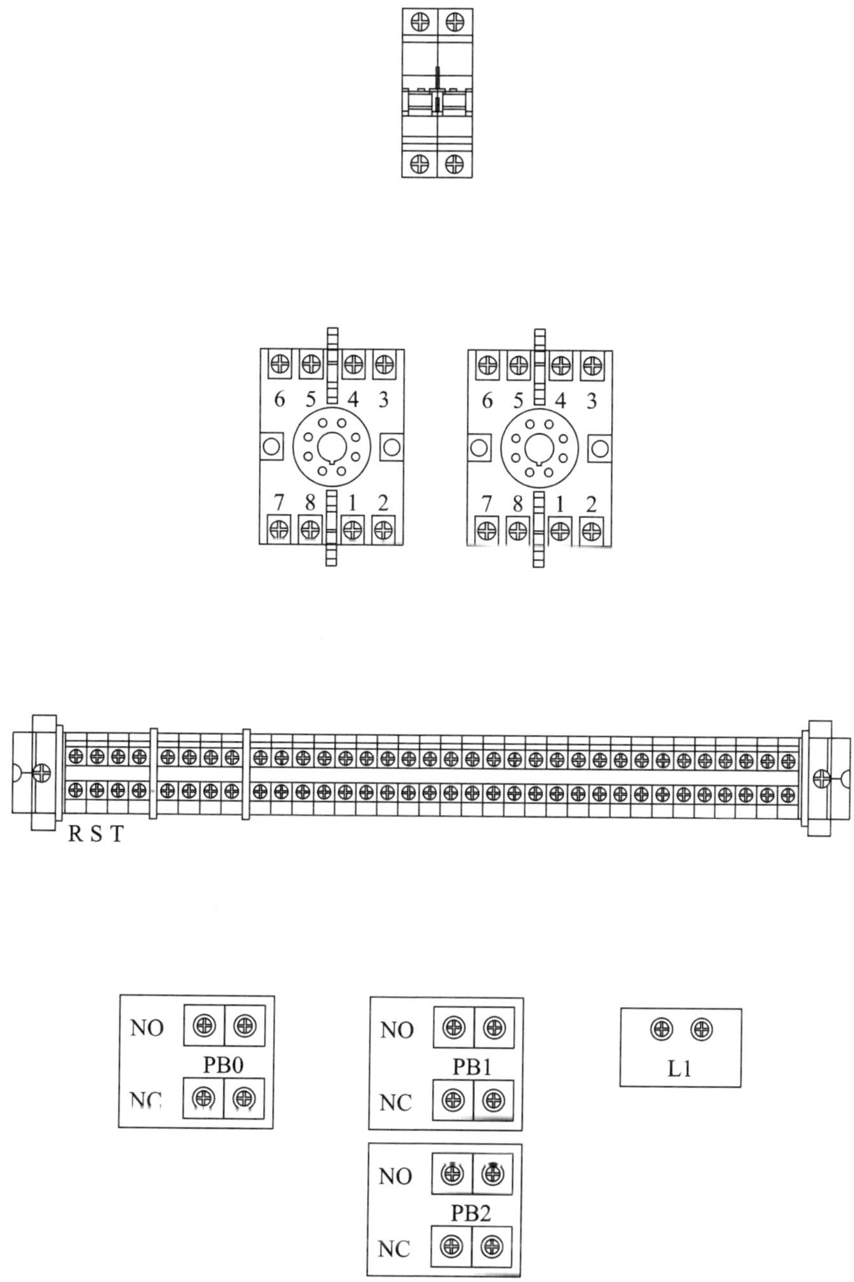


그림 12-18 실습회로 3(병렬회로) 결선도 자성

<table>
<tr><th colspan="4">결과보고서</th></tr>
<tr><td>실험제목</td><td colspan="3">선택실습 4 : 반일치회로</td></tr>
<tr><td>조 원</td><td></td><td>실험조</td><td>조</td></tr>
<tr><td>실습일자</td><td></td><td>제출자</td><td></td></tr>
</table>

4) 실습회로 4(반일치회로) 핀번호 및 배선번호 기입

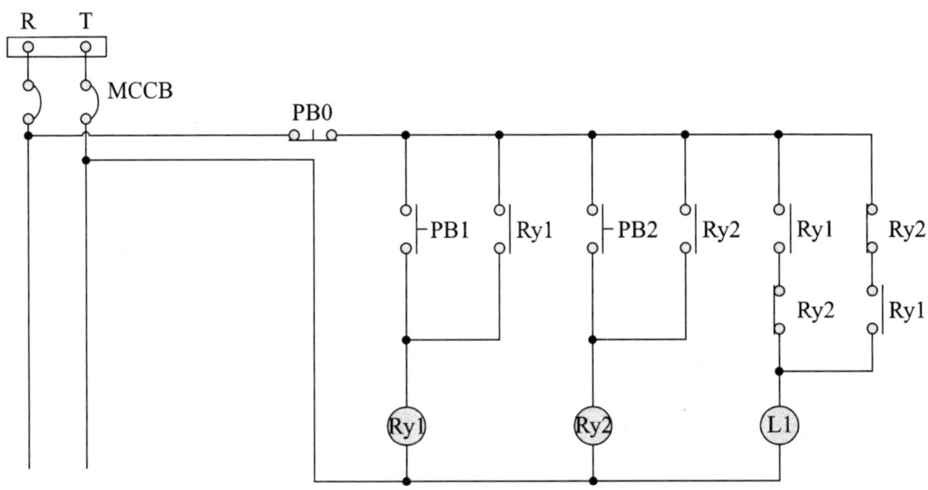


**그림 12-19 실습회로 4(반일치회로)**

- 동작순서
  - 초기상태 :
  - PB1 누른 후 동작

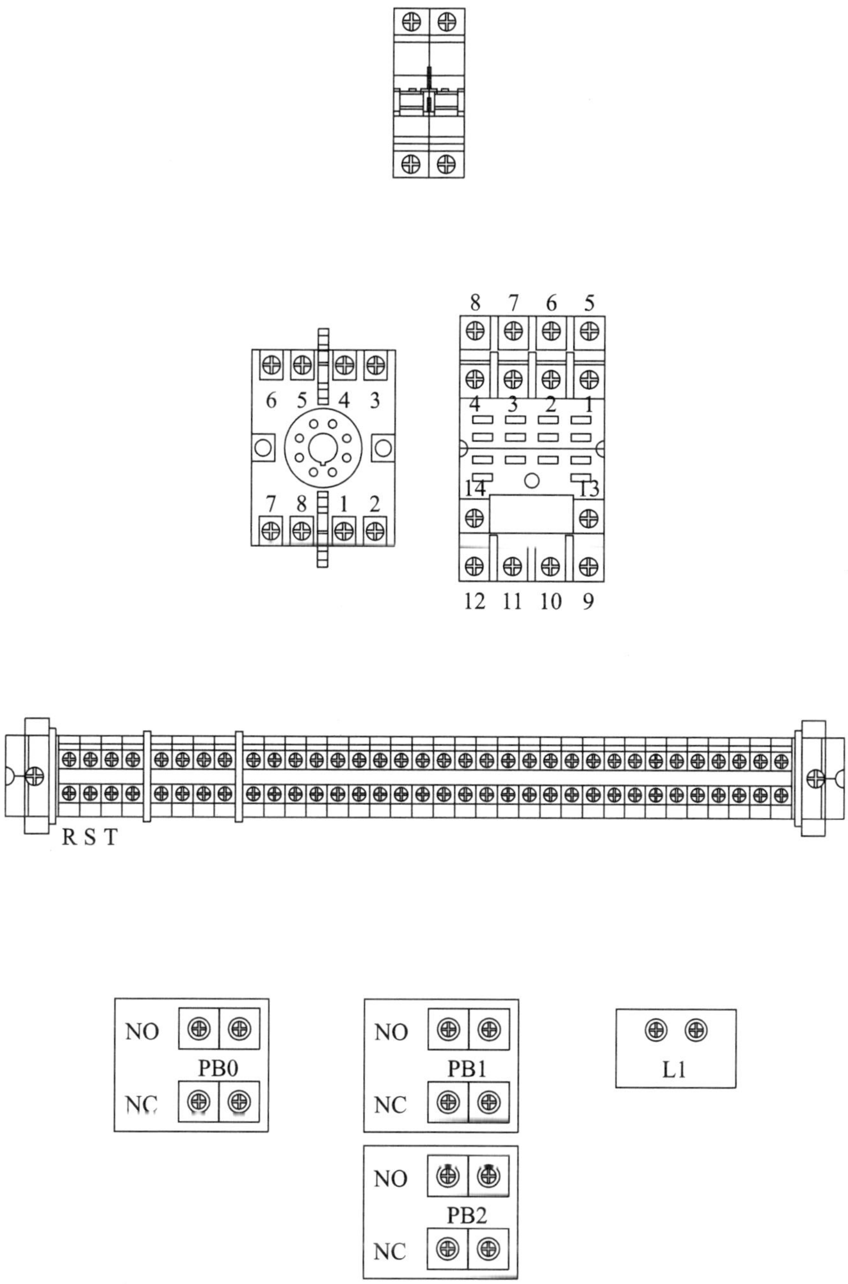


그림 12-20 실습회로 4(반일치회로) 결선도 작성

| 결과보고서 | | | |
|---|---|---|---|
| 실험제목 | **선택실습 5 : 일치회로** | | |
| 조 원 | | 실험조 | 조 |
| 실습일자 | | 제출자 | |

5) 실습회로 5(일치회로) 핀번호 및 배선번호 기입

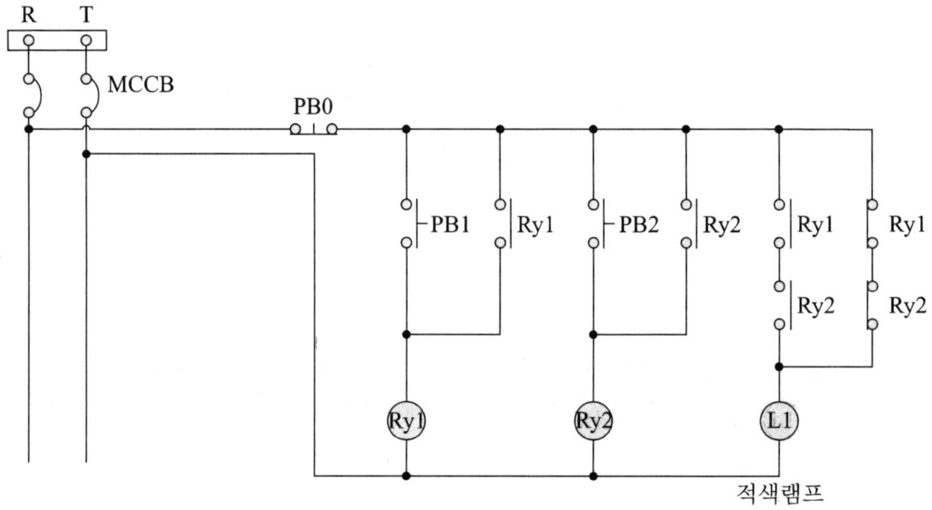


그림 12-21 **실습회로 5(일치회로)**

- 동작순서
  - 초기상태 :
  - PB1 누른 후 동작

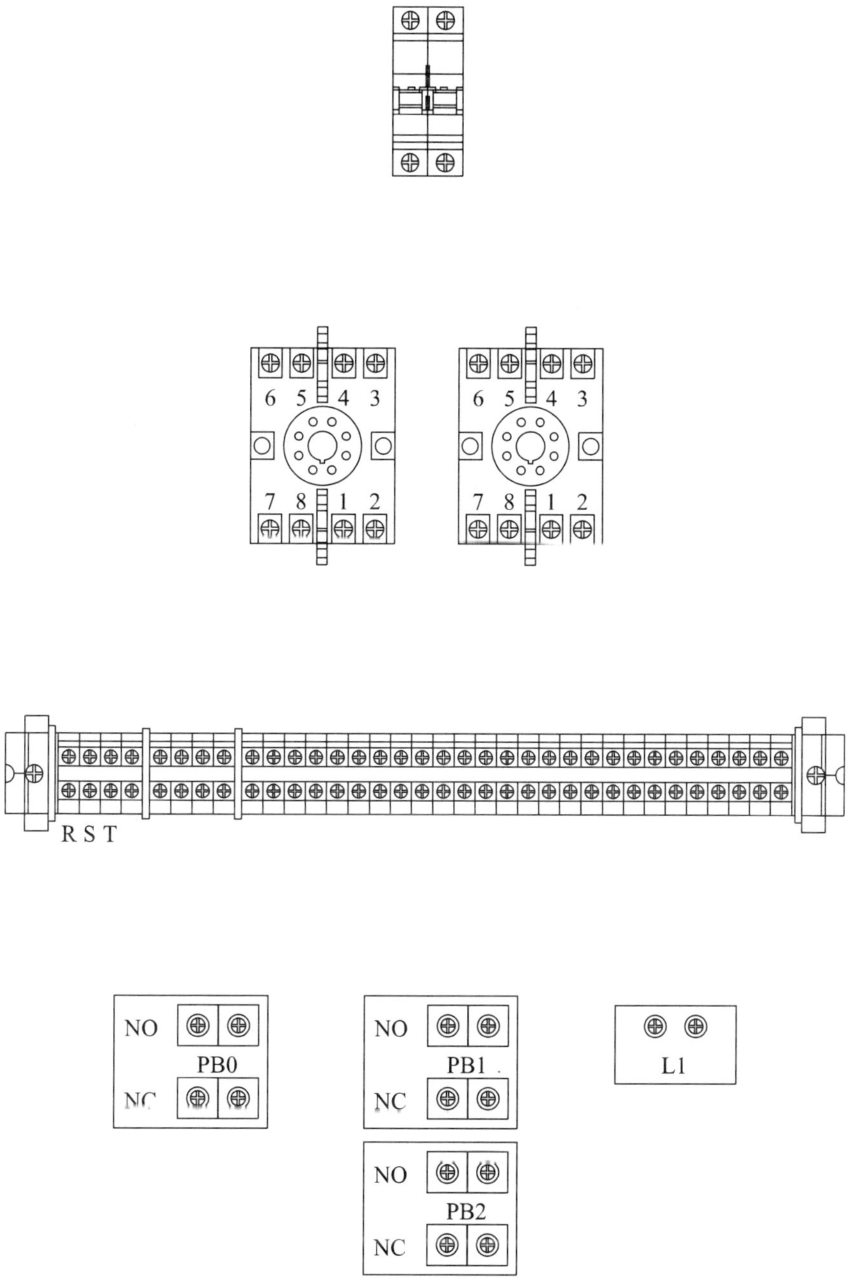


그림 12-22 실습회로 5(일치회로) 결선도 작성

# 13 인터록 회로

실험

## 1. 실험목적

(1) 인터록 회로의 동작원리와 회로 결선 방법을 익히고 동작에 대해 이해한다.

(2) 인터록 회로를 이용하여 우선회로의 도면을 이해하고 회로 결선 방법 및 동작에 대해 이해한다.

## 2. 실험에 사용되는 기기 및 부품

(1) 배선용 합판

(2) 배선용 차단기(MCCB, 단상)

(3) 릴레이(220 V, 8 pin, 2a2b) 2개, 릴레이 소켓(8 pin 원형) 2개

(4) 푸시버튼(3개)

(5) 파일럿램프(220 V, 2개)

(6) 전선

(7) 공구(스트리퍼, 드라이버, 접시머리나사 12 mm 등)

(8) 컨트롤박스(2구 3개)

## 3. 관련 지식

### 1) 인터록(Interlock) 회로

두 개 이상의 시퀀스 제어기기가 있을 경우 회로의 보호 및 안전을 위하여 두 개의 기기가 동시에 동작하는 것을 방지하기 위한 회로를 인터록(interlock) 회로라고

한다. 인터록 회로의 원리를 이용한 회로는 대표적으로 우선회로가 있는데, 우선회로에도 선입력 우선회로와 후입력 우선회로가 있다.

### (1) 선입력 우선회로

인터록 원리를 이용한 회로로써 선입력 우선회로는 그림 13-1에 나타내었다. 그림 13-1을 해석해보면 릴레이 1이 먼저 동작하면 릴레이 2가 동작하지 않으며, 릴레이 2가 먼저 동작하면 릴레이 1이 동작하지 못하게 하는 회로이다. 즉 먼저 동작하는 회로가 동작하는 회로로써 퀴즈 프로그램에서 먼저 누른 사람의 램프나 버저에 신호가 오고 나중에 누르면 신호가 나오지 않는 회로이다.

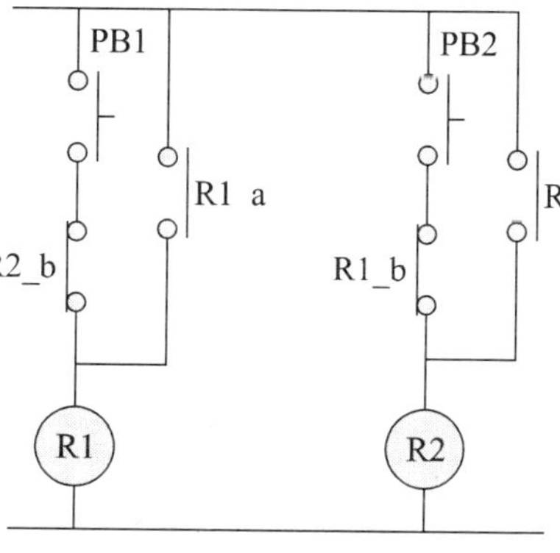


(a) 선입력 우선회로 초기상태

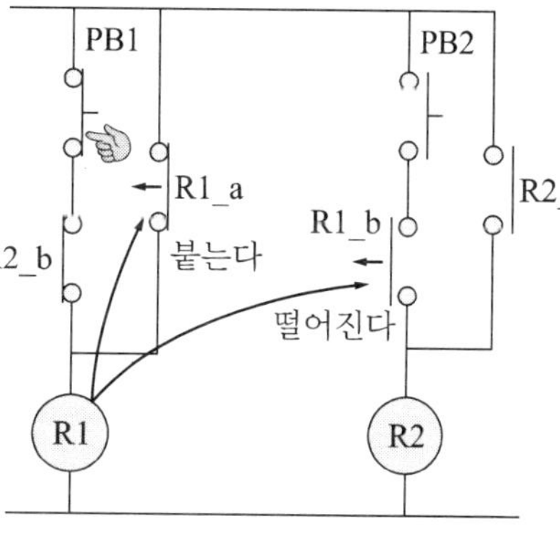


(b) PB1을 먼저 눌렀을 때

**그림 13-1 선입력 우선회로의 동작 개요1**

그림 13-1에서 (b)와 같이 PB1을 먼저 누르는 경우 릴레이 R1에 전류가 흘러 릴레이 R1의 a접점은 R1_a가 붙게 되어 R1에는 계속적으로 전류가 흐르게 되고, 반면 R1의 b접점은 R1_b가 떨어져서 PB2를 누르더라도 R2에 전류가 흐르지 않아서 작동하지 않게 된다. 반대로 PB2를 먼저 누르게 되어도 동일한 현상으로 R2에만 전류가 흐르고 R1에는 전류가 흐르지 않게 된다. 즉 PB1을 먼저 누르게 되면 R1이 동작하고, R2는 동작하지 않고, PB2를 먼저 누르게 되면 R2가 동작하고 R1은 동작하지 않게 되어 둘 중에 하나에만 전류가 공급되는 회로가 된다. 이러한 먼저 입력된 회로가 동작하는 이와 같은 회로를 선입력 우선회로라고 한다. 이 회로는 다음 그림 13-2와 동작은 동일하다.

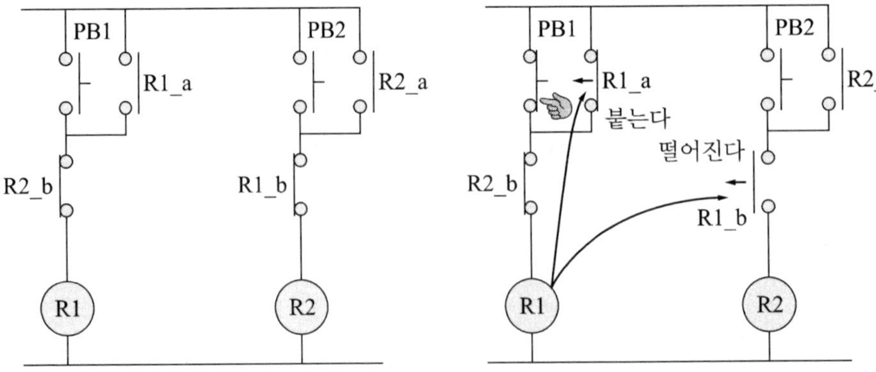


(a) 선입력 우선회로 초기상태 (b) PB1을 먼저 눌렀을 때

**그림 13-2 선입력 우선회로의 동작 개요2**

### (2) 후입력 우선회로

그림 13-3은 후입력 우선회로를 나타내었다. 후입력 우선회로는 나중에 동작하는 회로가 우선적으로 동작하며 앞에서 동작한 회로는 차단되는 회로이다. 이 회로도 인터록 회로이므로 두 개의 회로가 동시에 동작할 수 없는 회로이다.

그림 13-3(b)에서 PB1을 누르면 릴레이 R1이 여자되어 R1_a접점이 붙어 자기유지회로를 구성하여 지속적으로 R1에 전류가 흐르게 되지만 R2는 동작하지 않는다. 이후에 PB2를 누르게 되면 릴레이 R2에 의해 R2_b접점이 떨어지게 되어 R1에 흐르는 전류는 차단되고 R1_a접점이 떨어지고 R1_b접점이 붙게 되므로 R2에 계속해서 전류가 흐른다.

이 회로는 두 개 동시에 동작하지 않고 나중에 투입되는 회로가 동작하는 후입력 우선회로를 나타낸다.

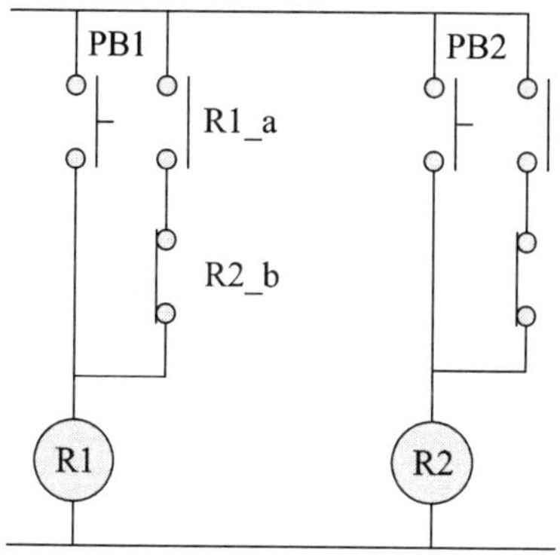


(a) 후입력 우선회로의 기본회로

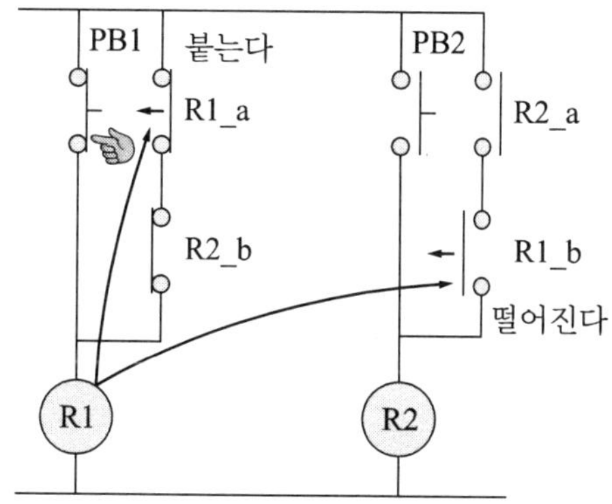


(b) PB1을 눌렀을 때

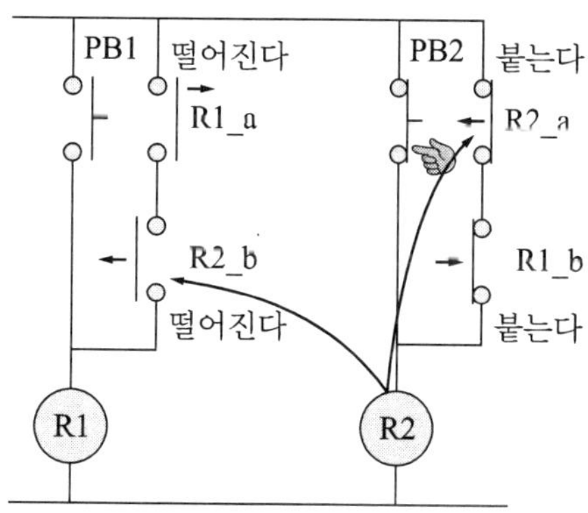


(c) PB2를 눌렀을 때

**그림 13-3 후입력 우선회로의 동작**

## 4. 실험순서

### 1) 선택실습 1 : 선입력 우선회로

그림 13-4에 제시된 실습회로 1(선입력 우선회로)을 구성하고, 다음 순서로 실습을 수행한다.

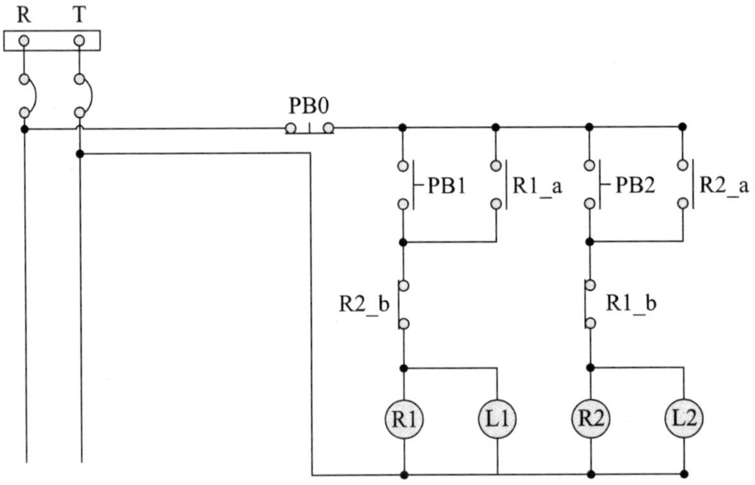


그림 13-4 실습회로 1(선입력 우선회로)

① 시퀀스 회로를 분석하고 동작순서를 기입한다.

- 동작순서(결과보고서에 작성)
  - 초기상태 :
  - PB1 누른 후 동작

② 시퀀스 회로도에 릴레이 접점번호를 기입한다.

③ 배선 작업을 위해서 시퀀스 회로도에 넘버링을 한다.

④ 기기배치도 도면에 수기로 결선도를 작성한다.

⑤ 실제 배선실습을 하고 동작을 확인한다.

⑥ 동작실험 결과와 분석결과가 일치하는지 점검한다.

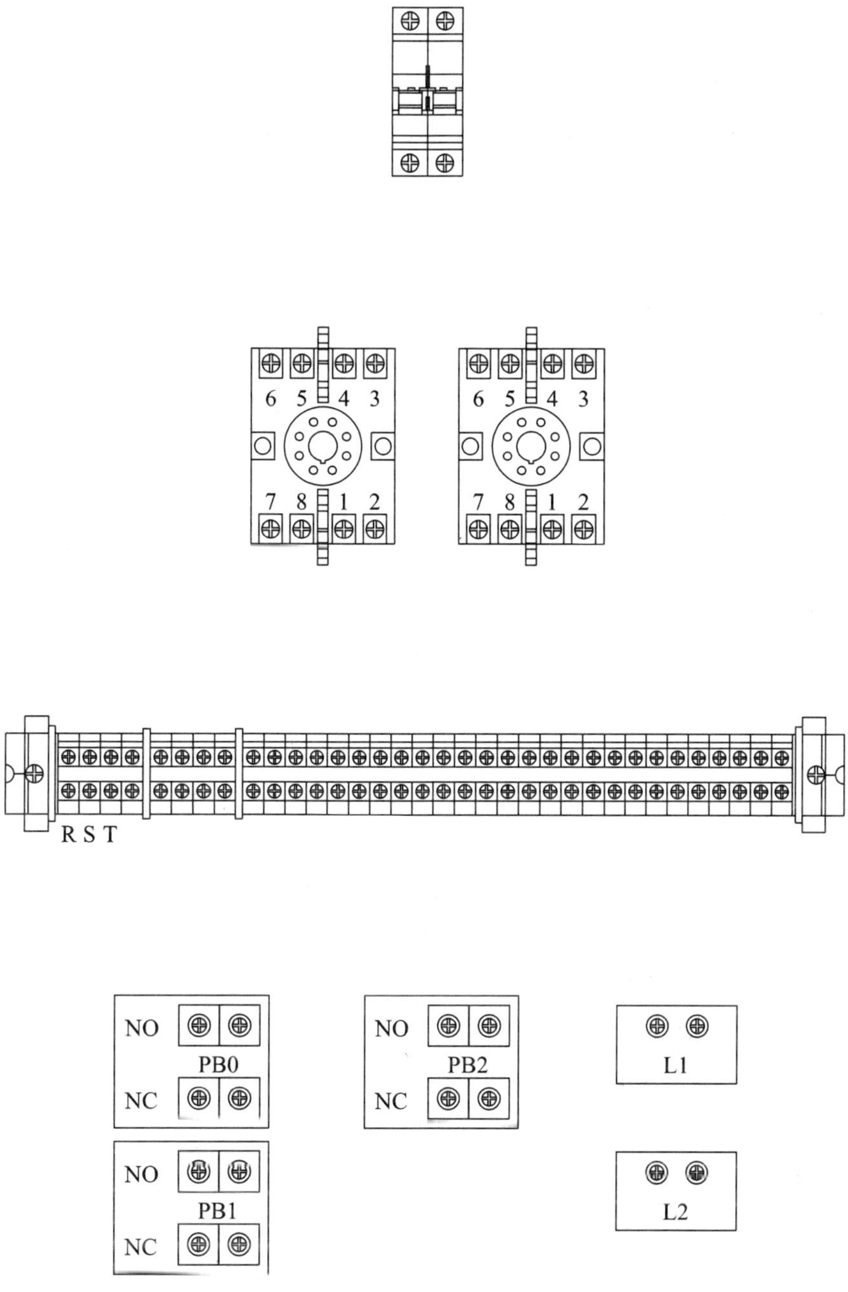


그림 13-5 실습회로 1(선입력 우선회로) 결선도 작성

## 2) 선택실습 2 : 후입력 우선회로

그림 13-6에 제시된 실습회로 2(후입력 우선회로)를 구성하고, 다음 순서로 실습을 수행한다.

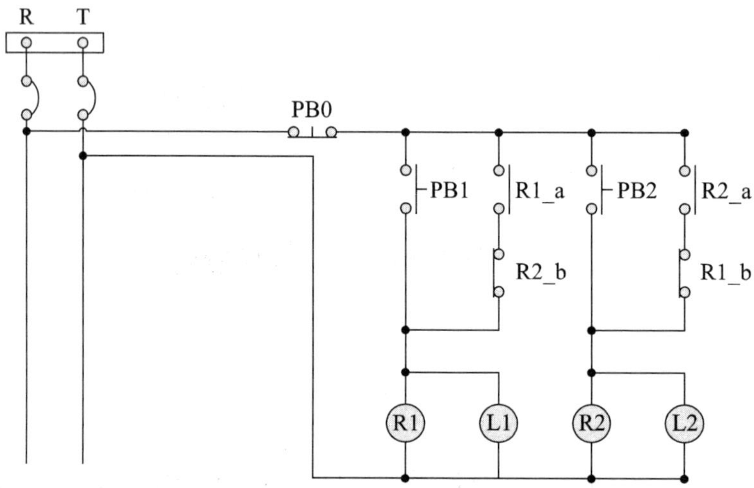


그림 13-6 실습회로 2(후입력 우선회로)

① 시퀀스 회로를 분석하고 동작순서를 기입한다.
- 동작순서(결과보고서에 작성)
  - 초기상태 :
  - PB1 누른 후 동작

② 시퀀스 회로도에 릴레이 접점번호를 기입한다.
③ 배선 작업을 위해서 시퀀스 회로도에 넘버링을 한다.
④ 기기배치도 도면에 수기로 결선도를 작성한다.
⑤ 실제 배선실습을 하고 동작을 확인한다.
⑥ 동작실험 결과와 분석결과가 일치하는지 점검한다.

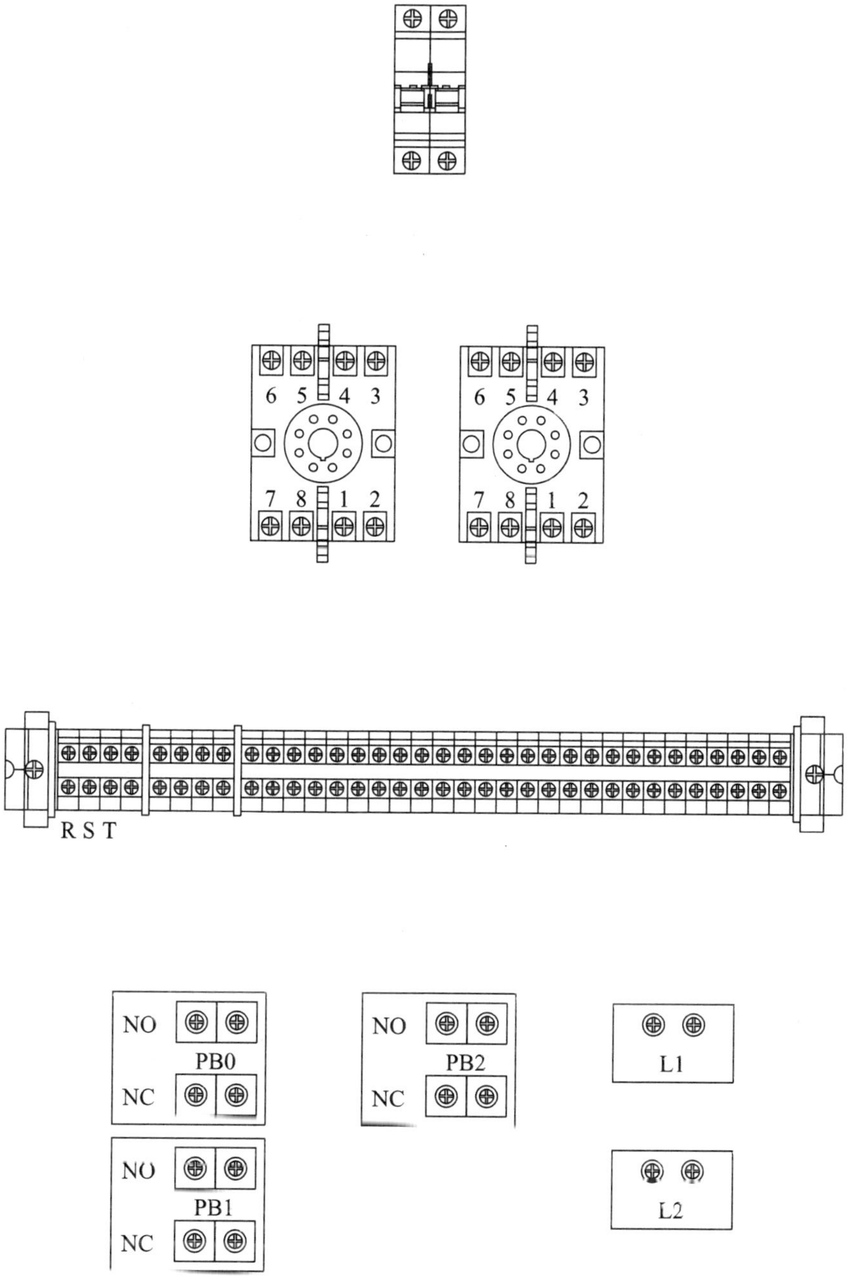


그림 13-7 실습회로 2(후입력 우선회로) 결선도 작성

| 결과보고서 | | | |
|---|---|---|---|
| 실험제목 | **선택실습 1 :** 선입력 우선회로 | | |
| 조 원 | | 실험조 | 조 |
| 실습일자 | | 제출자 | |

1) 실습회로 1(선입력 우선회로) 핀번호 및 배선번호 기입

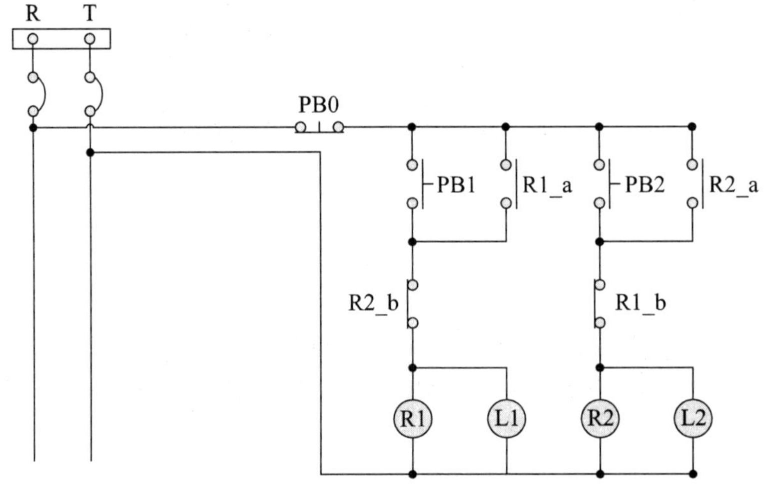


그림 13-4 **실습회로 1(선입력 우선회로)**

- 동작순서
  - 초기상태 :
  - PB1 누른 후 동작

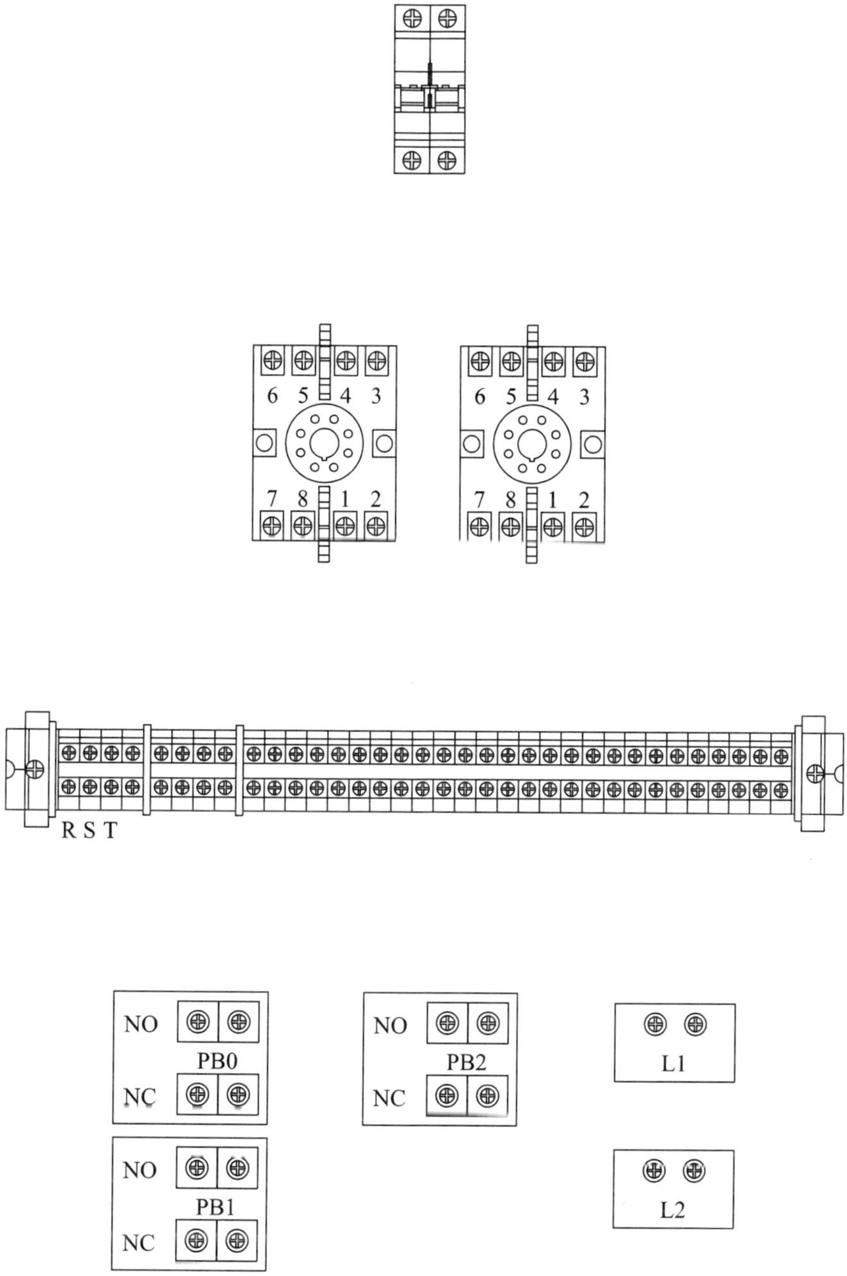


그림 13-5 실습회로 1(선입력 우선회로) 결선도 작성

| 결과보고서 | | | |
|---|---|---|---|
| 실험제목 | **선택실습 2 : 후입력 우선회로** | | |
| 조 원 | | 실험조 | 조 |
| 실습일자 | | 제출자 | |

2) 실습회로 2(후입력 우선회로) 핀번호 및 배선번호 기입

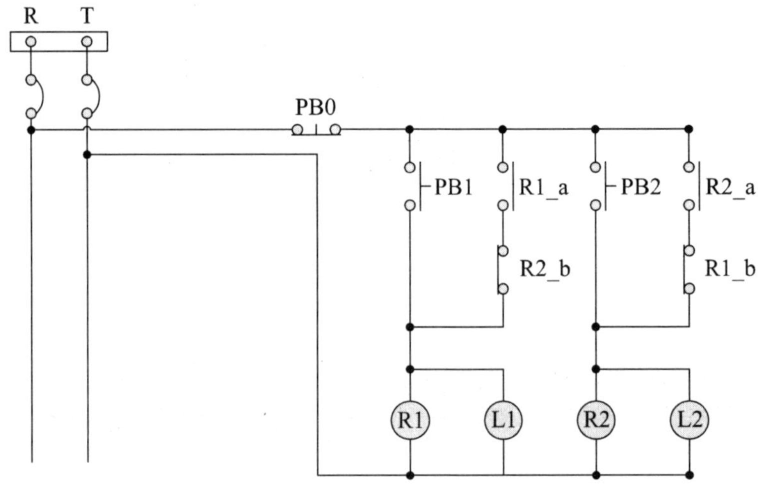


그림 13-6 **실습회로 2(후입력 우선회로)**

- 동작순서
  - 초기상태 :
  - PB1 누른 후 동작

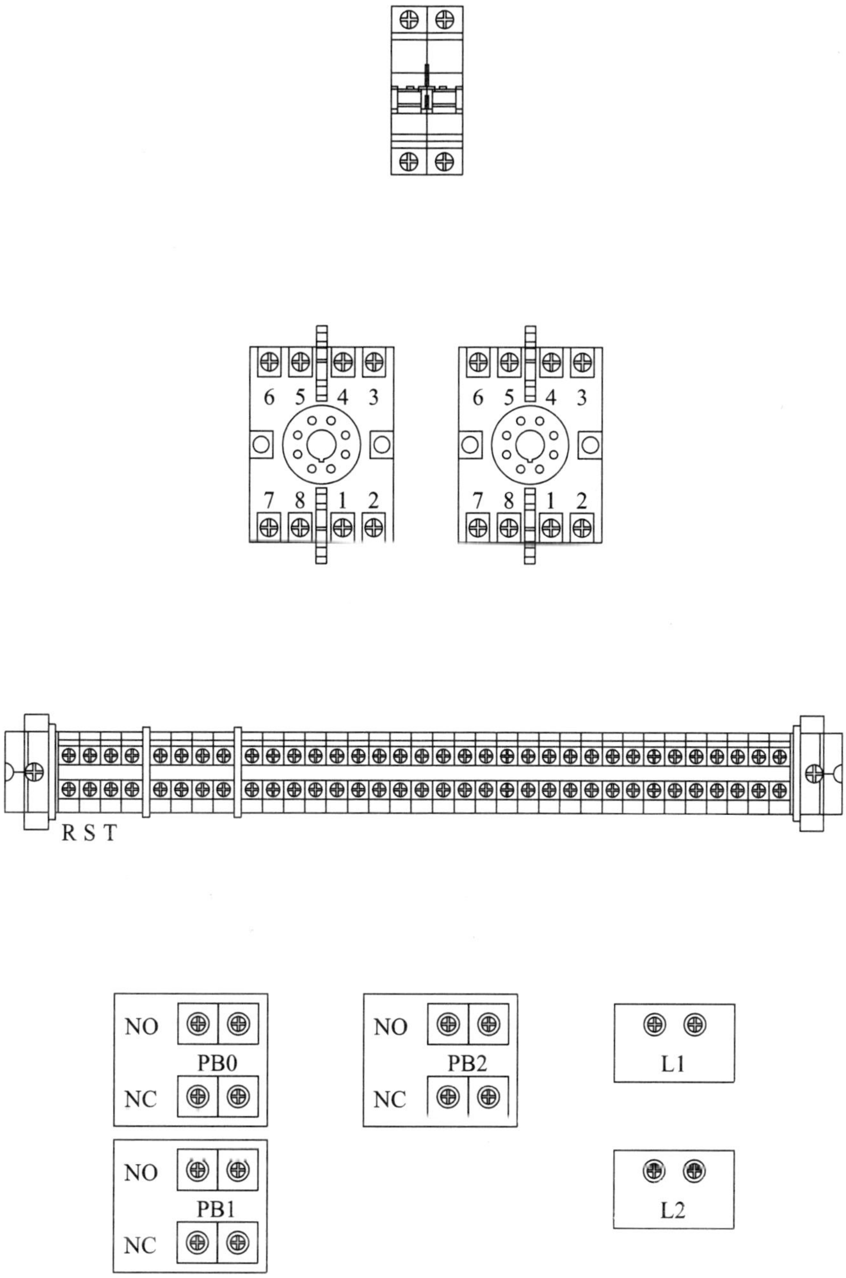


그림 13-7 실습회로 2(후입력 우선회로) 결선도 작성

# 14 타이머 회로

실험

## 1. 실험목적

(1) 타이머의 구조 및 동작원리를 이해한다.

(2) 타이머 회로를 이용하여 도면을 이해하고 회로 결선 방법 및 동작을 실습을 통하여 익힌다.

## 2. 실험에 사용되는 기기 및 부품

(1) 배선용 합판

(2) 배선용 차단기(MCCB, 단상)

(3) 릴레이(220 V, 8 pin, 2a2b) 2개, 릴레이 소켓(8 pin 원형) 2개

(4) 타이머(220 V, 8 pin) 3개, 타이머 소켓(8 pin) 2개

(5) 푸시버튼(2개)

(6) 파일럿램프(220 V, 4개)

(7) 전선

(8) 공구(스트리퍼, 드라이버, 접시머리나사 12 mm 등)

(9) 컨트롤박스(2구 3개)

## 3. 관련 지식

### 1) 타이머의 구조 및 동작

시퀀스 기기 중에서 릴레이는 전원단자에 전원이 입력이 되면 즉시 접점을 동작

시키는 반면에 타이머는 전원단자에 전원이 입력이 되면 일정 시간이 경과한 후에 접점을 동작시키는 지연동작 기기이다. 타이머는 두 가지 타입이 있는데 하나는 전원이 투입이 되면 일정 시간이 경과하여 동작하는 온 딜레이(On delay) 타이머가 있고, 나머지 하나는 전원이 끊기면 일정한 시간이 경과하여 동작하는 오프 딜레이(Off delay) 타이머가 있다. 그림 14-1은 타이머와 타이머의 소켓을 나타낸다. 타이머의 소켓은 일반 8핀 릴레이의 소켓과 동일하다.

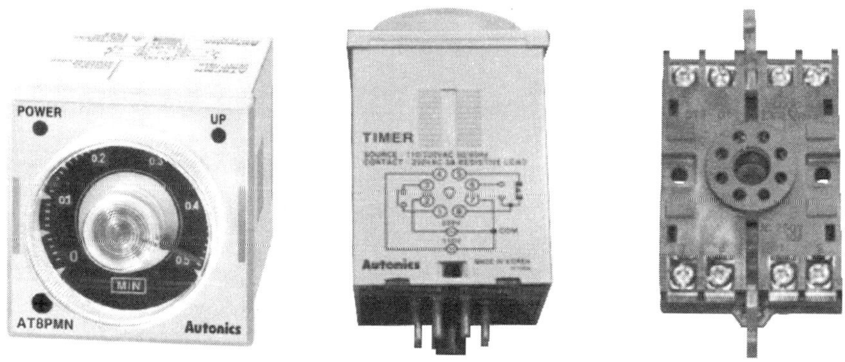


(a) 타이머 전면　(b) 타이머 후면　(c) 타이머 소켓

그림 14-1 타이머와 타이머의 소켓

## (1) ON delay 타이머

온 딜레이 타이머는 전원이 투입되면 일정한 시간이 경과한 후에 접점이 동작했다가 전원이 차단되면 바로 복귀되는데 이를 한시동작 순시복귀라고 한다.

온 딜레이 타이머는 2가지 타입이 있는데, 모든 접점이 한시동작을 하는 타입과 하나는 릴레이 접점과 같이 순시동작을 하고 나머지는 한시동작을 하는 타입으로 나눌 수 있는데 보통은 한시접점과 순시접점을 가지고 있는 후자의 타입이 많이 쓰인다.

그림 14-2는 온 딜레이 타이머의 내부 회로도를 나타내며 그림 14-2(a)는 모든 접점이 지연동작을 하는 한시접점을 가지고 있고 그림 14-2(b)는 한쪽은 순시동작, 한쪽은 한시동작을 가지는 형태를 나타내고 있다.

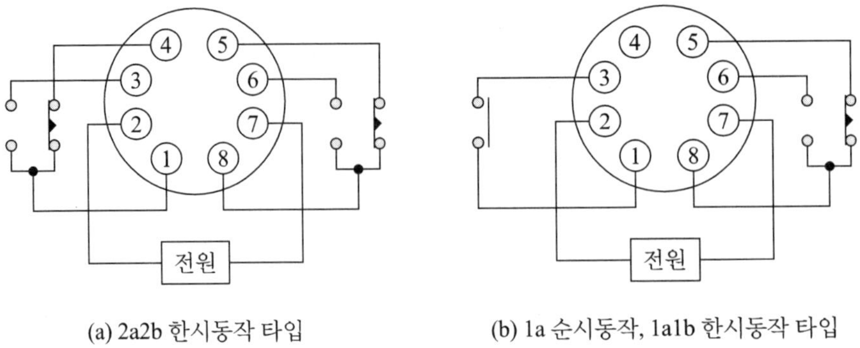


그림 14-2 온 딜레이 타이머 종류별 내부 구조

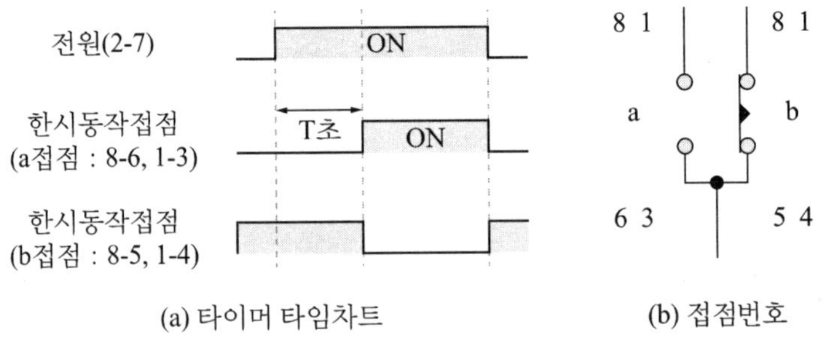


그림 14-3 2개의 한시동작접점을 가지는 타이머

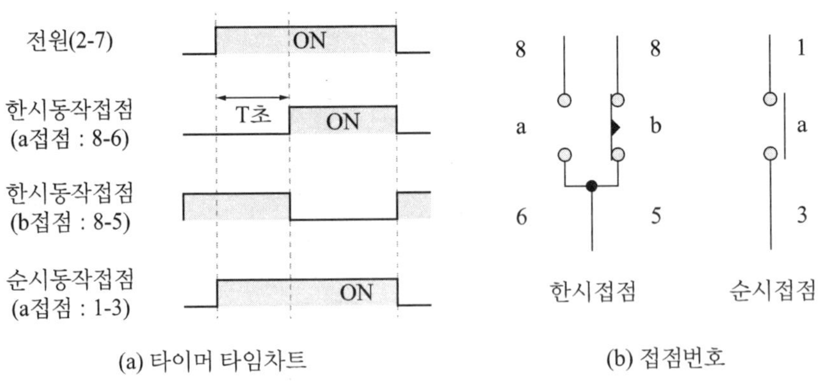


그림 14-4 한시접점과 순시접점을 가지는 타이머

### (2) OFF delay 타이머

오프 딜레이 타이머는 전원이 투입되면 바로 접점이 동작했다가 전원이 차단되면 일정한 시간이 지나면 복귀되는데 이를 순시동작 한시복귀라고 한다. 그림 14-5는 오프 딜레이 타이머의 내부 회로도를 나타낸다.

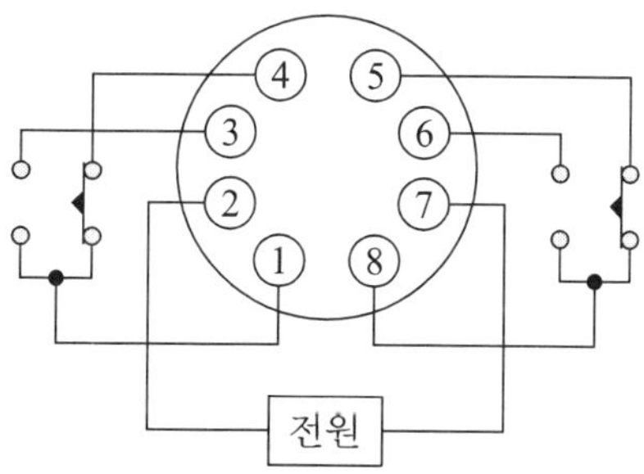


그림 14-5 오프 딜레이 타이머 내부 회로도

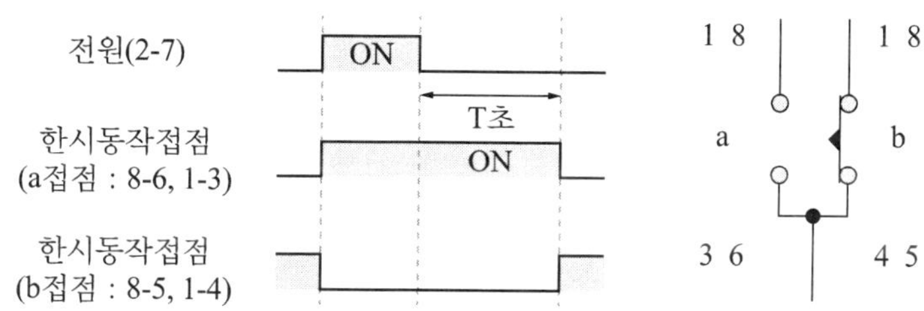


(a) 타이머 타임차트 (b) 접점번호

그림 14-6 오프 딜레이 타이머

### (3) 타이머 회로의 배선 순서

그림 14-7과 같은 타이머 회로의 동작은 다음과 같다. 초기상태는 L2에 램프가 켜져 있는 상태이다. 먼저 PB1을 눌러서 타이머에 전원이 투입이 되면 순시동작하는 a접점 T-a가 닫히고 자기유지회로를 구성한다. 타이머 설정시간이 5초라면 전원투입 후 5초가 지나면 한시동작 타이머 a접점이 닫히고 L1이 켜짐과 동시에 b접점이 열리어 L2가 꺼진다. 이때 PB0를 누르면 타이머에 전원이 차단되면서 모든 접점이 동시에 원상태로 복귀하며 L1은 꺼지고 L2는 켜지게 된다.

실제 배선을 위해서는 그림 14-8과 같이 도면에 접점번호를 기입하고, 배선번호를 기입한 후 결선을 실시하게 된다.

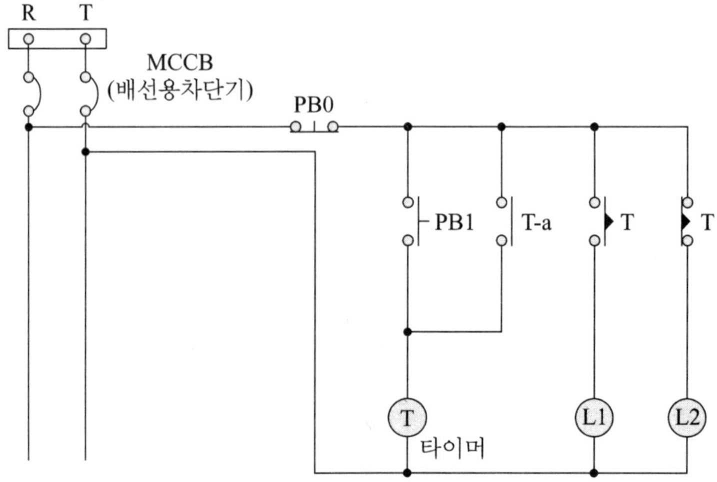


그림 14-7 타이머 회로

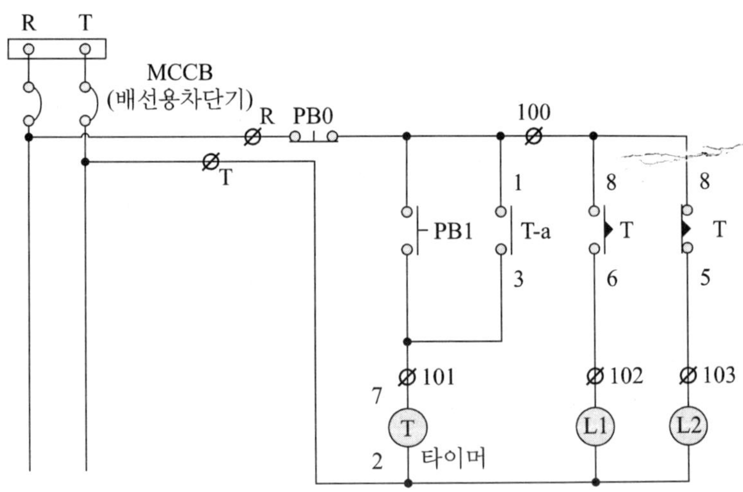


그림 14-8 핀번호 및 배선번호 기입완료 도면

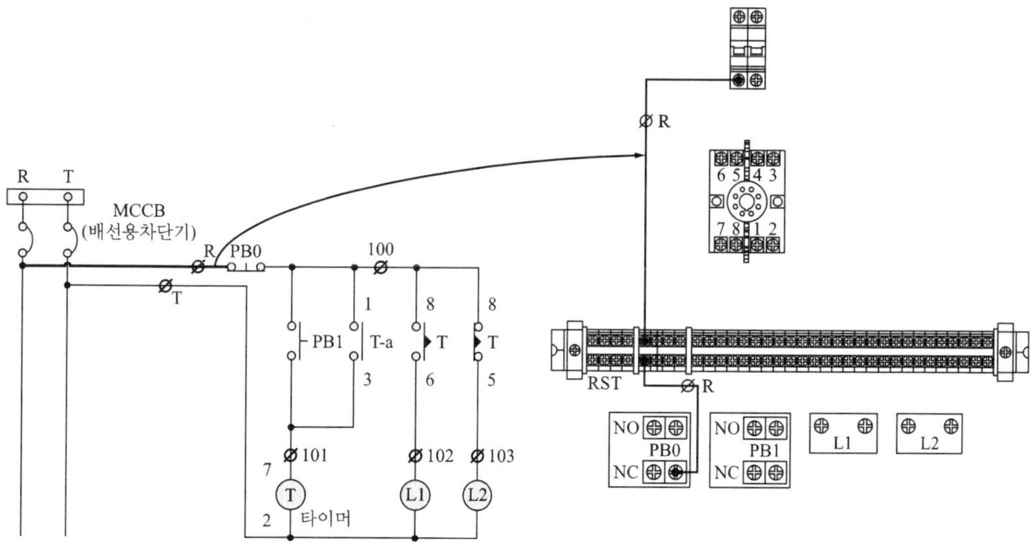


(a) 도면의 배선번호 R번을 기기배치도에 결선

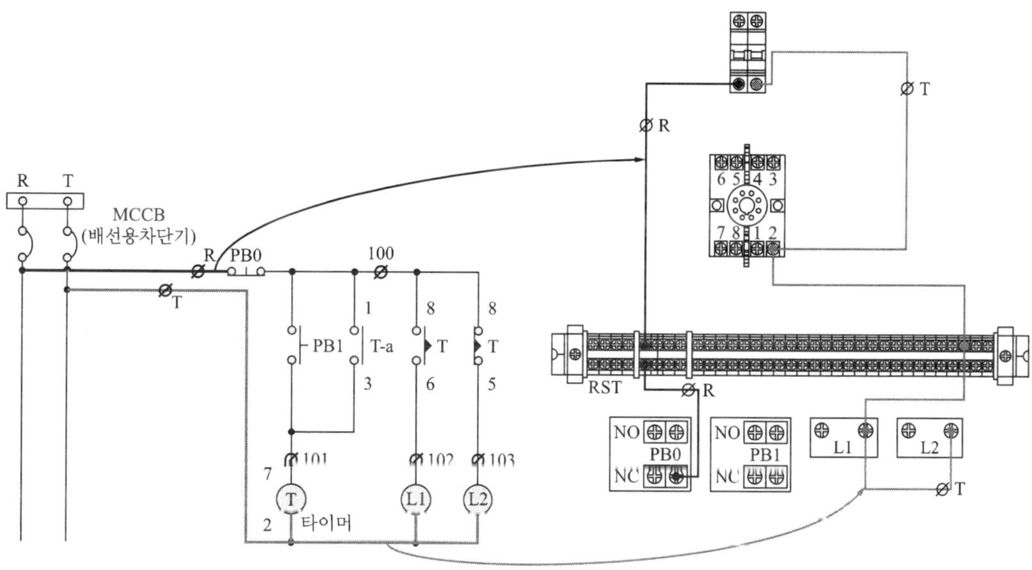


(b) 도면의 배선번호 T번을 기기배치도에 결선

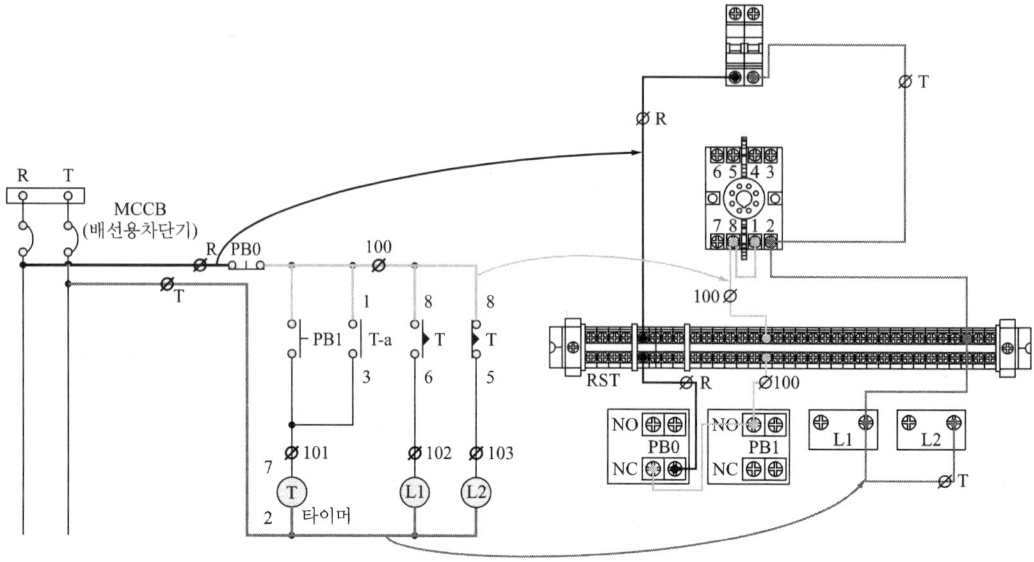


(c) 도면의 배선번호 100번을 기기배치도에 결선

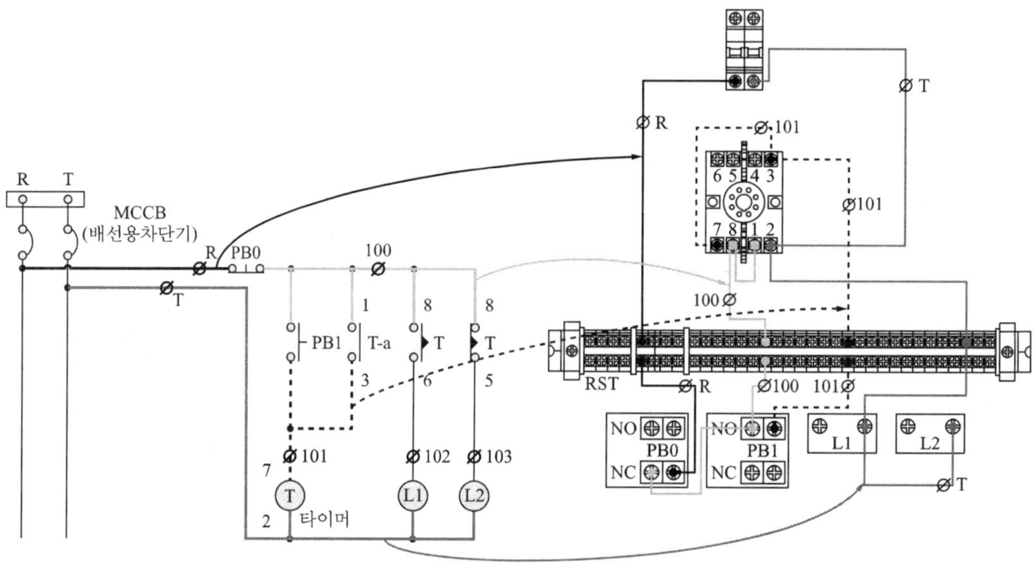


(d) 도면의 배선번호 101번을 기기배치도에 결선

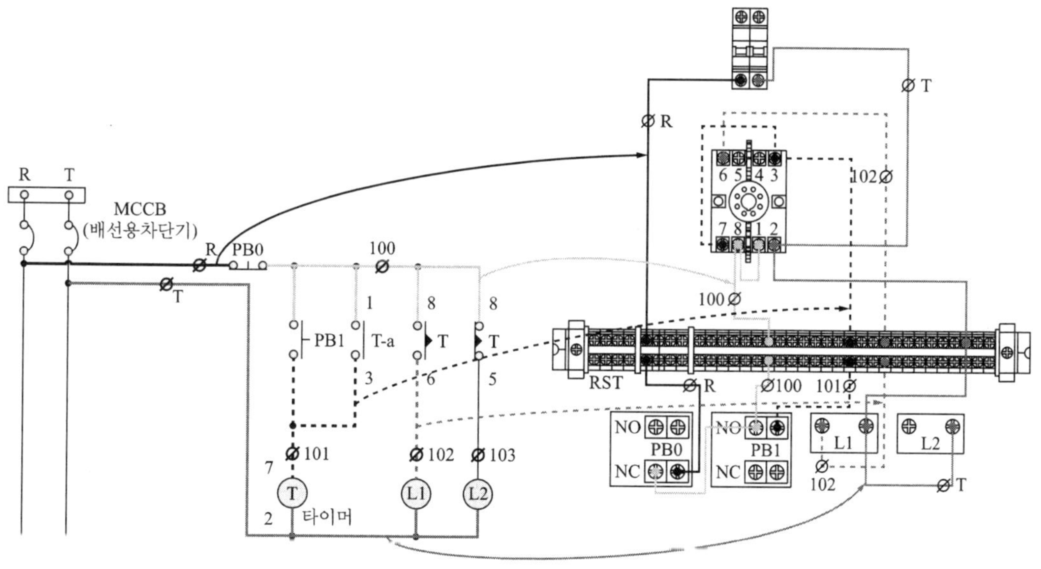


(e) 도면의 배선번호 102번을 기기배치도에 결선

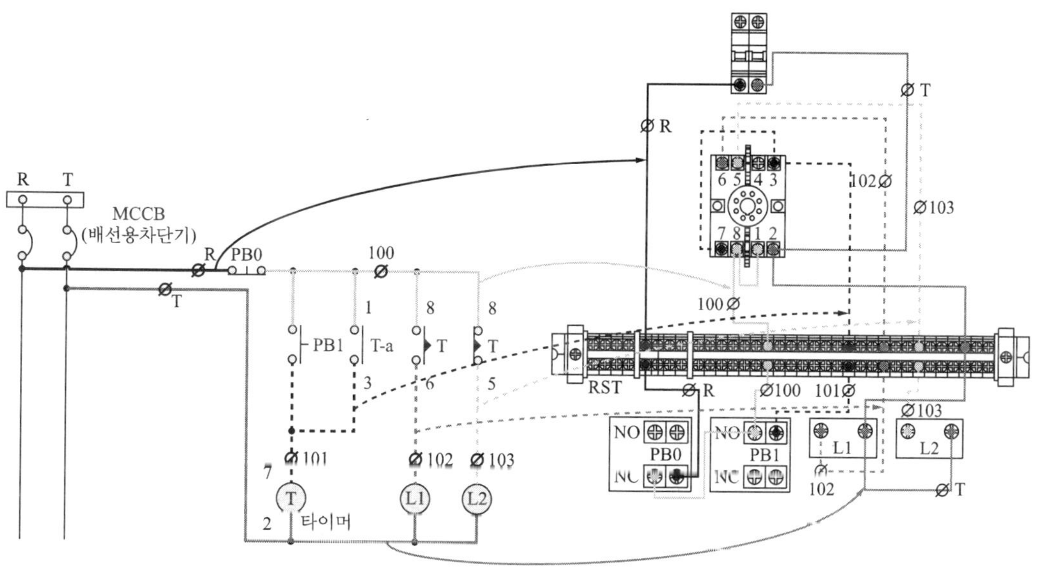


(f) 도면의 배선번호 103번을 기기배치도에 결선

그림 14-9 타이머 회로 결선 순서

## 4. 실험순서

### 1) 선택실습 1 : 자동소등회로

그림 14-10에 제시된 실습회로 1(자동소등회로)을 구성하고, 다음 순서로 실습을 수행한다.

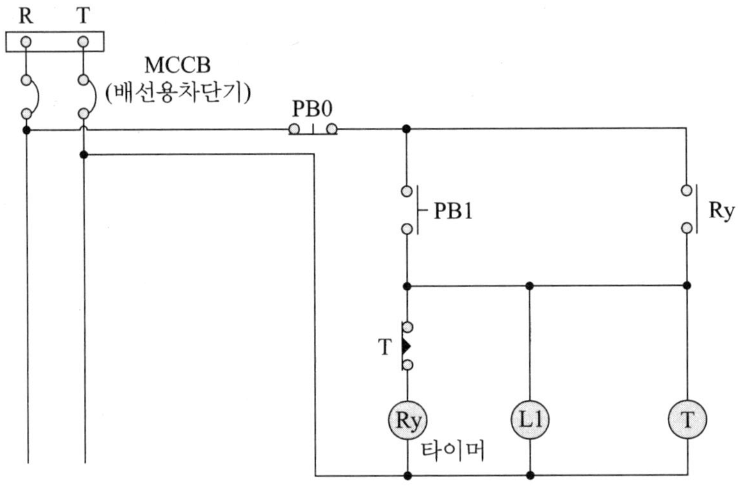


그림 14-10 실습회로 1(자동소등회로)

① 실습회로 1의 동작을 분석하여 동작순서를 설명한다.
- 동작순서(결과보고서에 작성)
  - 초기상태 :
  - PB1 누른 후 동작

② 도면에 릴레이 핀번호를 기입한다.

③ 도면에 배선을 위한 배선번호를 기입한다.

④ 기기배치도에 필기구를 이용하여 결선을 한다.

⑤ 실제 배선실습을 하고 동작을 확인한다.

⑥ 동작실험 결과와 분석결과가 일치하는지 점검한다.

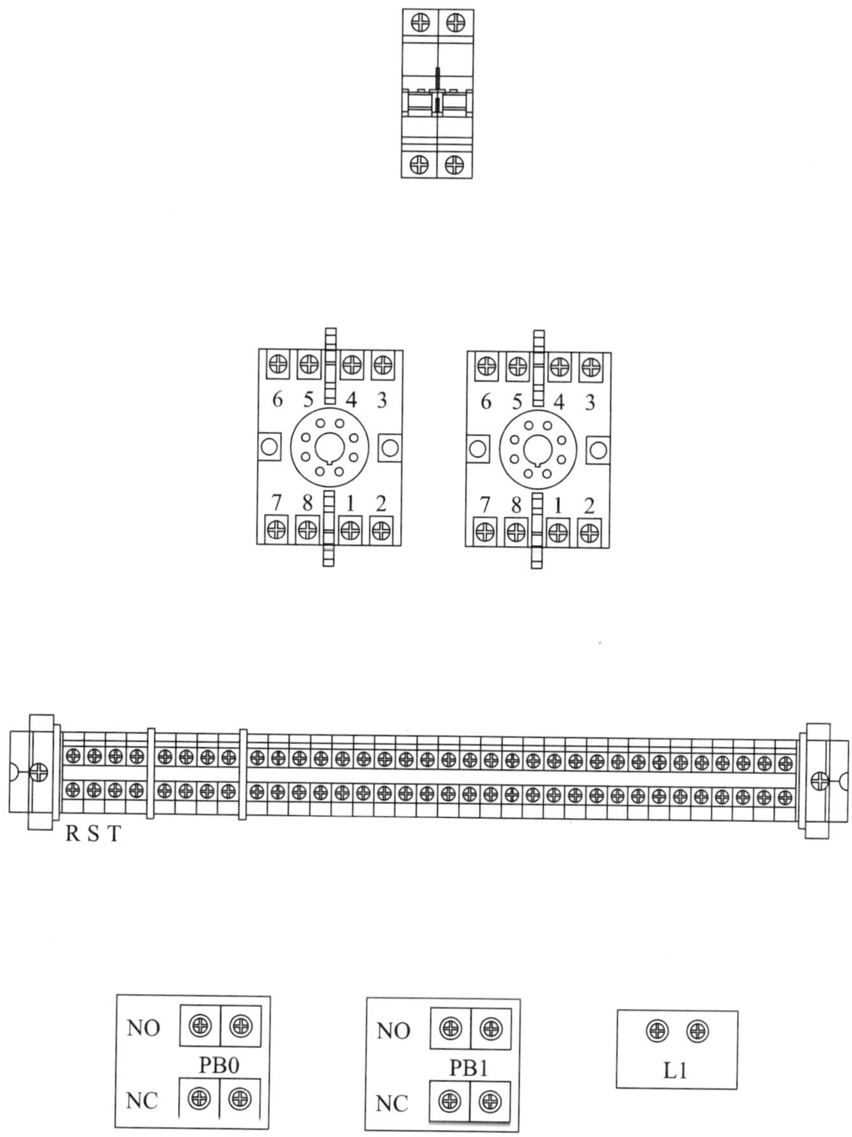


그림 14-11 실습회로 I(자동소등회로) 결선도 작성

### 2) 선택실습 2 : 플리커 회로

그림 14-12에 제시된 실습회로 2(플리커 회로)를 구성하고, 다음 순서로 실습을 수행한다.

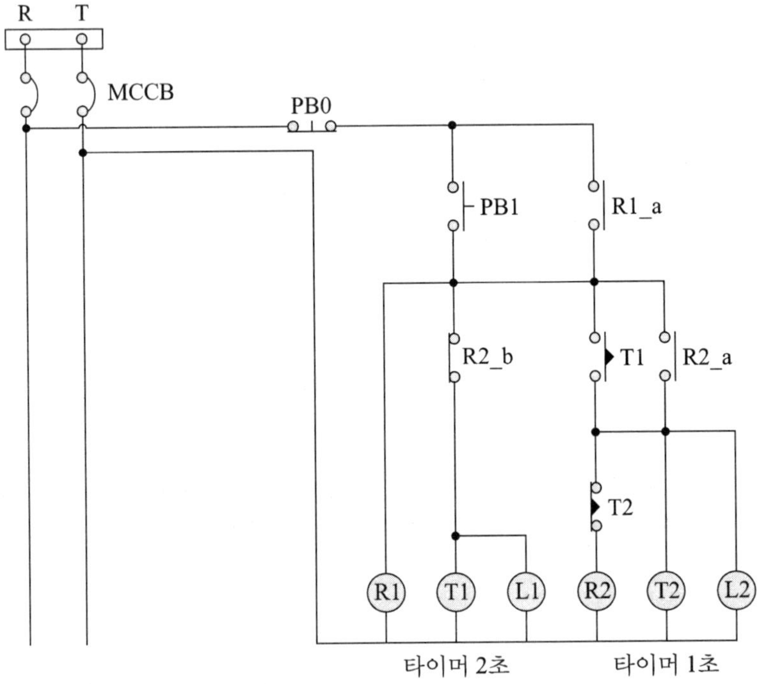


그림 14-12 실습회로 2(플리커 회로)

① 실습회로 2의 동작을 분석하여 동작순서를 설명한다.
- 동작순서(결과보고서에 작성)
  - 초기상태 :
  - PB1 누른 후 동작

② 도면에 릴레이 핀번호를 기입한다.

③ 도면에 배선을 위한 배선번호를 기입한다.

④ 기기배치도에 필기구를 이용하여 결선을 한다.

⑤ 실제 배선실습을 하고 동작을 확인한다.

⑥ 동작실험 결과와 분석결과가 일치하는지 점검한다.

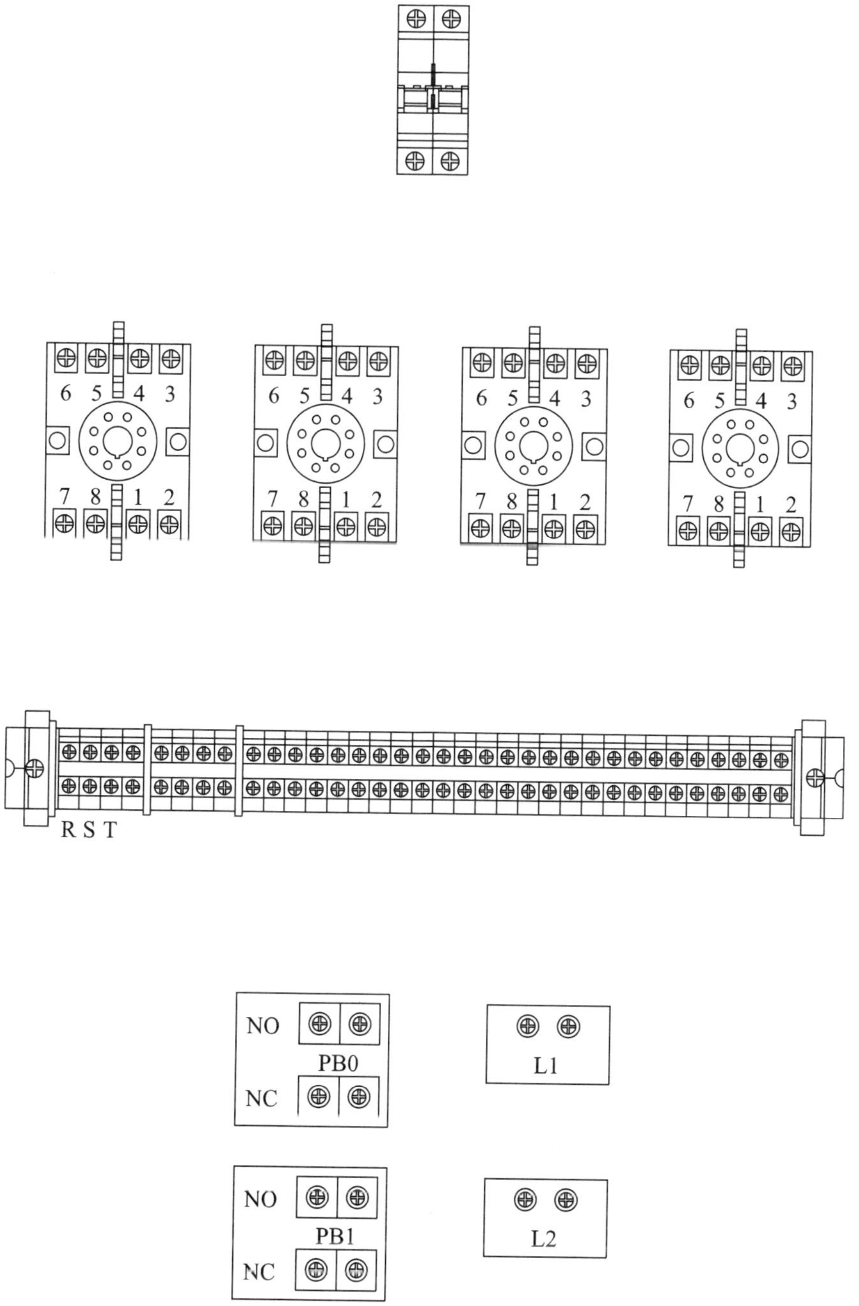


그림 14-13 실습회로 2(플리커 회로) 결선도 작성

### 3) 선택실습 3 : 순차동작회로

그림 14-14에 제시된 실습회로 3(순차동작회로)을 구성하고, 다음 순서로 실습을 수행한다.

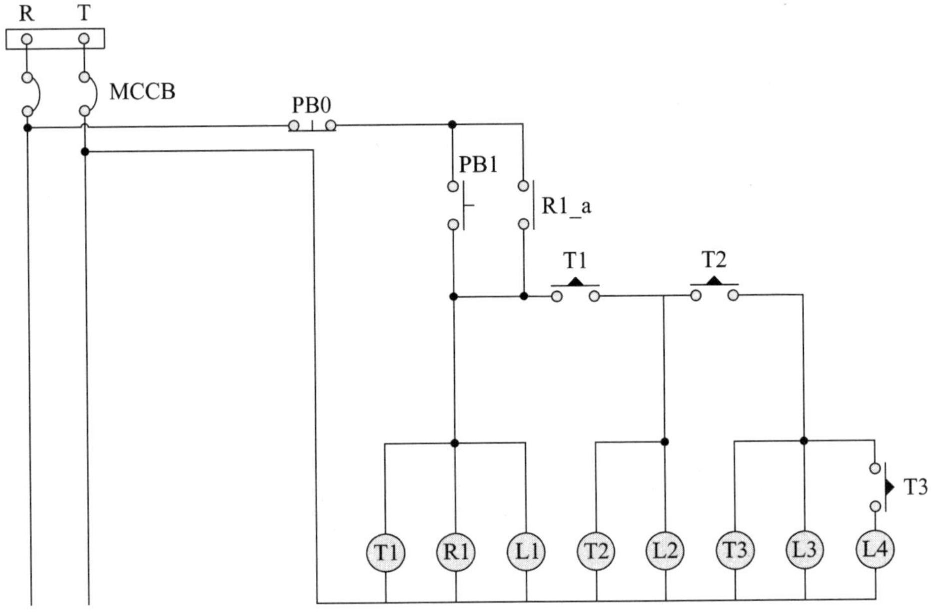


그림 14-14 실습회로 3(순차동작회로)

① 실습회로 3의 동작을 분석하여 동작순서를 설명한다.
- 동작순서(결과보고서에 작성)
  - 초기상태 :
  - PB1 누른 후 동작

② 도면에 릴레이 핀번호를 기입한다.
③ 도면에 배선을 위한 배선번호를 기입한다.
④ 기기배치도에 필기구를 이용하여 결선을 한다.
⑤ 실제 배선실습을 하고 동작을 확인한다.
⑥ 동작실험 결과와 분석결과가 일치하는지 점검한다.

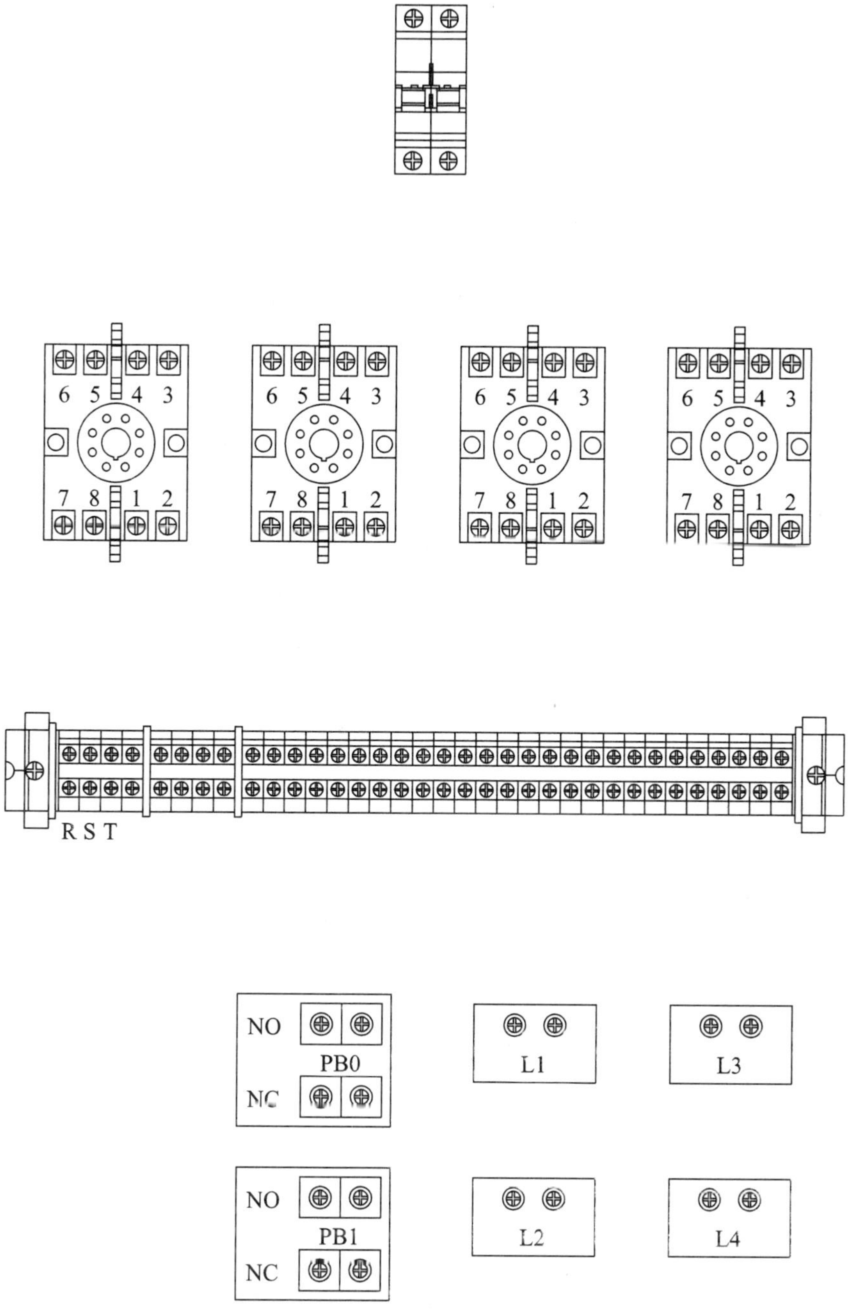


그림 14-15 실습회로 3(순차동작회로) 결선도 작성

| 결과보고서 | | | |
|---|---|---|---|
| 실험제목 | **선택실습 1 :** 자동소등회로 | | |
| 조 원 | | 실험조 | 조 |
| 실습일자 | | 제출자 | |

1) 실습회로 1(자동소등회로) 핀번호 및 배선번호 기입

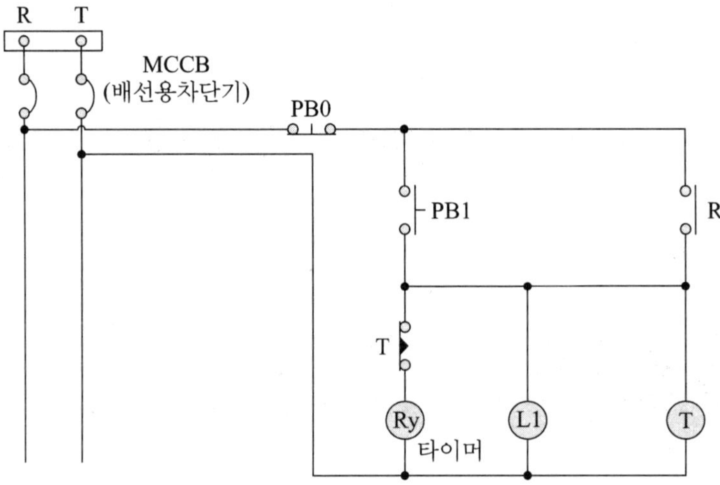


그림 14-10 실습회로 1(자동소등회로)

- 동작순서
  - 초기상태 :
  - PB1 누른 후 동작

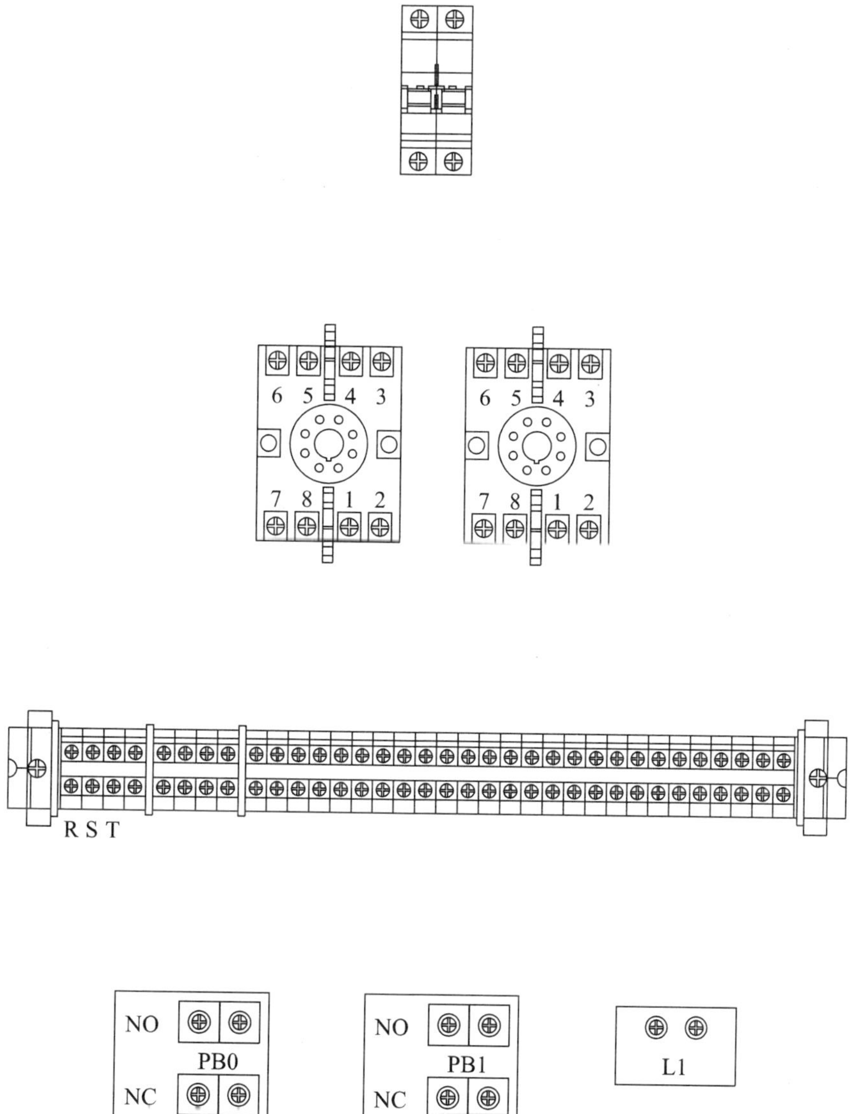


그림 14-11 실습회로 1(자동소등회로) 결선도 작성

| 결과보고서 | | | |
|---|---|---|---|
| 실험제목 | 선택실습 2 : 플리커 회로 | | |
| 조 원 | | 실험조 | 조 |
| 실습일자 | | 제출자 | |

2) 실습회로 2(플리커 회로) 핀번호 및 배선번호 기입

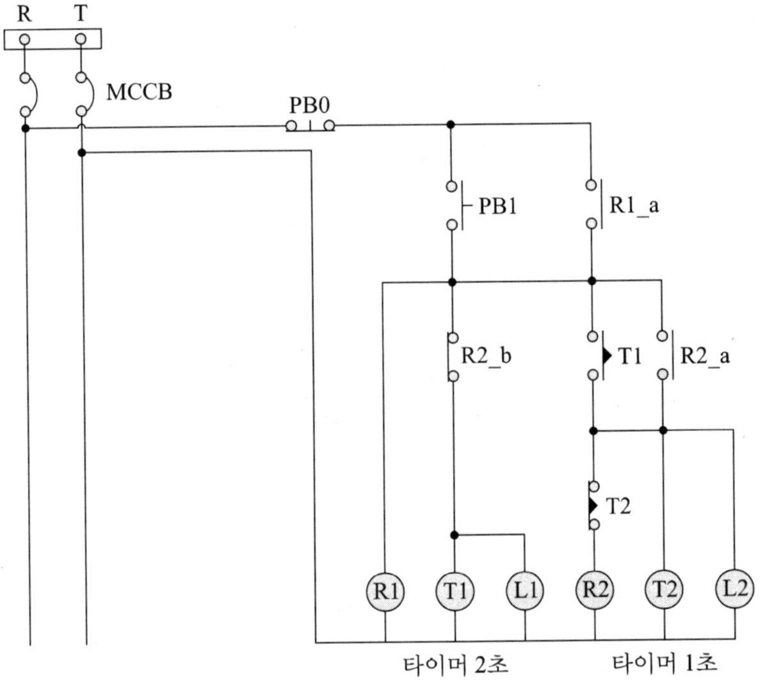


그림 14-12 실습회로 2(플리커 회로)

- 동작순서
  - 초기상태 :
  - PB1 누른 후 동작

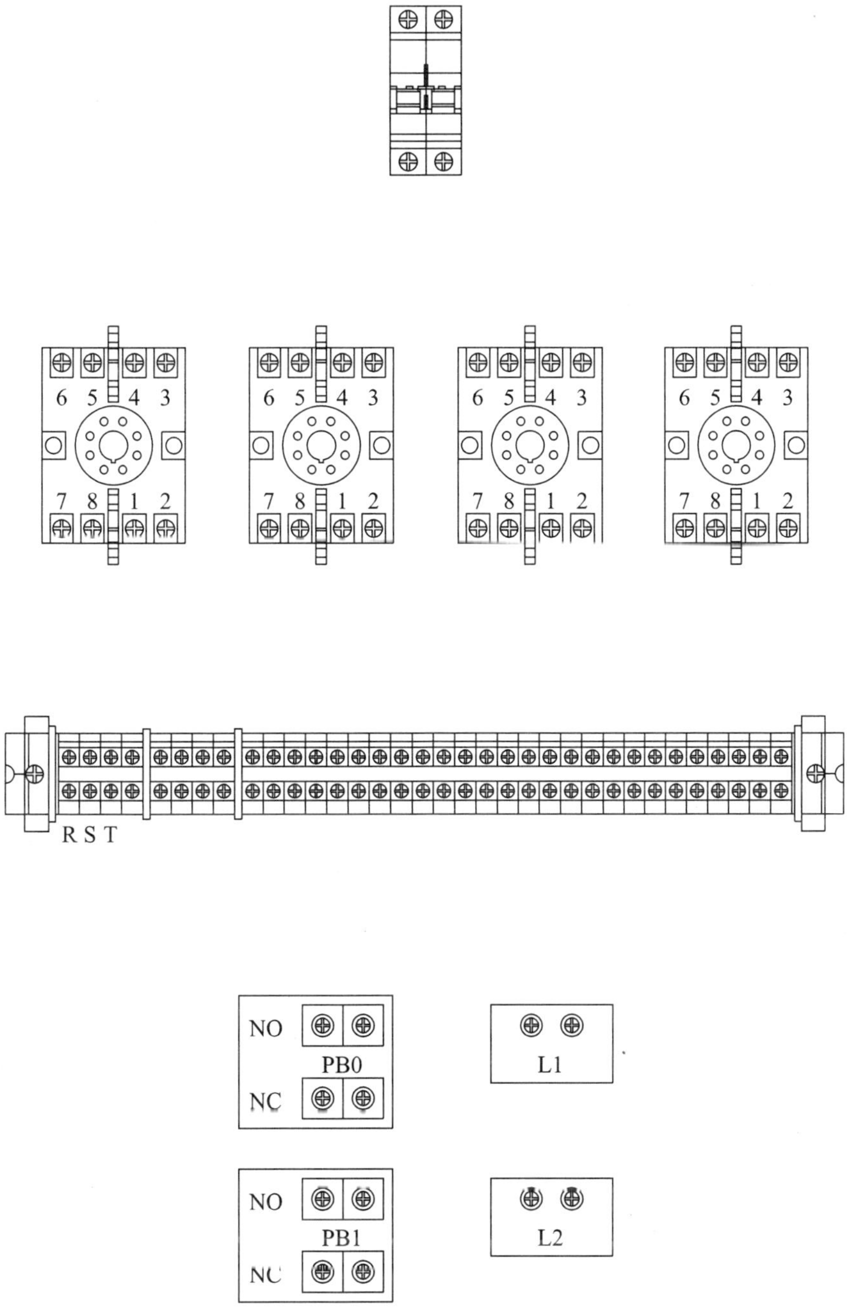


그림 14-13 실습회로 2(플리커 회로) 결선도 작성

| 결과보고서 | | | |
|---|---|---|---|
| 실험제목 | 선택실습 3 : 순차동작회로 | | |
| 조 원 | | 실험조 | 조 |
| 실습일자 | | 제출자 | |

3) 실습회로 3(순차동작회로) 핀번호 및 배선번호 기입

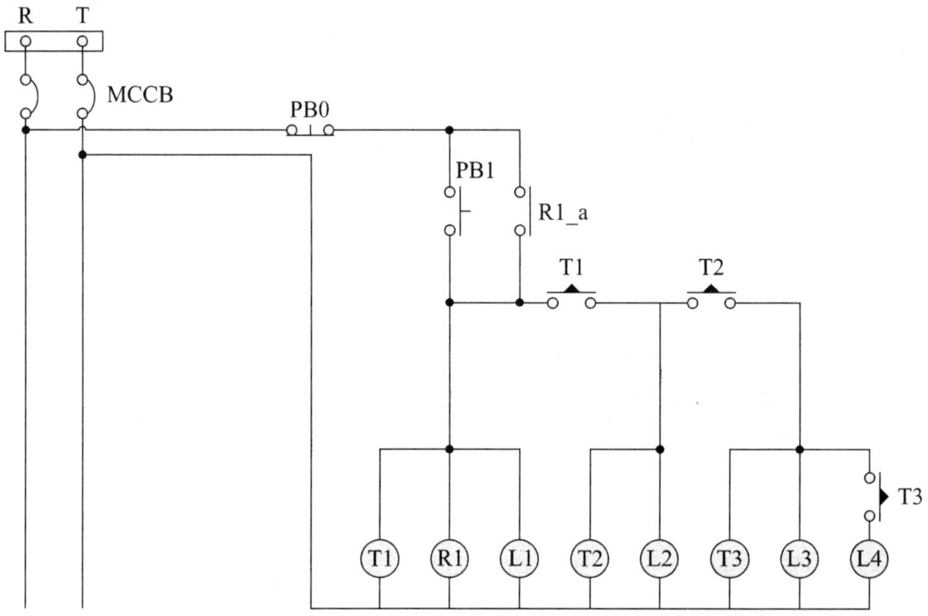


그림 14-14 실습회로 3(순차동작회로)

- 동작순서
  - 초기상태 :
  - PB1 누른 후 동작

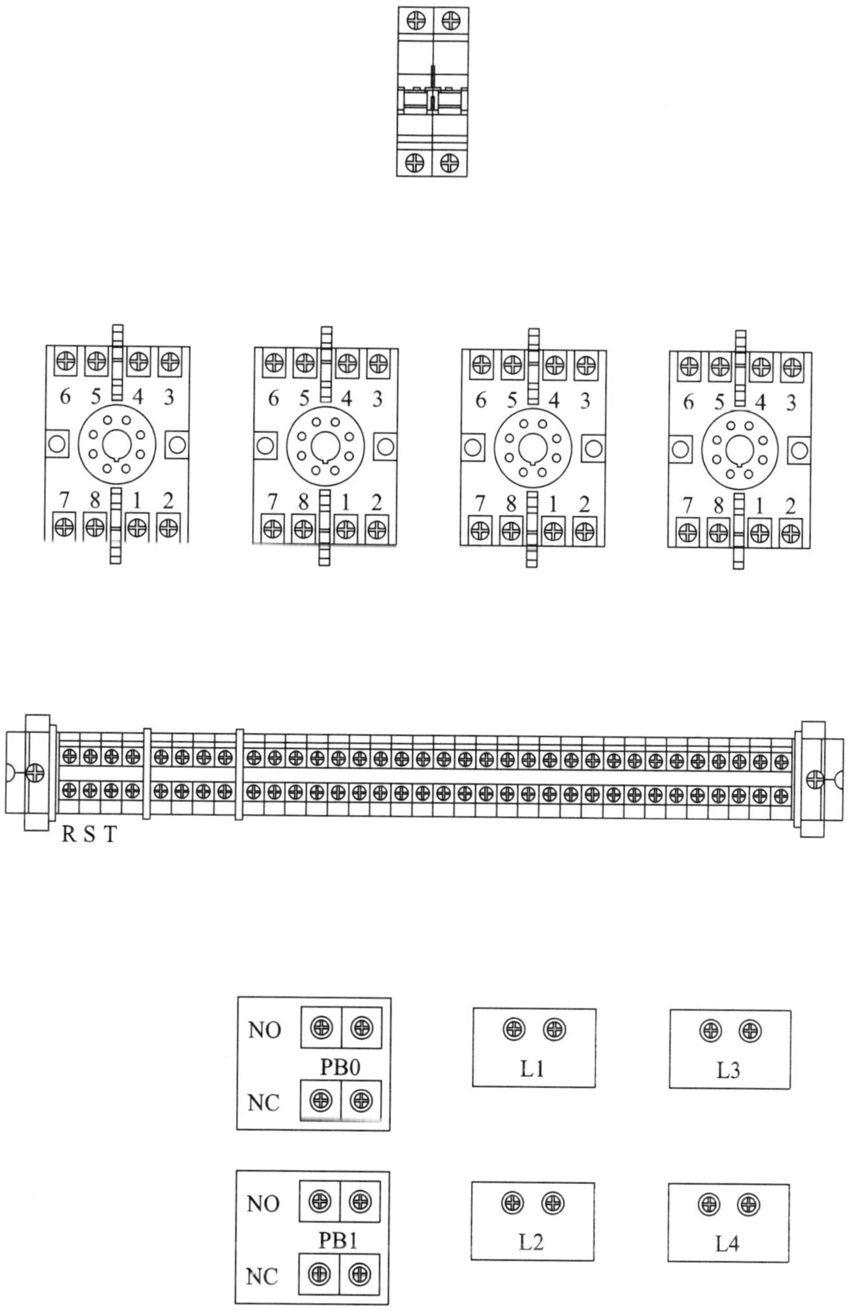


그림 14-15 실습회로 3(순차동작회로) 결선도 작성

# 15 전동기 기동정지회로

실험

## 1. 실험목적

(1) 전동기 기동 정지를 위한 전자접촉기의 원리에 및 구조를 이해한다.

(2) 전자접촉기를 이용한 전동기 기동정지회로를 구성하고 배선하는 방법을 실습을 통하여 학습한다.

(3) 전동기의 과전류 차단을 위하여 열동형 과부하계전기(THR) 및 전자식 과전류계전기(EOCR)의 구조 및 동작을 실습을 통하여 학습한다.

## 2. 실험에 사용되는 기기 및 부품

(1) 배선용 합판

(2) 배선용 차단기(MCCB, 단상, 3상)

(3) 릴레이(220 V, 8 pin, 2a2b) 2개, 릴레이 소켓(8 pin 원형) 2개

(4) 푸시버튼 4개

(5) 파일럿램프(220 V) 3개

(6) 버저(220 V) 1개

(7) 타이머(8 pin) 1개, 타이머 소켓(8 pin) 1개

(8) 전선

(9) 공구(스트리퍼, 드라이버, 접시머리나사 12 mm 등)

(10) 전자접촉기(MC) 2개

(11) 열동형 과부하계전기(THR) 2개

(12) 전자식 과전류계전기(EOCR) 1개

(13) 3상 전동기 또는 단상 전동기 1대

(14) 컨트롤박스(2구 4개)

## 3. 관련 지식

### 1) 전자접촉기(MC : Magnetic Contactor)

전자접촉기는 일반적인 릴레이와 유사한 동작을 수행하는 제어기기이지만 릴레이는 주로 램프, 버저 등 저전류가 흐르는 회로에 사용되며, 전자접촉기(MC)는 주로 전동기 구동을 위해 대전류가 흐르는 곳에서 사용된다.

그림 15-1은 전자접촉기의 외형을 나타내었다. 전자접촉기는 전원단자, 주접점, 보조접점으로 구성되어 있다. 주접점은 모터 구동을 위한 대전류가 흐르는 접점이며, 보조접점은 일반 릴레이와 같이 적은 전류 및 제어회로에 사용된다.

그림 15-1에서 MC의 동작은 전원단자 A1, A2에 전원이 투입되면, a접점으로 구성된 주접점이 닫히고, 동시에 보조접점 a접점이 닫히면서 b접점은 열리게 된다. 그림 15-1의 보조접점은 1개밖에 없지만 추가적으로 그림 15-1의 왼쪽에 추가하여 사용할 수 있다.

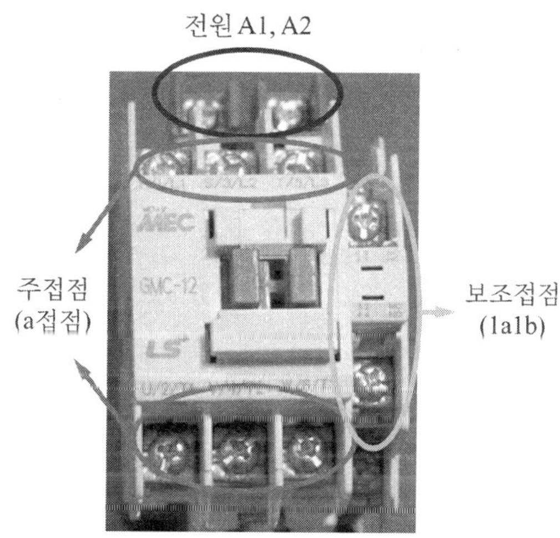


그림 15-1 전자접촉기의 외형

그림 15-2는 전자접촉기의 도면 기호를 함께 나타내었다.

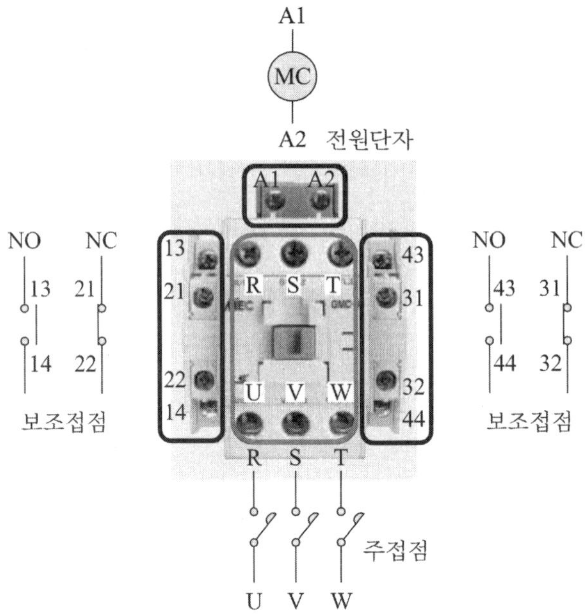


그림 15-2 2개의 보조접점을 가진 MC 외형과 도면 기호

## 2) 열동형 과부하계전기(THR : Thermal Overload Relay)

열동형 과부하계전기(THR)는 과전류가 흐르는 것을 차단하여 모터의 소손이나 회로의 소손을 방지하기 위한 것으로서, 설정된 값 이상의 전류가 흐르면 회로에 열이 발생하고 이 열에 의해서 바이메탈이 휘어지는 원리를 이용하여 회로를 차단하는 역할을 한다.

그림 15-3은 열동형 과부하계전기의 외형을 나타내었다. 그림 15-3에서 나타낸 각 부분의 기능은 다음과 같다.

① 전류 조절다이얼 : 동작전류 설정 다이얼
② 트립 테스트 : 인위적인 고장 시험 스위치
③ 비상정지버튼 : 비상상황에서 수동으로 차단
④ 리셋버튼 : 과전류 발생 시 트립 후 원상 복구 버튼
⑤ 접점단자 : 1개의 a접점과 1개의 b접점으로 구성
⑥ 전원측 단자 : MC와 직결하는 단자
⑦ 부하측 단자 : 부하(전동기)와 직결하는 단자

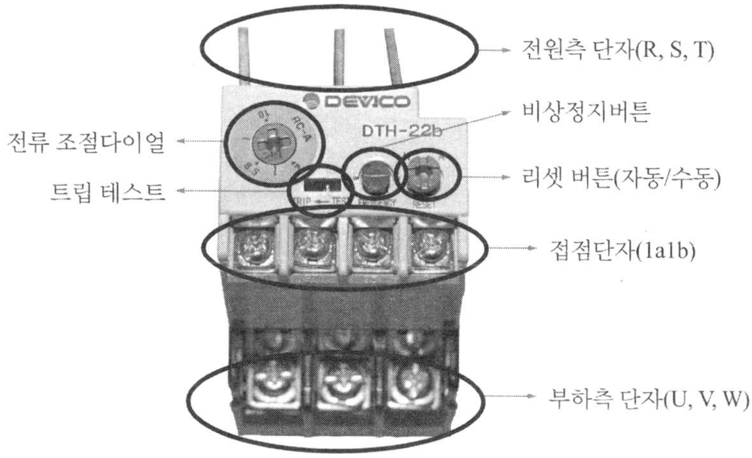


그림 15-3 THR의 외형과 명칭

그림 15-4는 THR의 접점과 기호를 나타낸다.

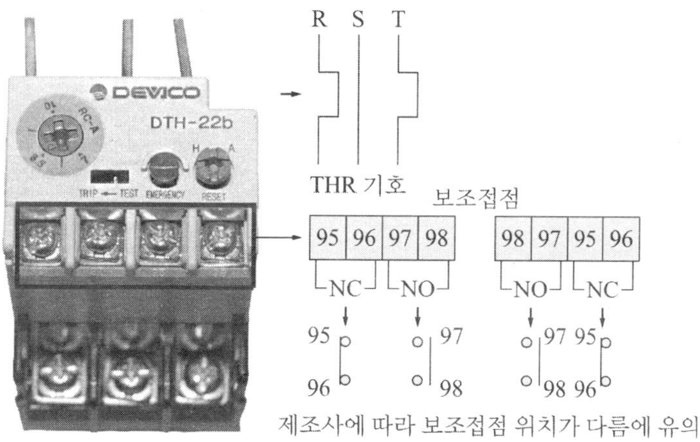


그림 15-4 THR의 구조 및 기호

### 3) 전자식 과전류계전기(EOCR : Electronic Over Current Relay)

EOCR은 저압모터 보호를 위해 과전류를 차단하는 기기로써 THR보다는 동작이 확실하며 모델에 따라서 과전류, 결상, 역상, 불평형, 지락, 단락 등 다양한 보호기능을 가지고 있다. EOCR은 모델에 따라서 직결형과 관통형이 있다.

그림 15-5는 다양한 구조의 EOCR의 일례를 그림으로 나타내었고, 그림 15-6에

서 ECOR의 간단한 기능은 다음과 같다.

① D-Time : 모터의 기동 시 큰 기동전류에 의해 트립되지 않도록 동작을 지연 시키는 시간 설정
② O-Time : 과전류가 흐르기 시작할 때부터 트립될 때까지의 시간 설정
③ Load(A) : 부하전류의 트립 전류 설정
④ Reset : 과전류 발생 시 트립 후 원상 복구 버튼
⑤ Test : EOCR의 정상동작 여부 점검 버튼
⑥ 보조접점단자 : 1a1b접점으로 구성

(a) 직결형 (b) 관통형

**그림 15-5 EOCR의 외형에 따른 종류**

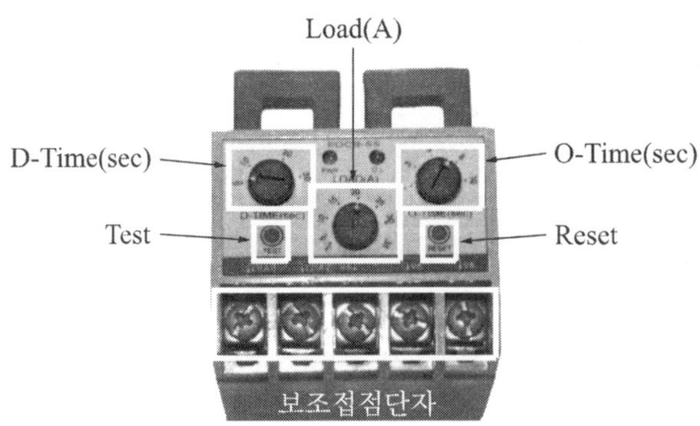


**그림 15-6 EOCR의 구조 예**

다양한 EOCR의 결선 방법은 그림 15-7과 같다.

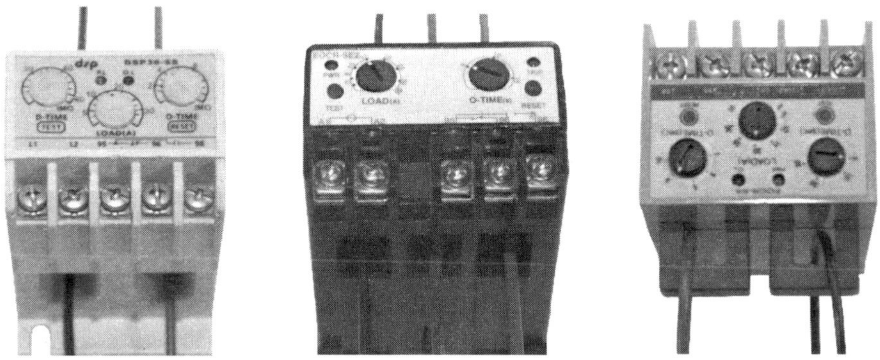

그림 15-7 EOCR의 결선 예

그림 15-8은 EOCR의 접점단자를 나타내고 있다.

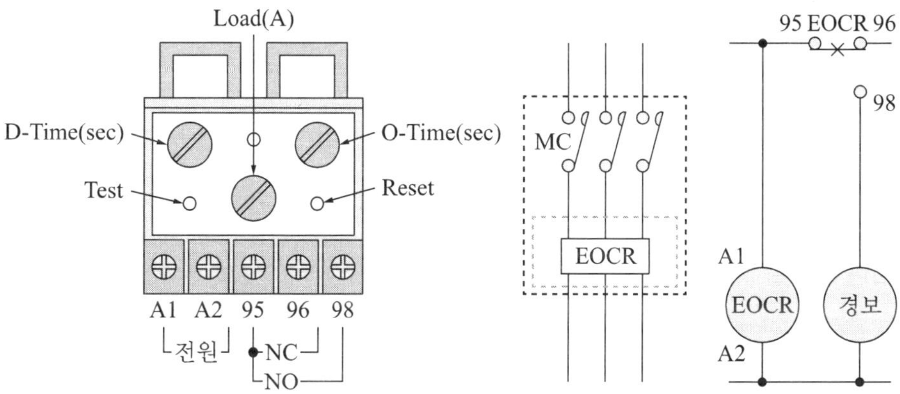


그림 15-8 EOCR의 전원 및 보조접점과 도면표현 방법

## 4) MC, THR, EOCR 배선 방법

MC, THR, EOCR을 이용하여 실제 배선을 위해서는 도면에 접점번호를 기입하고, 배선번호를 기입한 후 결선을 실시하여야 한다.

### (1) MC 직결 배선 방법

배선을 위해서 그림 15-9는 핀번호 및 배선번호를 기입한 예를 나타내었고, 그림 15-10은 모터가 MC에 직결된 회로의 배선 순서를 나타내고 있다.

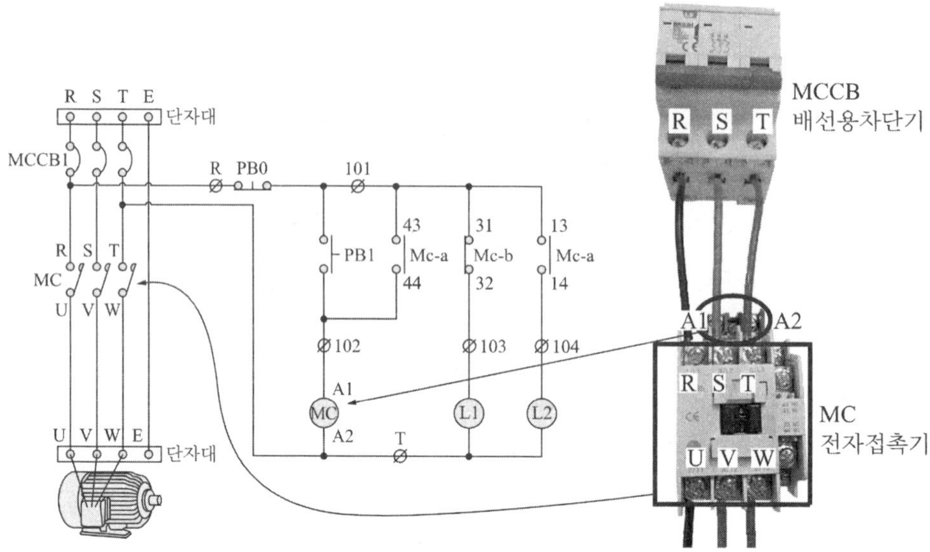


그림 15-9 모터가 MC에 직결된 결선도와 핀번호 및 배선번호 기입 예

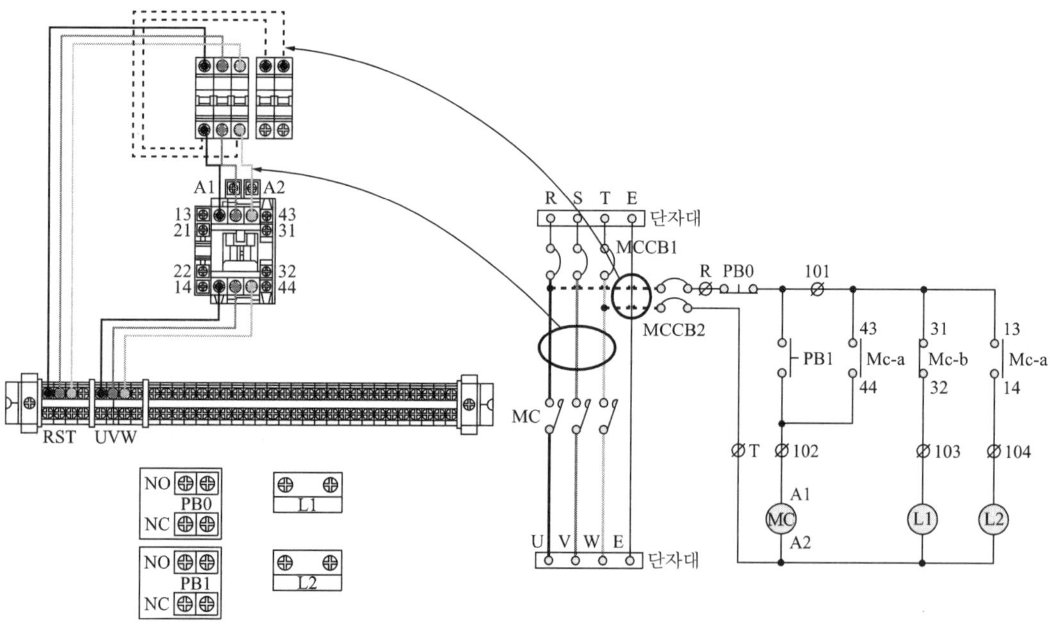


(a) 도면의 주회로 배선을 기기배치도에 결선

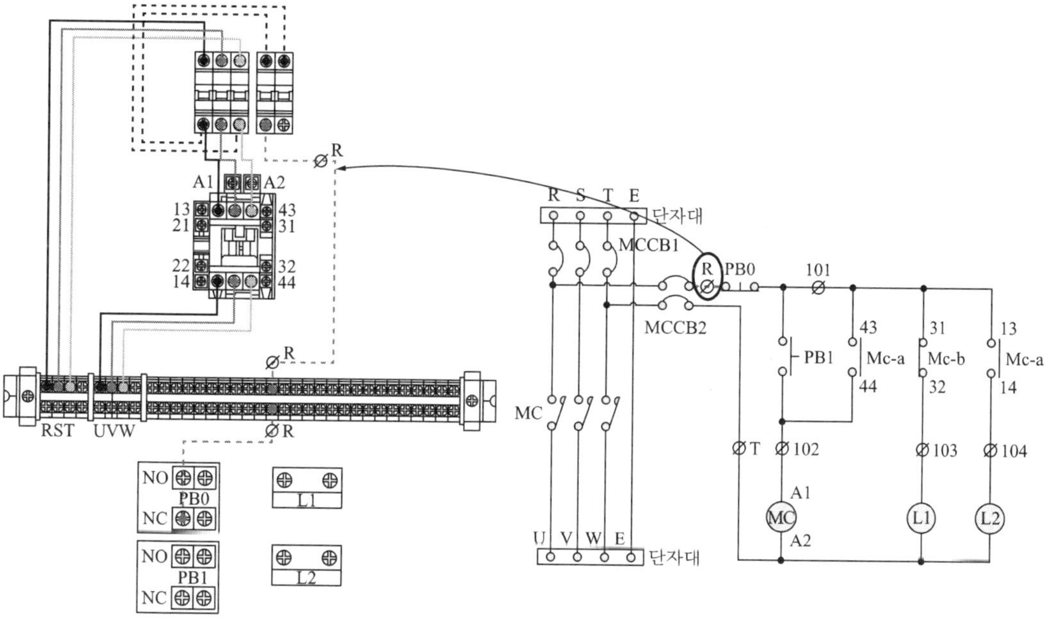


(b) 도면의 R번 배선을 기기배치도에 결선

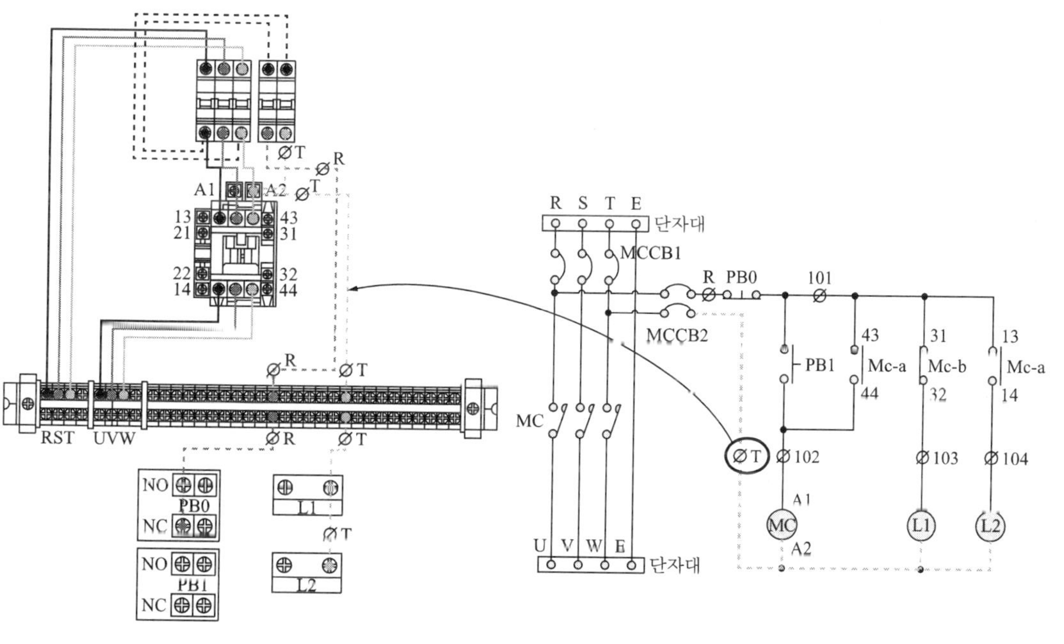


(c) 도면의 T선을 기기배치도에 결선

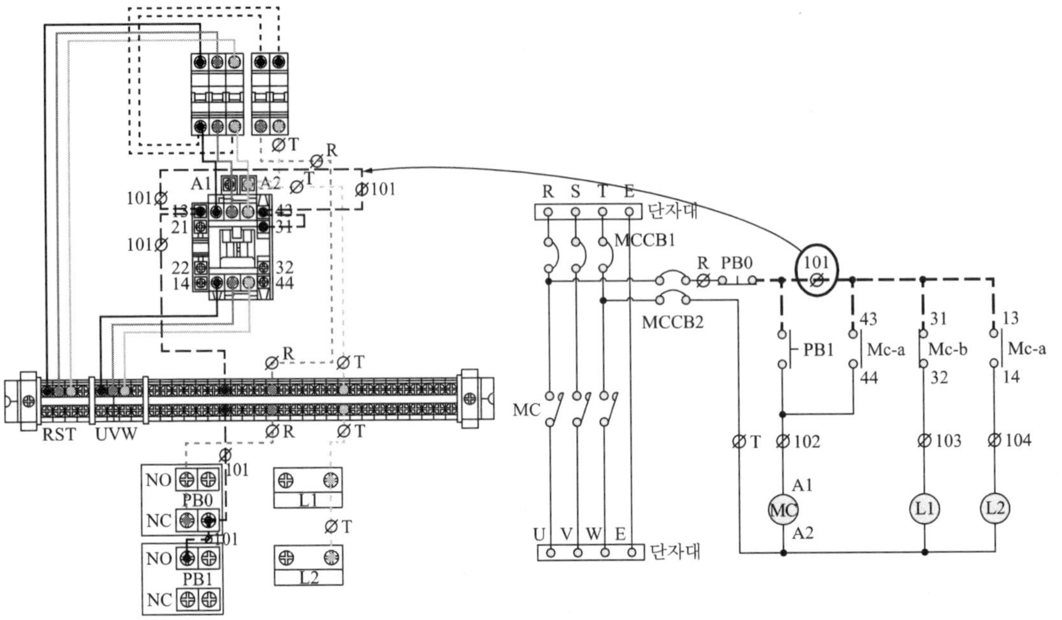


(d) 도면의 101번 배선을 기기배치도에 결선

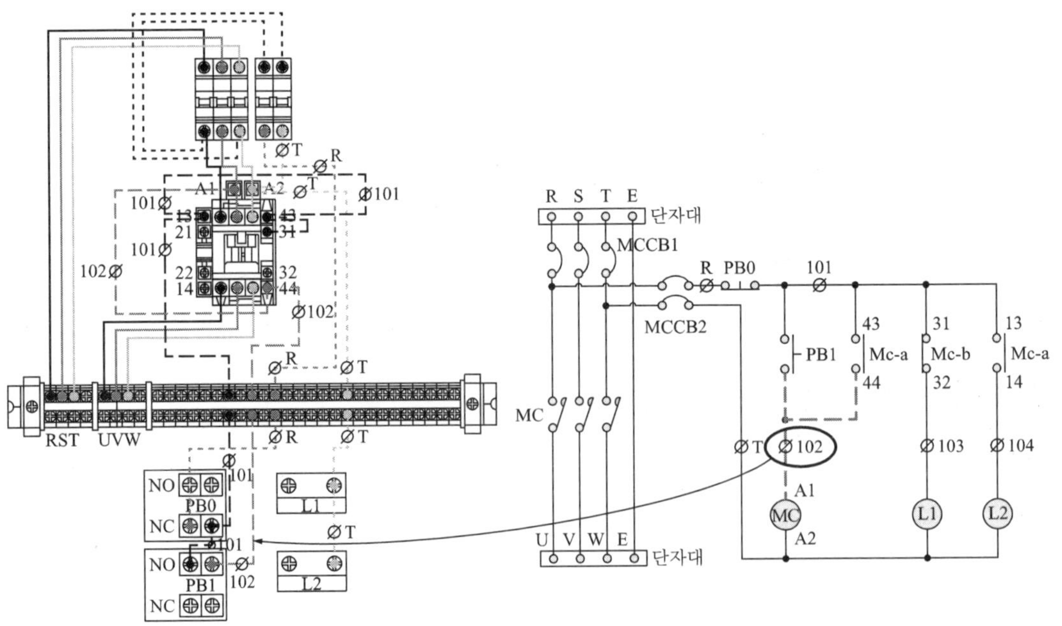


(e) 도면의 102번 배선을 기기배치도에 결선

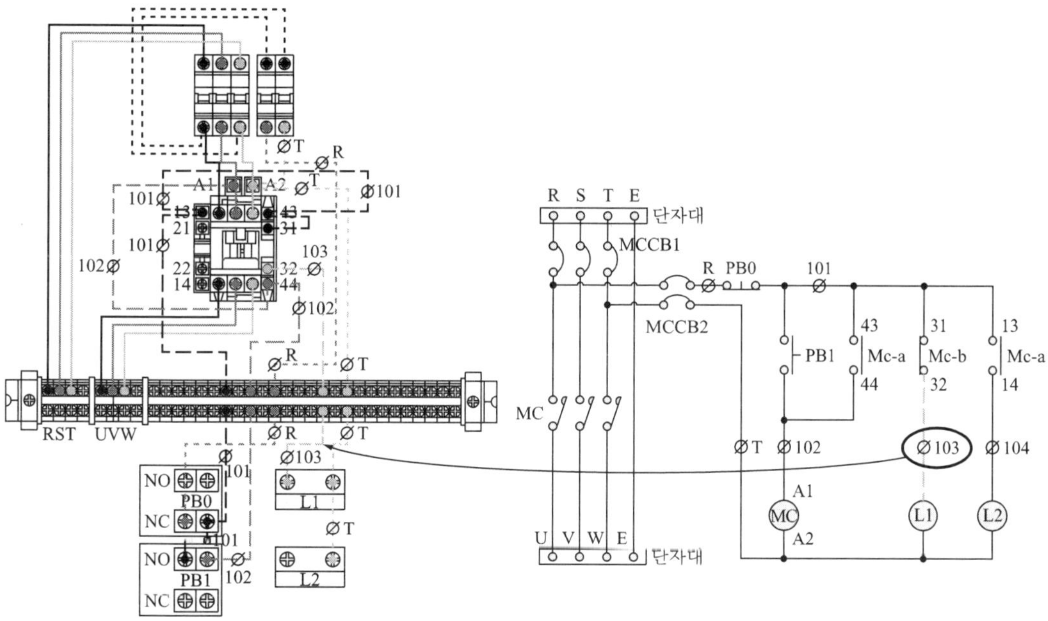


(f) 도면의 103번 배선을 기기배치도에 결선

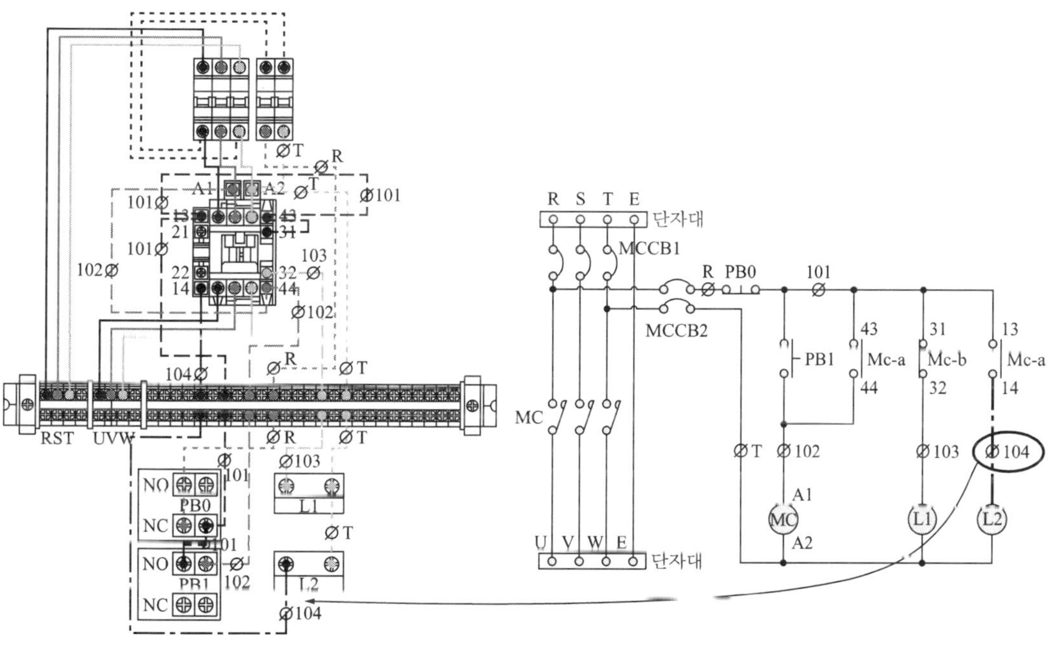


(g) 도면의 104번 배선을 기기배치도에 결선

**그림 15-10 도면의 결선 순서**

### (2) MC와 THR을 이용한 배선 방법

그림 15-11은 THR을 이용한 모터 구동회로를 나타내고 결선을 위한 핀번호 및 배선번호를 기입한 예를 나타내었다. 그림 15-12는 이 회로의 배선 순서를 나타내고 있다.

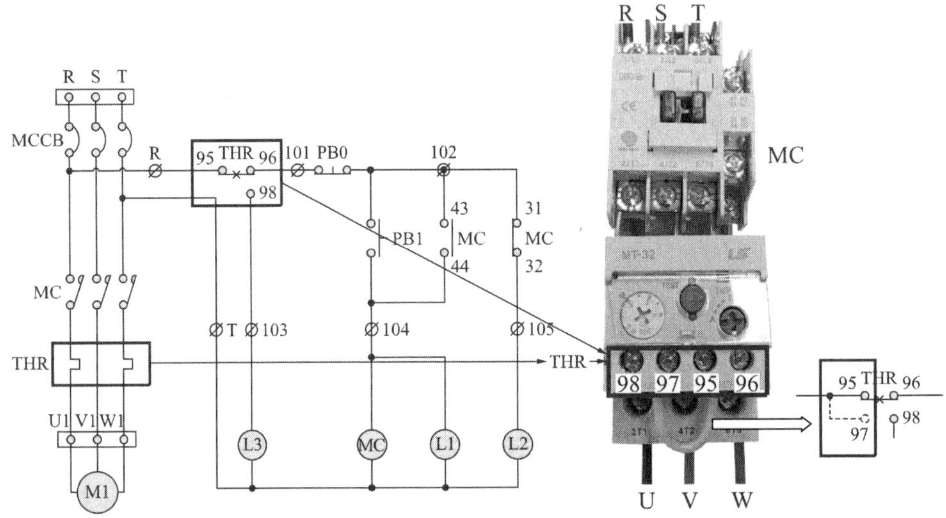


그림 15-11 모터가 MC와 THR을 통한 결선도와 핀번호 및 배선번호 기입 예

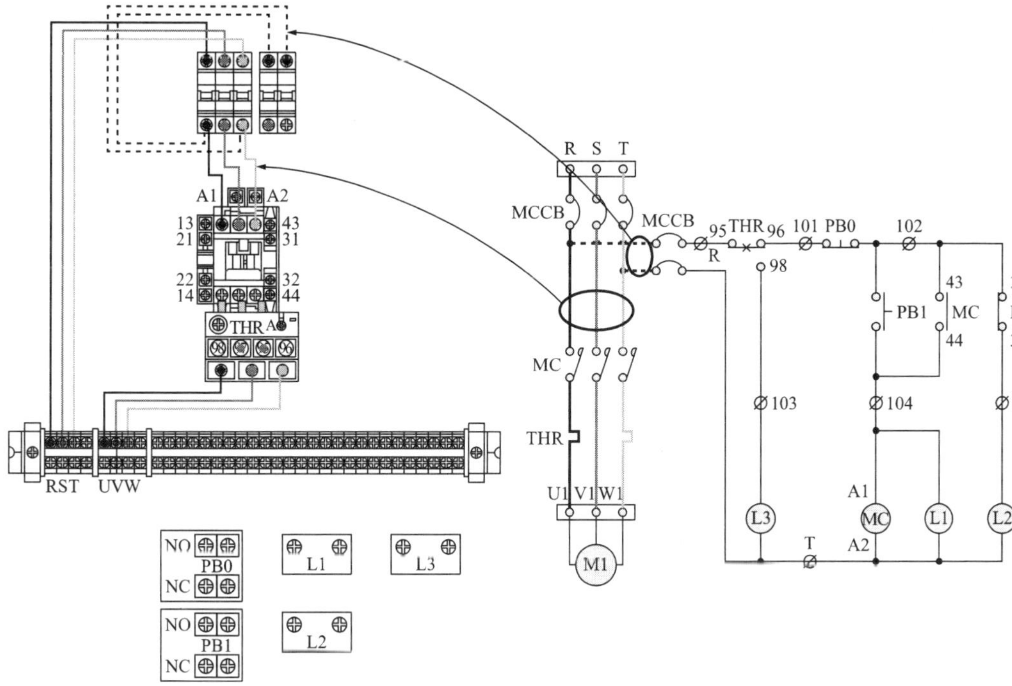


(a) 도면의 주회로 배선을 기기배치도에 결선

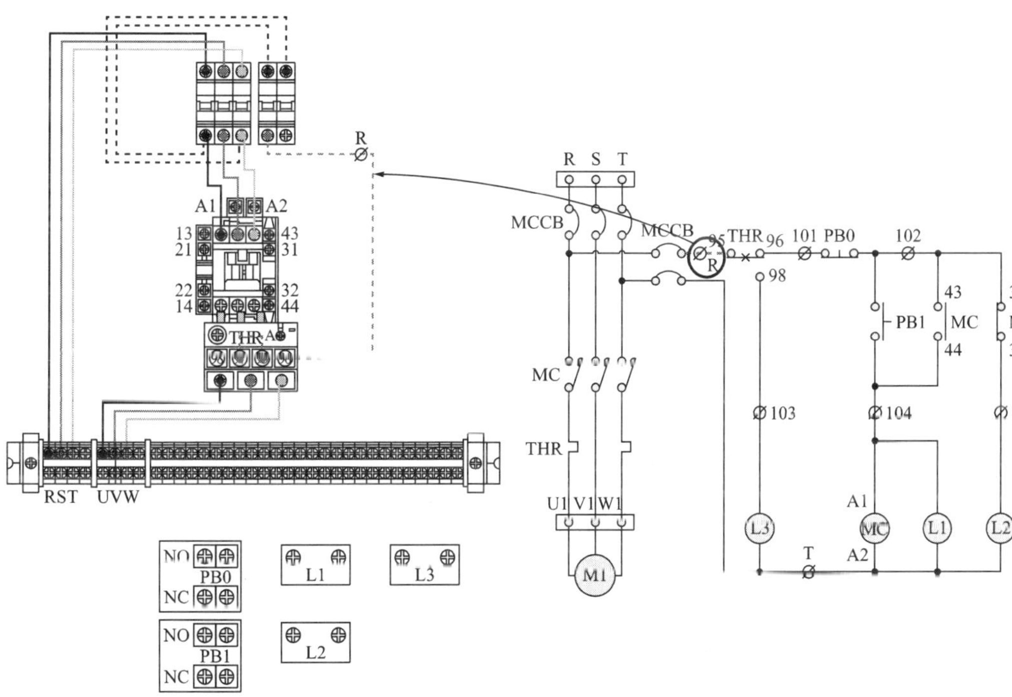


(b) 도면의 R번 배선을 기기배치도에 결선

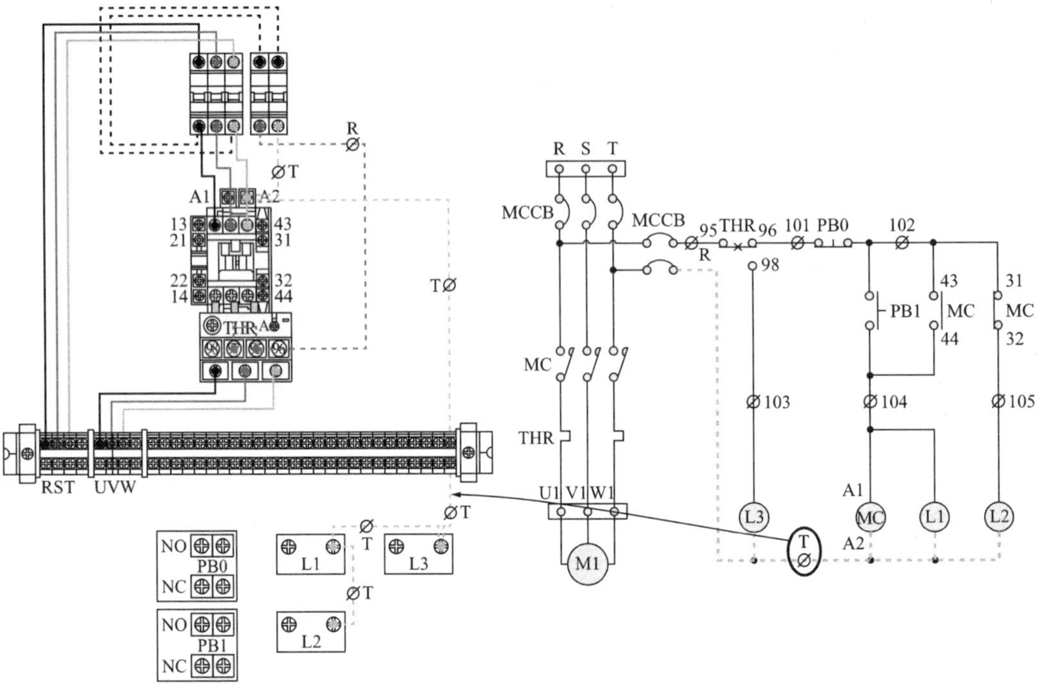


(c) 도면의 T번 배선을 기기배치도에 결선

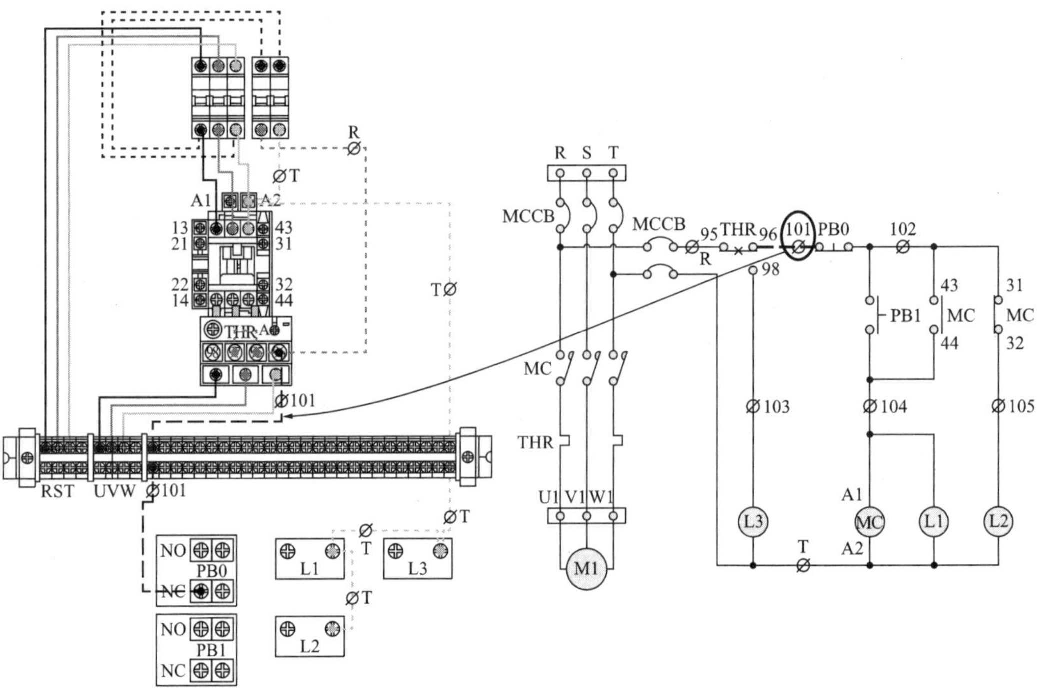


(d) 도면의 101번 배선을 기기배치도에 결선

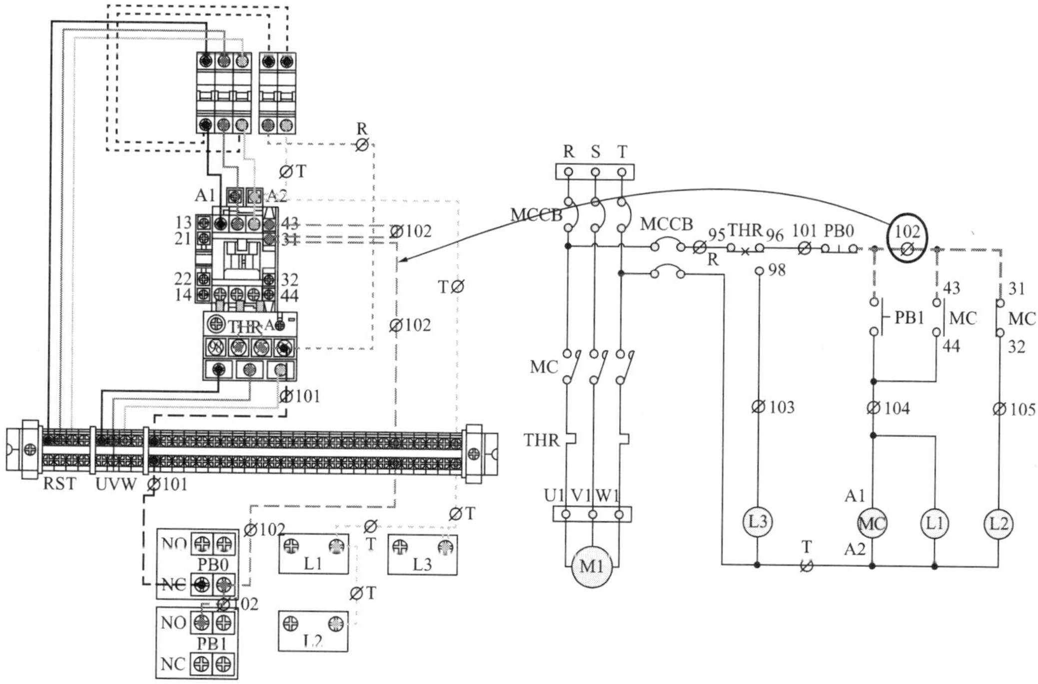

(e) 도면의 102번 배선을 기기배치도에 결선

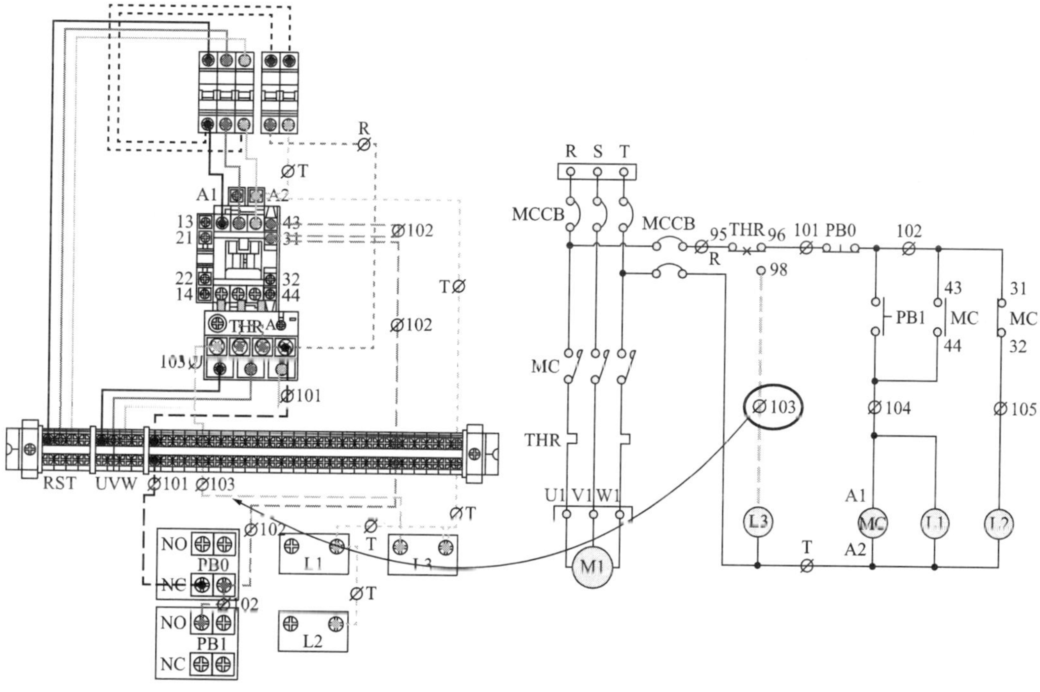

(f) 도면의 103번 배선을 기기배치도에 결선

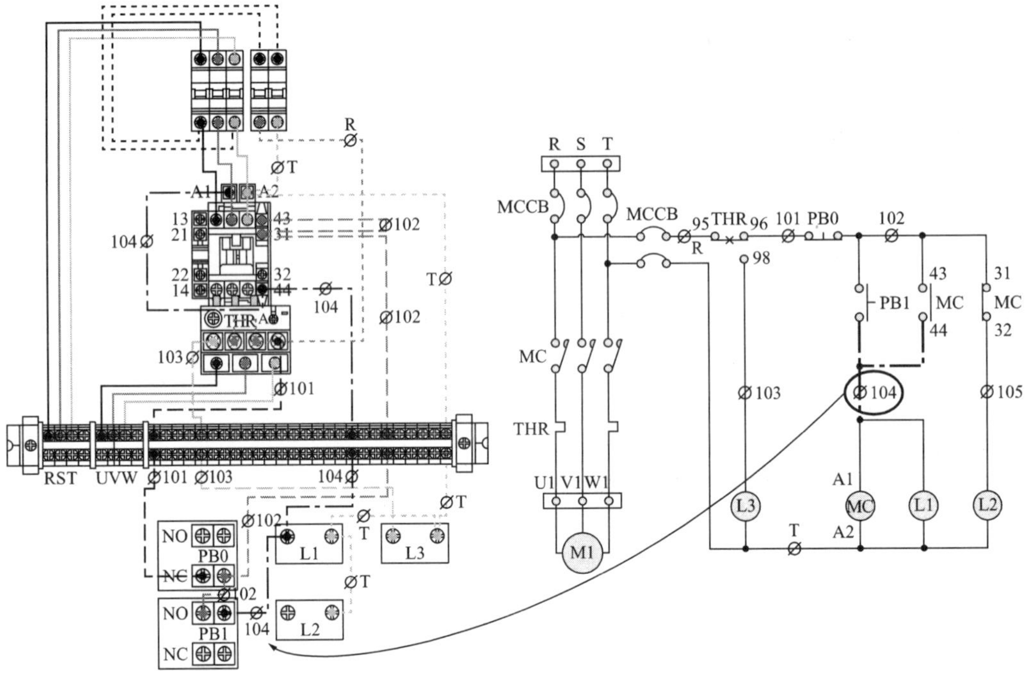


(g) 도면의 104번 배선을 기기배치도에 결선

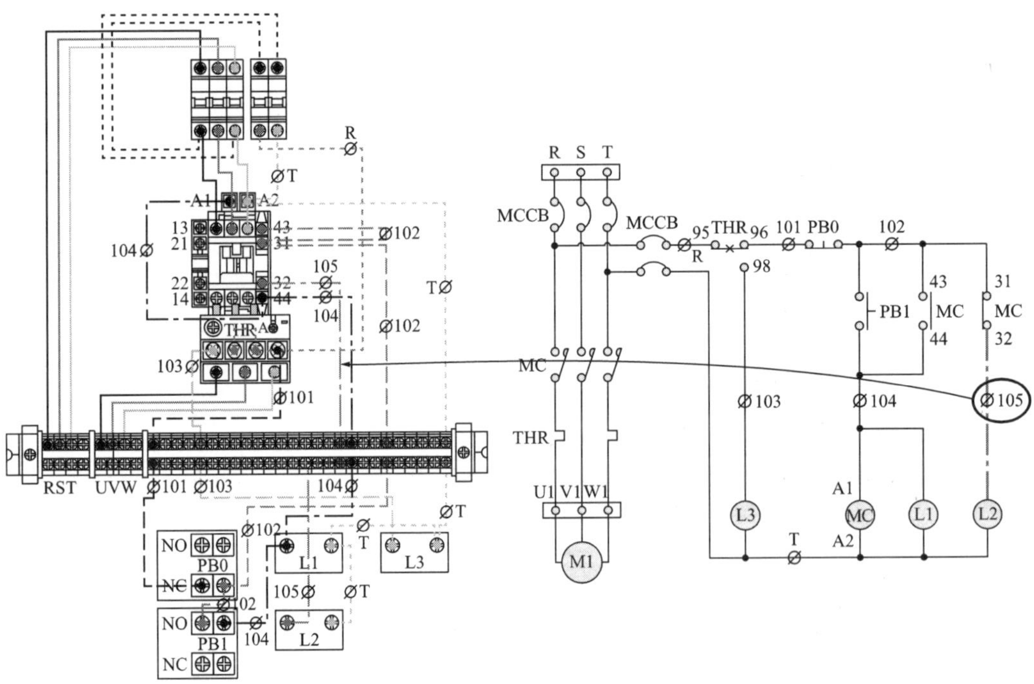


(h) 도면의 105번 배선을 기기배치도에 결선

그림 15-12 THR 회로의 배선 순서

### (3) MC와 EOCR을 이용한 배선 방법

그림 15-13은 EOCR을 이용한 모터 구동회로를 나타내고 결선을 위한 핀번호 및 배선번호를 기입한 예를 나타내었다. 그림 15-14는 이 회로의 배선 순서를 나타내고 있다.

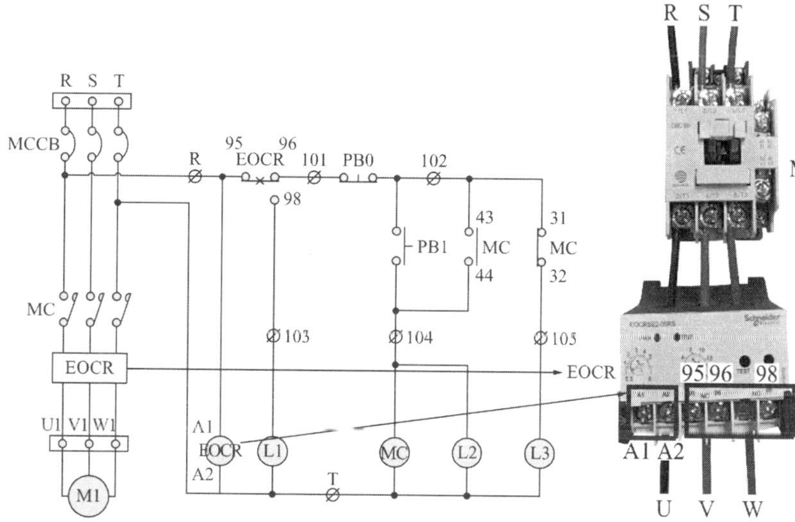


그림 15-13 MC와 EOCR을 통한 결선도와 핀번호 및 배선번호 기입 예

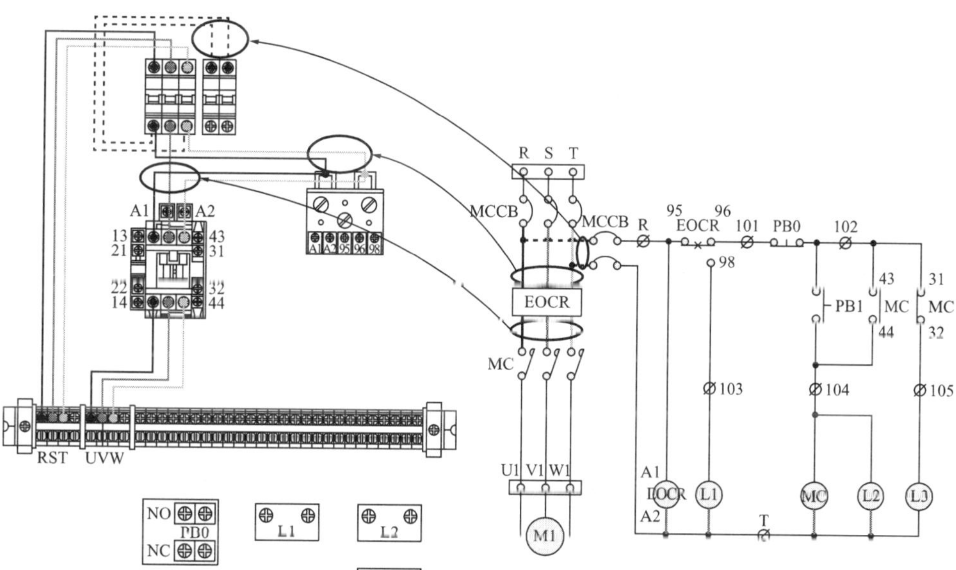


(a) 도면의 주회로 RST 배선을 기기배치도에 결선

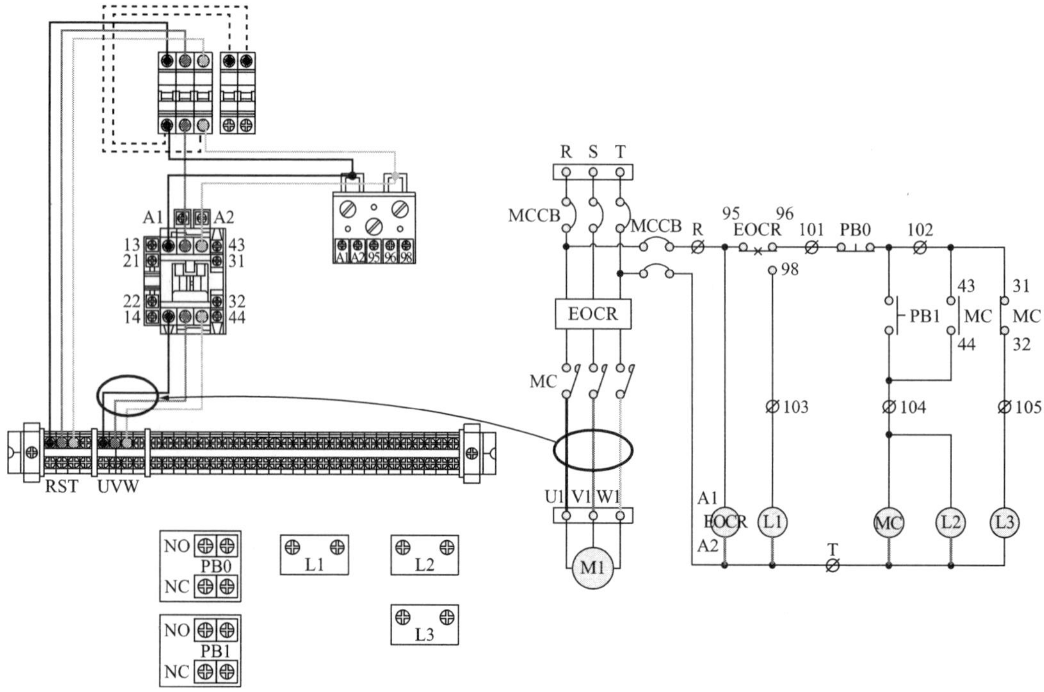


(b) 도면의 주회로 UVW 배선을 기기배치도에 결선

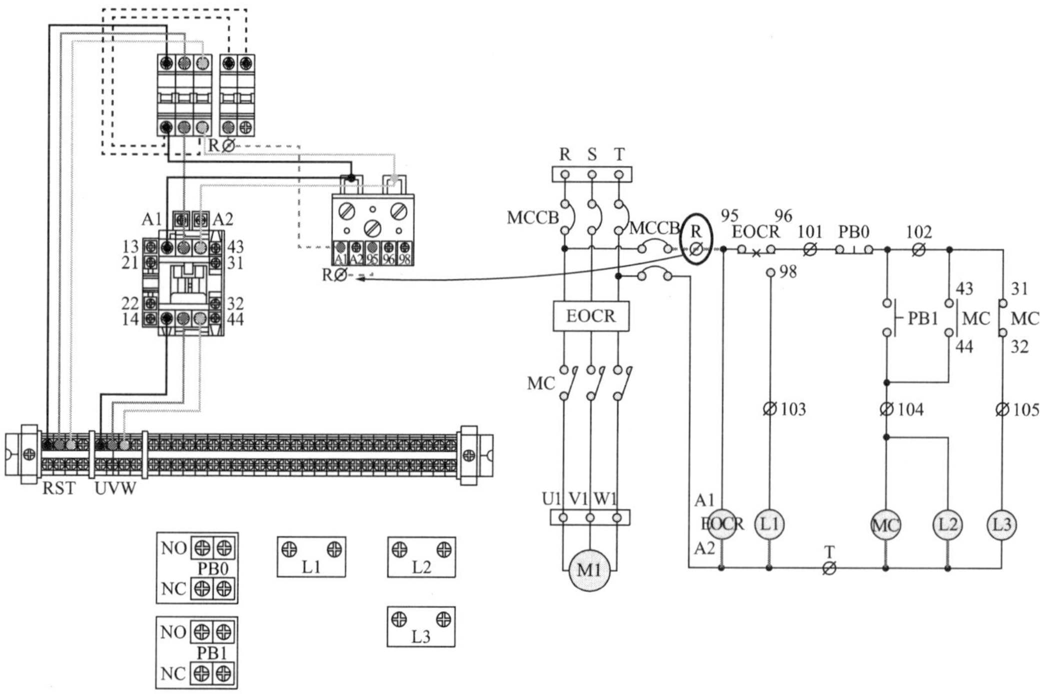


(c) 도면의 R번 배선을 기기배치도에 결선

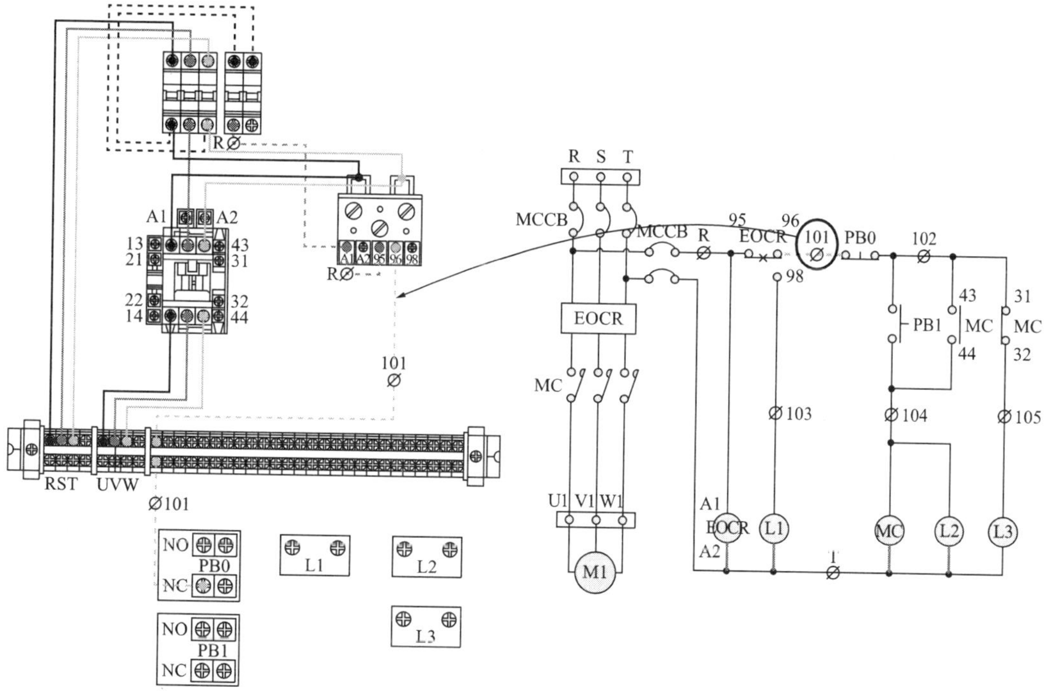

(d) 도면의 101번 배선을 기기배치도에 결선

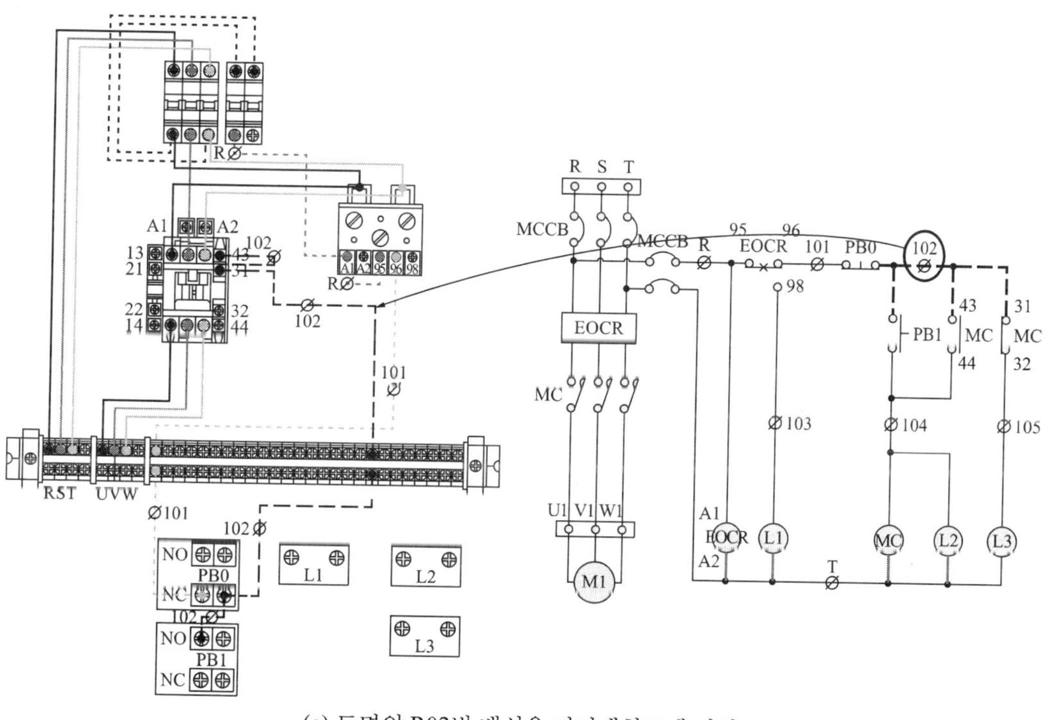

(e) 도면의 R02번 배선을 기기배치도에 결선

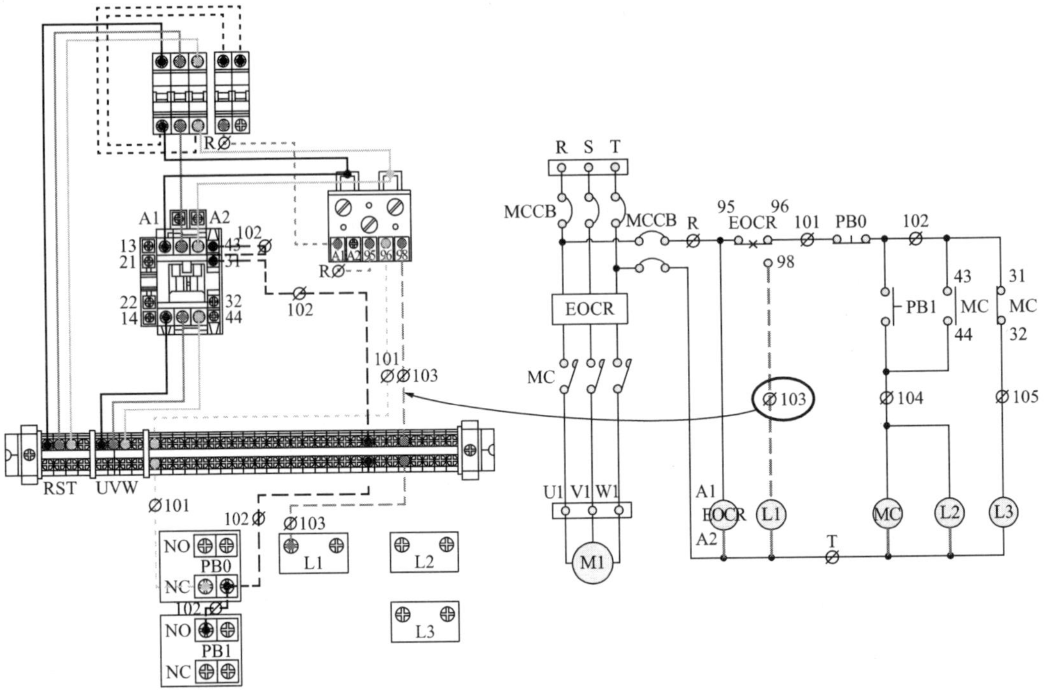

(f) 도면의 103번 배선을 기기배치도에 결선

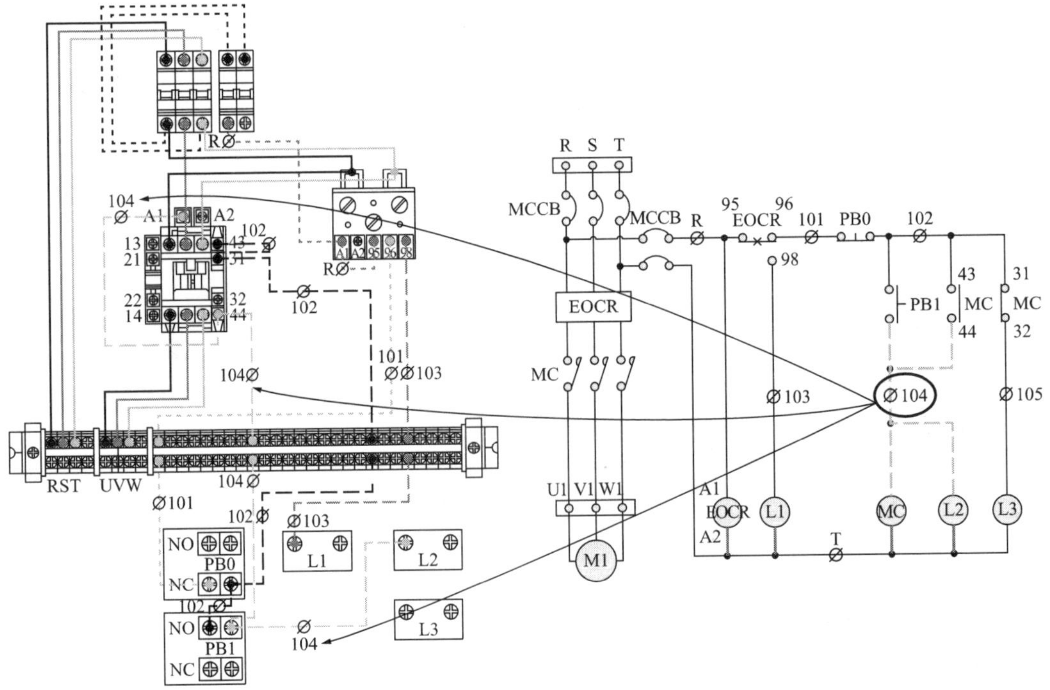

(g) 도면의 104번 배선을 기기배치도에 결선

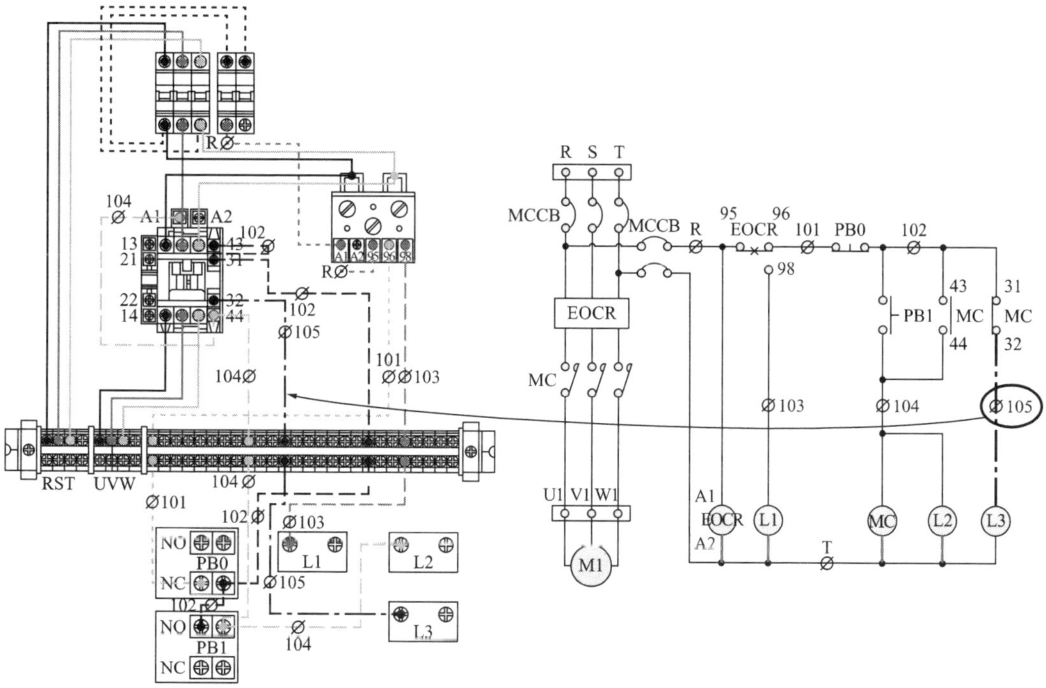


(h) 도면의 105번 배선을 기기배치도에 결선

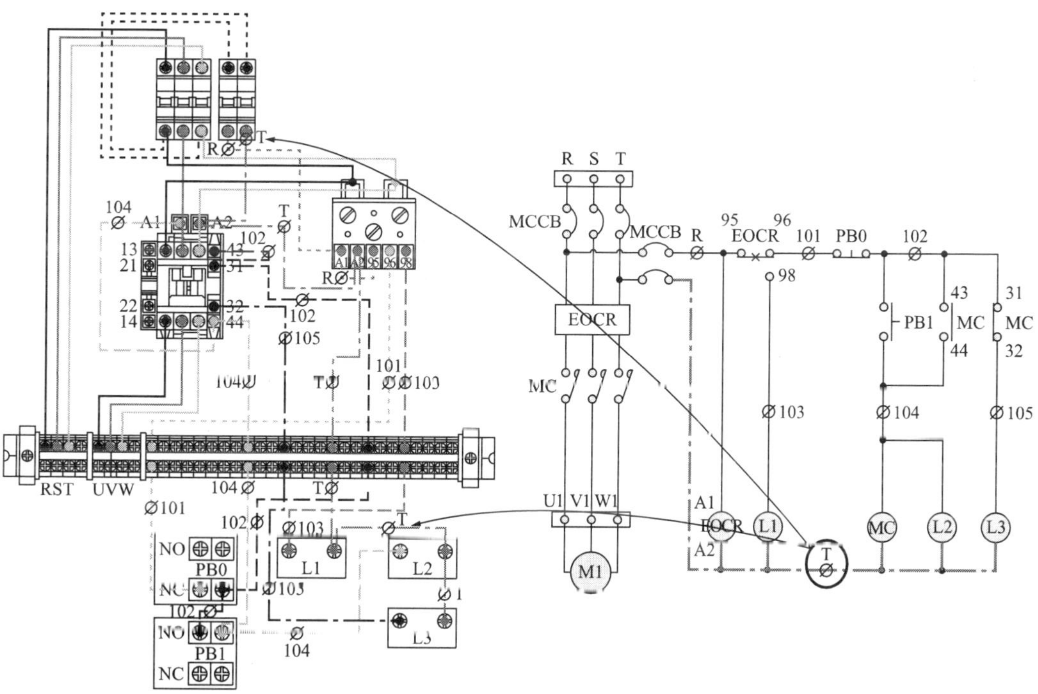


(i) 도면의 T번 배선을 기기배치도에 결선

**그림 15-14 EOCR 회로의 배선 순서**

## 4. 실험순서

### 1) 선택실습 1 : 전동기 기동정지회로(THR)

그림 15-15에 제시된 실습회로 1(전동기 기동정지회로 - THR 이용)을 구성하고, 다음 순서로 실습을 수행한다.

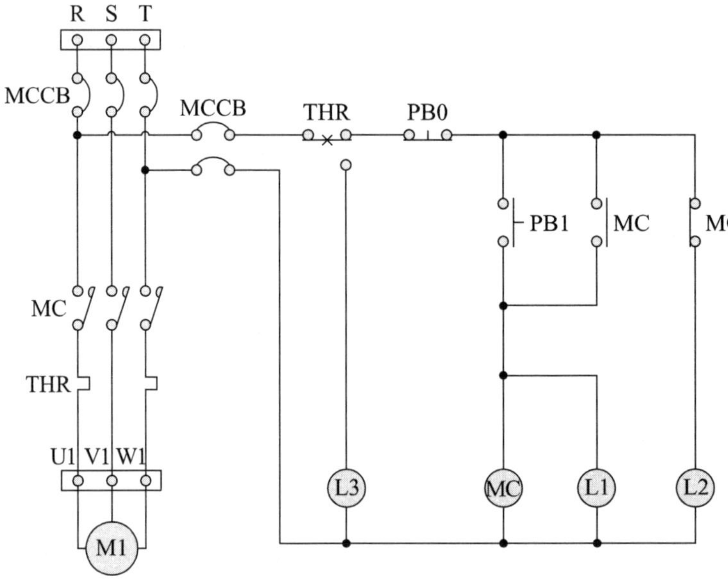


그림 15-15 실습회로 1(전동기 기동정지회로 - THR 이용)

① 시퀀스 회로를 분석하고 동작순서를 기입한다.

- 동작순서(결과보고서에 작성)
  - 초기상태 :
  - PB1 누른 후 동작

② 시퀀스 회로도에 릴레이 접점번호를 기입한다.

③ 배선 작업을 위해서 시퀀스 회로도에 넘버링을 한다.

④ 기기배치도 도면에 수기로 결선도를 작성한다.

⑤ 실제 배선실습을 하고 동작을 확인한다.

⑥ 동작실험 결과와 분석결과가 일치하는지 점검한다.

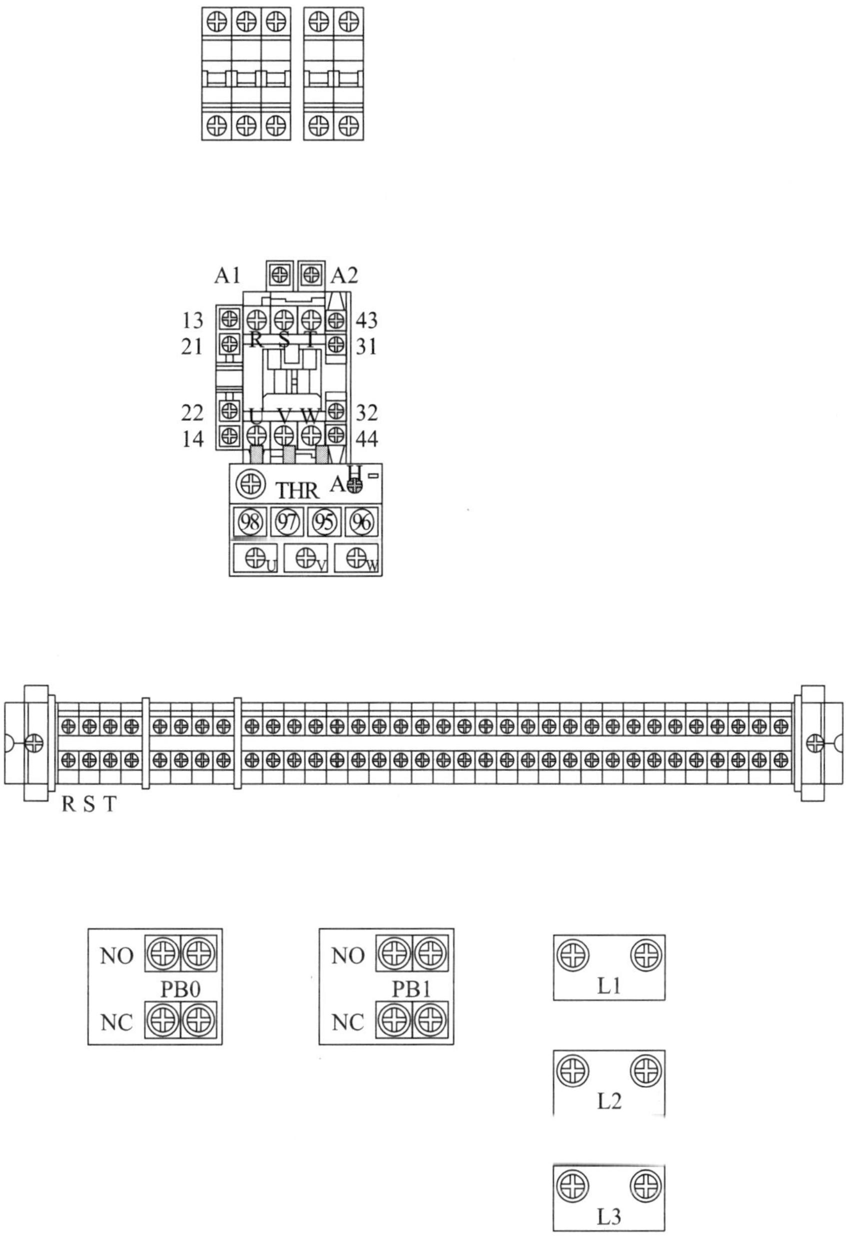


그림 15-16 실습회로 1(전동기 기동정지회로 – THR 이용) 결선도 작성

## 2) 선택실습 2 : 전동기 기동정지회로(EOCR)

그림 15-17에 제시된 실습회로 2(전동기 기동정지회로 - EOCR 이용)을 구성하고, 다음 순서로 실습을 수행한다.

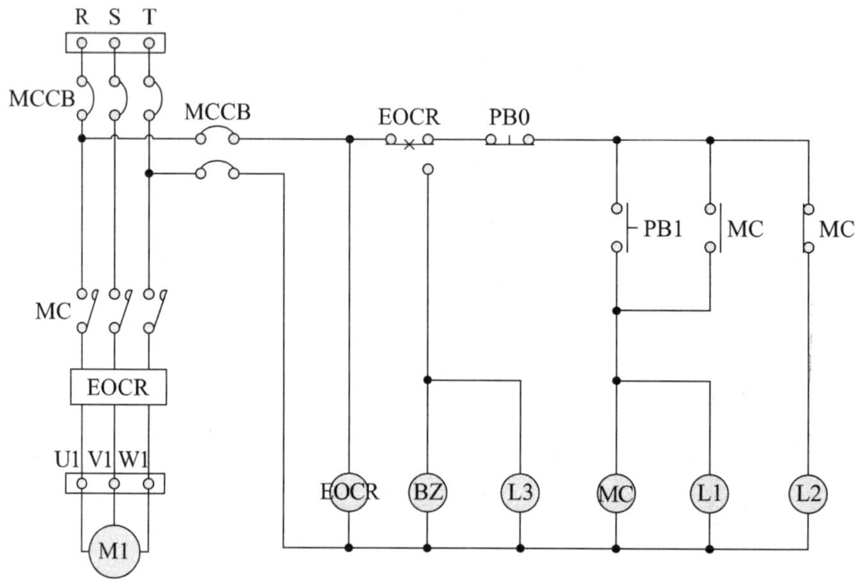


그림 15-17 실습회로 2(전동기 기동정지회로 - EOCR 이용)

① 시퀀스 회로를 분석하고 동작순서를 기입한다.

- 동작순서(결과보고서에 작성)
  - 초기상태 :
  - PB1 누른 후 동작

② 시퀀스 회로도에 릴레이 접점번호를 기입한다.

③ 배선 작업을 위해서 시퀀스 회로도에 넘버링을 한다.

④ 기기배치도 도면에 수기로 결선도를 작성한다.

⑤ 실제 배선실습을 하고 동작을 확인한다.

⑥ 동작실험 결과와 분석결과가 일치하는지 점검한다.

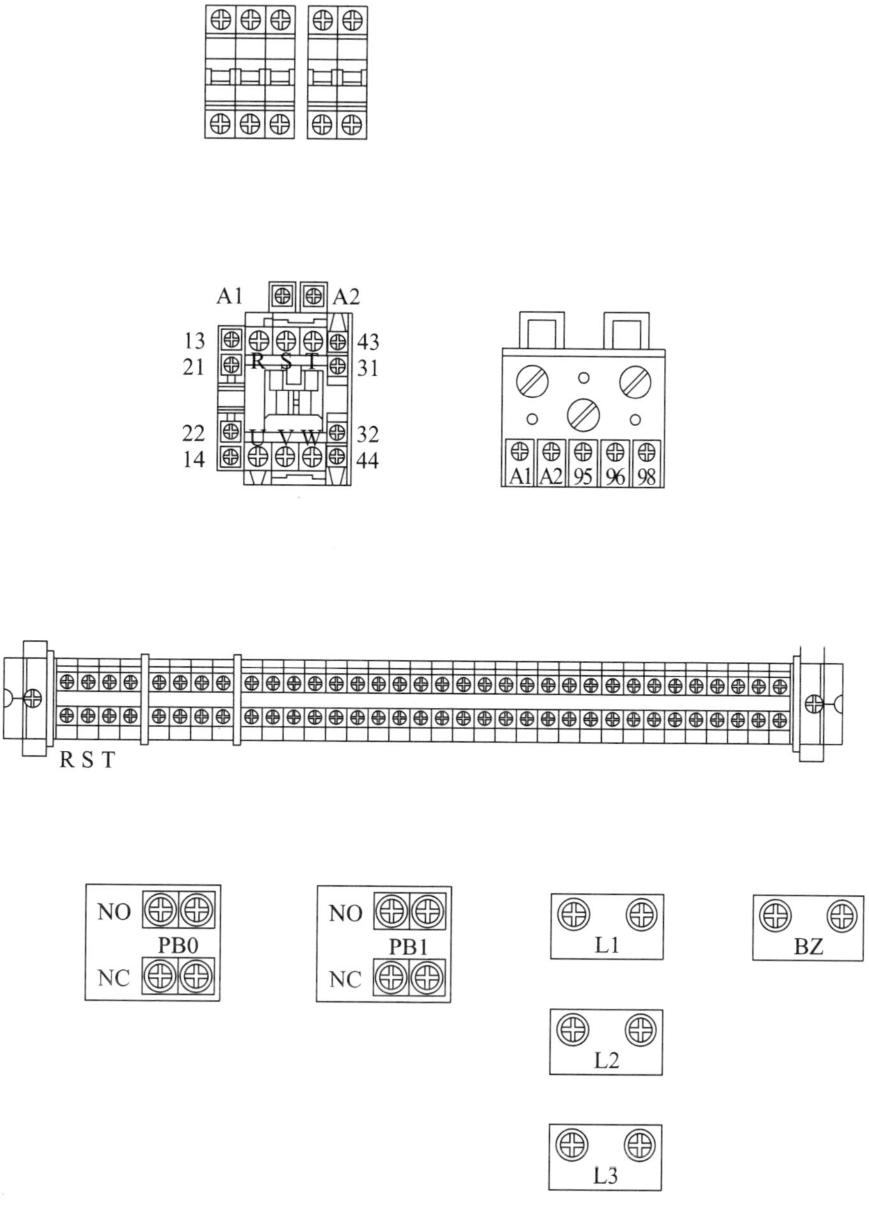


그림 15-18 실습회로 2(전동기 기동정지회로 – EOCR 이용) 결선도 작성

### 3) 선택실습 3 : 전동기 2개소 기동정지회로

그림 15-19에 제시된 실습회로 3(전동기 2개소 기동정지동회로)을 구성하고, 다음 순서로 실습을 수행한다.

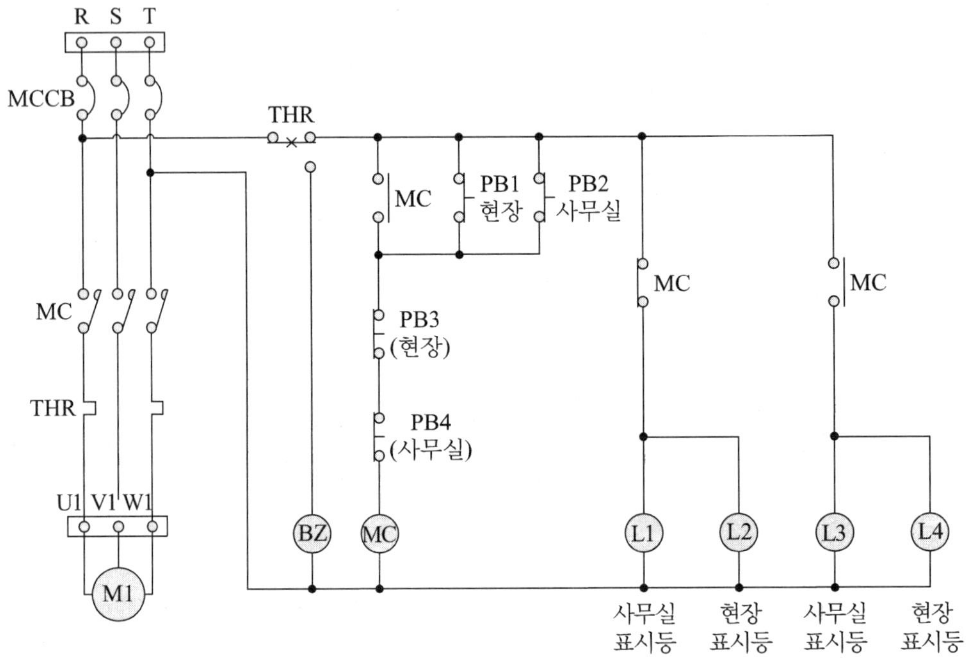


그림 15-19 실습회로 3(전동기 2개소 기동정지회로)

① 시퀀스 회로를 분석하고 동작순서를 기입한다.
- 동작순서(결과보고서에 작성)
  - 초기상태 :
  - PB1 누른 후 동작

② 시퀀스 회로도에 릴레이 접점번호를 기입한다.

③ 배선 작업을 위해서 시퀀스 회로도에 넘버링을 한다.

④ 기기배치도 도면에 수기로 결선도를 작성한다.

⑤ 실제 배선실습을 하고 동작을 확인한다.

⑥ 동작실험 결과와 분석결과가 일치하는지 점검한다.

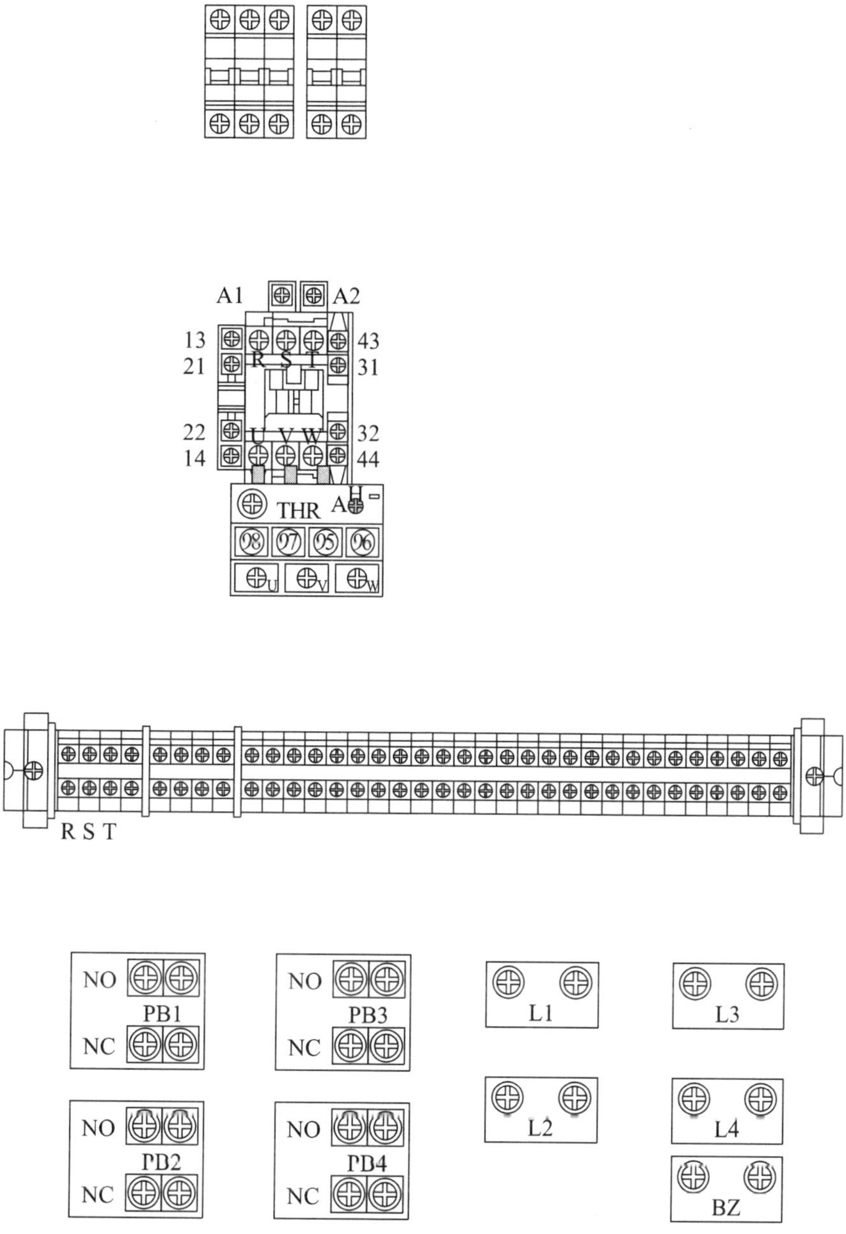


그림 15-20 실습회로 3(전동기 2개소 기동정지회로) 결선도 작성

### 4) 선택실습 4 : 전동기 2대 순차기동회로

그림 15-21에 제시된 실습회로 4(전동기 2대 순차기동회로)를 구성하고, 다음 순서로 실습을 수행한다.

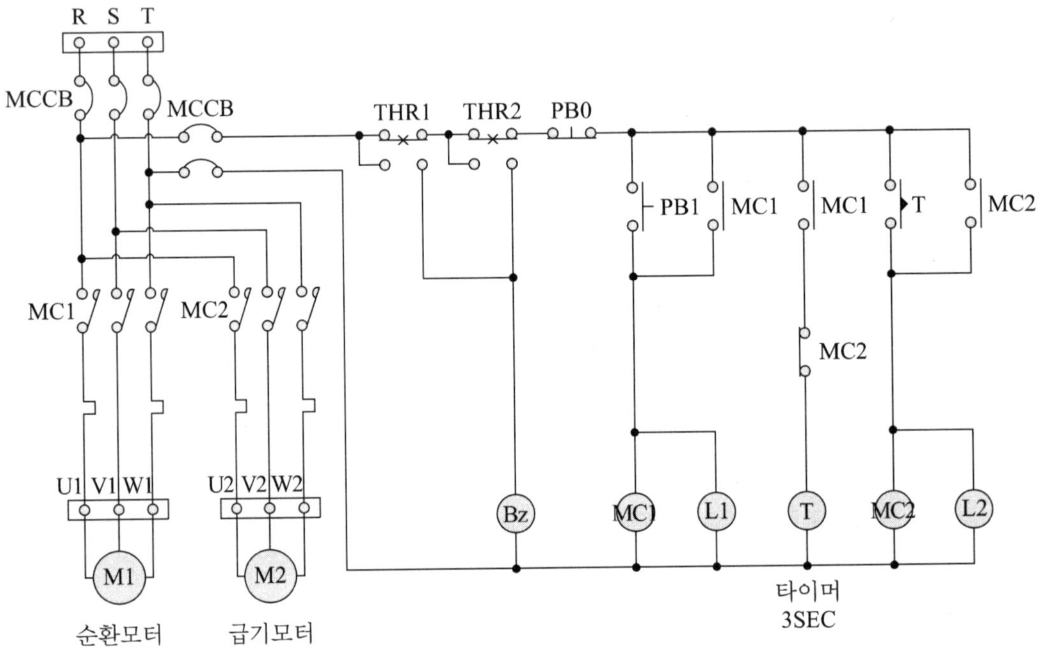


그림 15-21 실습회로 4(전동기 2대 순차기동회로)

① 시퀀스 회로를 분석하고 동작순서를 기입한다.
- 동작순서(결과보고서에 작성)
  - 초기상태 :
  - PB1 누른 후 동작

② 시퀀스 회로도에 릴레이 접점번호를 기입한다.
③ 배선 작업을 위해서 시퀀스 회로도에 넘버링을 한다.
④ 기기배치도 도면에 수기로 결선도를 작성한다.
⑤ 실제 배선실습을 하고 동작을 확인한다.
⑥ 동작실험 결과와 분석결과가 일치하는지 점검한다.

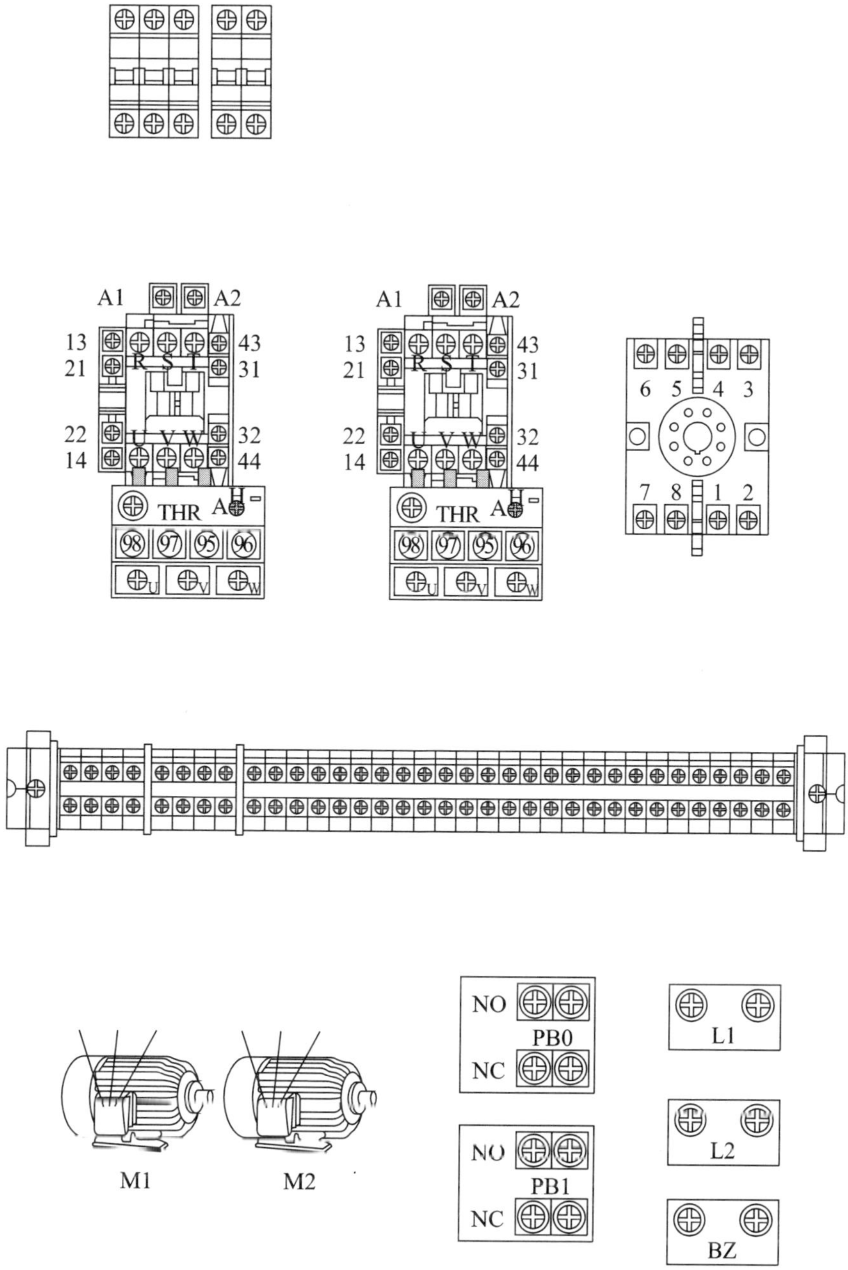


그림 15-22 실습회로 4(전동기 2대 순차기동회로) 결선도 작성

| 결과보고서 | | | |
|---|---|---|---|
| 실험제목 | **선택실습 1 : 전동기 기동정지회로(THR)** | | |
| 조 원 | | 실험조 | 조 |
| 실습일자 | | 제출자 | |

1) 실습회로 1(전동기 기동정지회로 - THR 이용) 핀번호 및 배선번호 기입

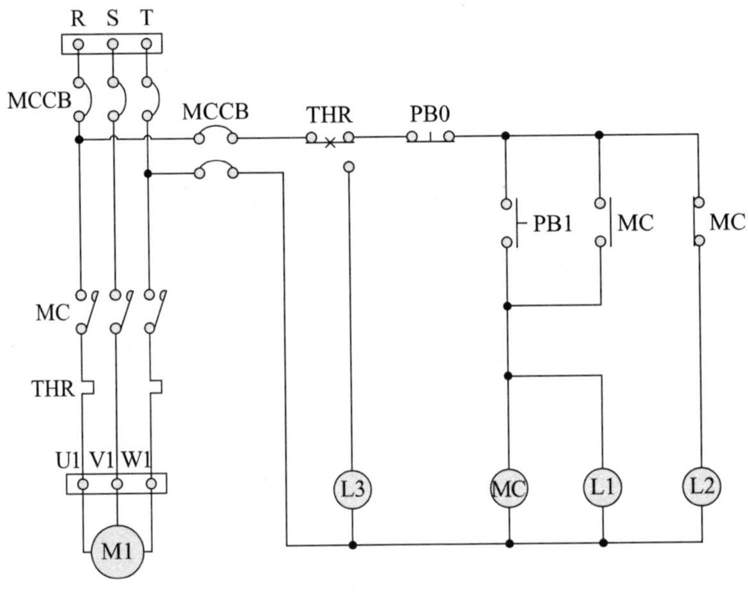


그림 15-15 실습회로 1(전동기 기동정지회로 - THR 이용)

- 동작순서
  - 초기상태 :
  - PB1 누른 후 동작

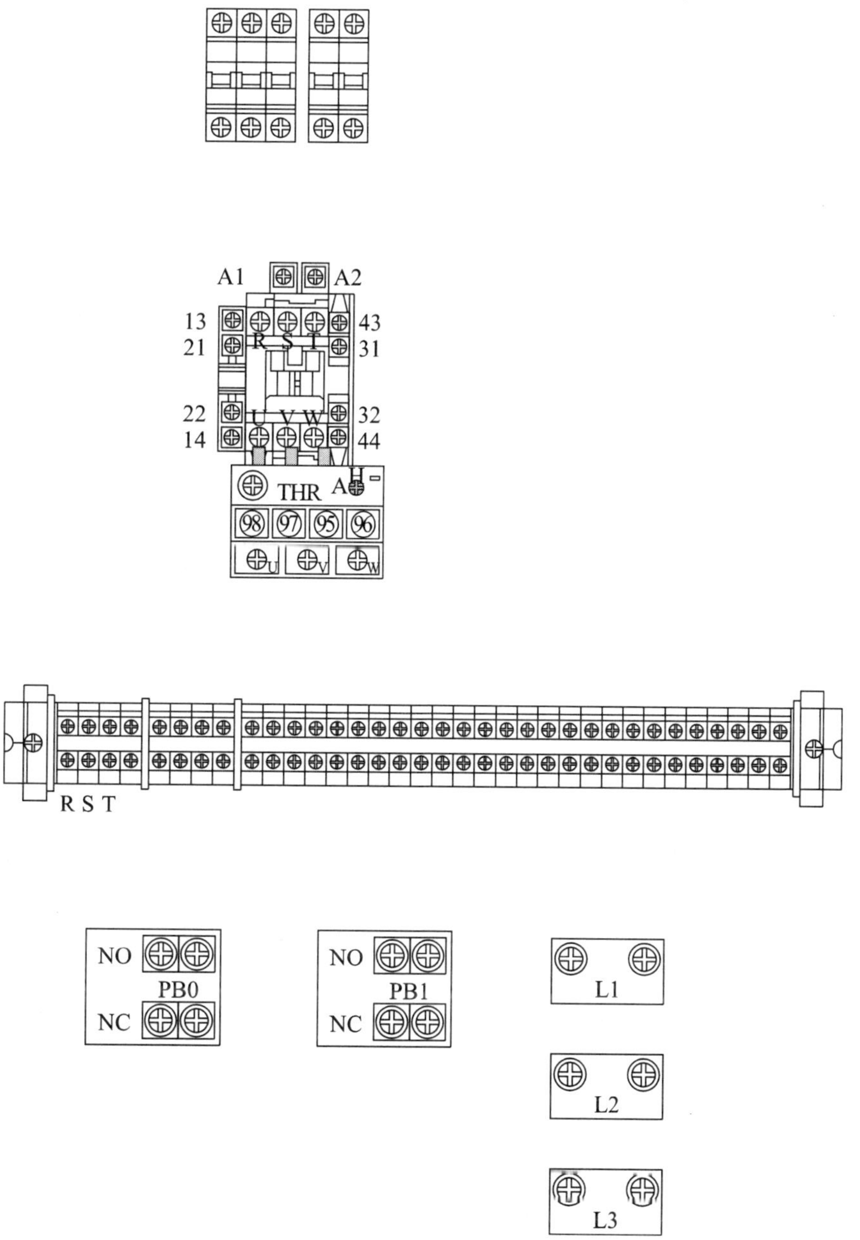


그림 15-16 실습회로 1(전동기 기동정지회로 THR 이용) 결선도 작성

| 결과보고서 | | | |
|---|---|---|---|
| 실험제목 | **선택실습 2 : 전동기 기동정지회로(EOCR)** | | |
| 조 원 | | 실험조 | 조 |
| 실습일자 | | 제출자 | |

2) 실습회로 2(전동기 기동정지회로 - EOCR 이용) 핀번호 및 배선번호 기입

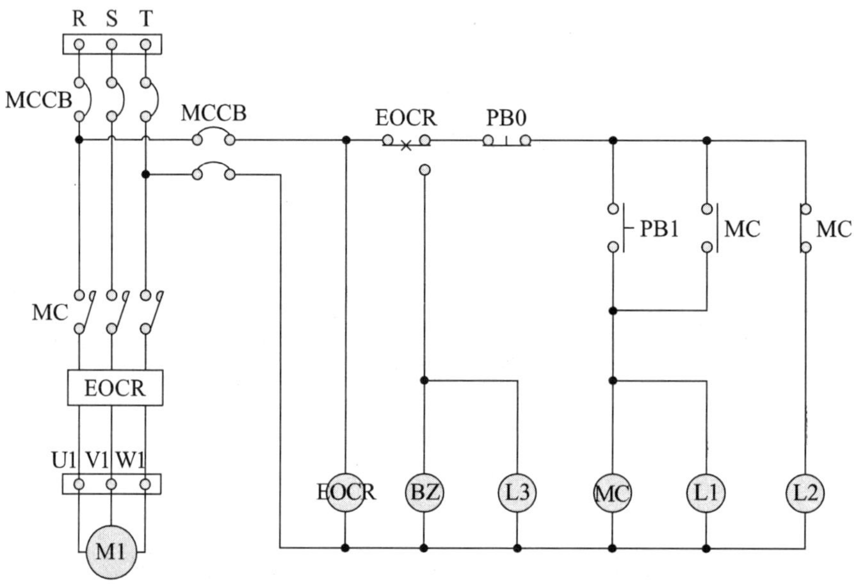


그림 15-17 실습회로 2(전동기 기동정지회로 – EOCR 이용)

- 동작순서
  - 초기상태 :
  - PB1 누른 후 동작

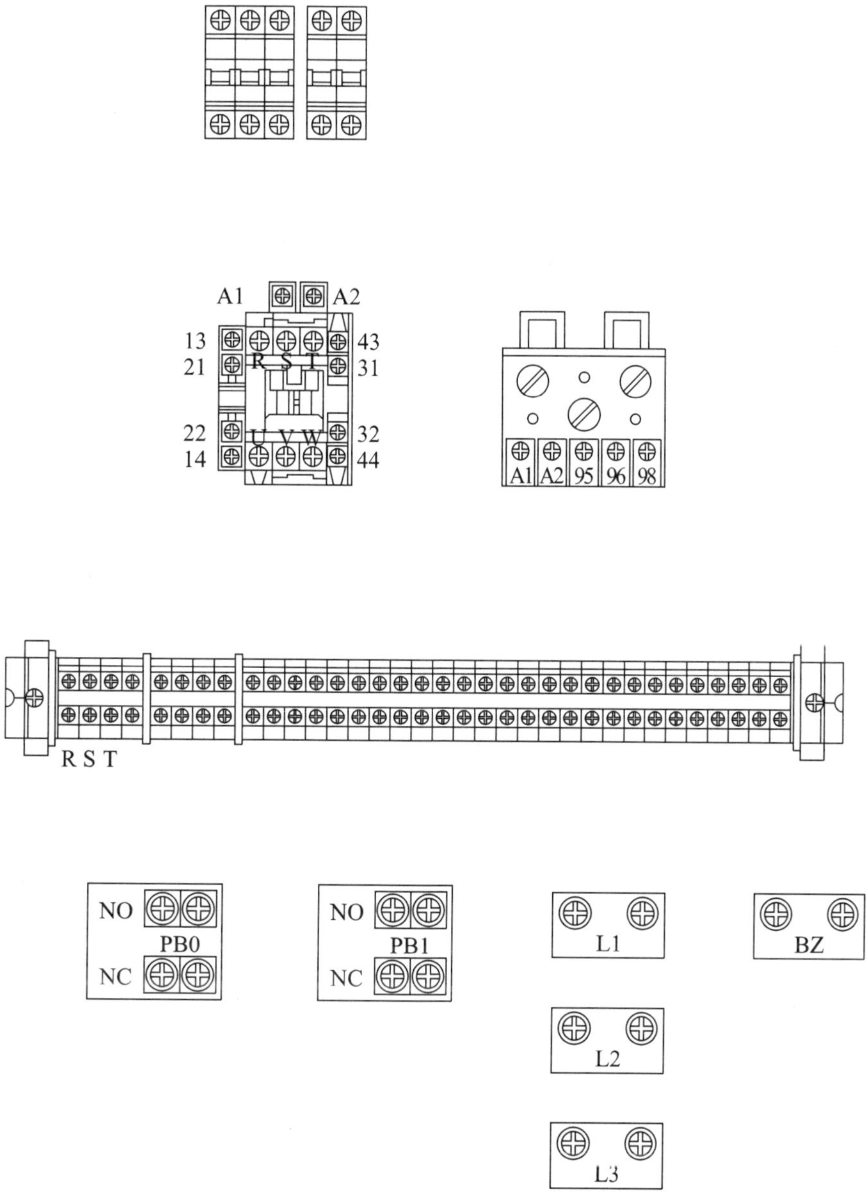


그림 15-18 실습회로 2(전동기 기동정지회로 – EOCR 이용) 결선도 작성

| 결과보고서 | | | |
|---|---|---|---|
| 실험제목 | 선택실습 3 : 전동기 2개소 기동정지회로 | | |
| 조 원 | | 실험조 | 조 |
| 실습일자 | | 제출자 | |

3) 실습회로 3(전동기 2개소 기동정지회로) 핀번호 및 배선번호 기입

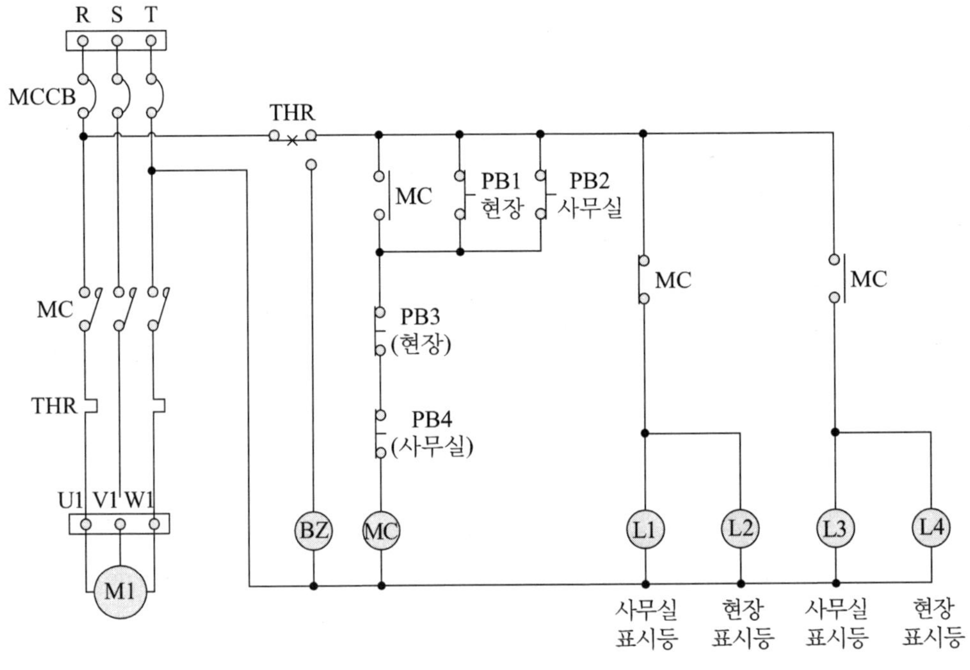


그림 15-19 실습회로 3(전동기 2개소 기동정지회로)

- 동작순서
  - 초기상태 :
  - PB1 누른 후 동작

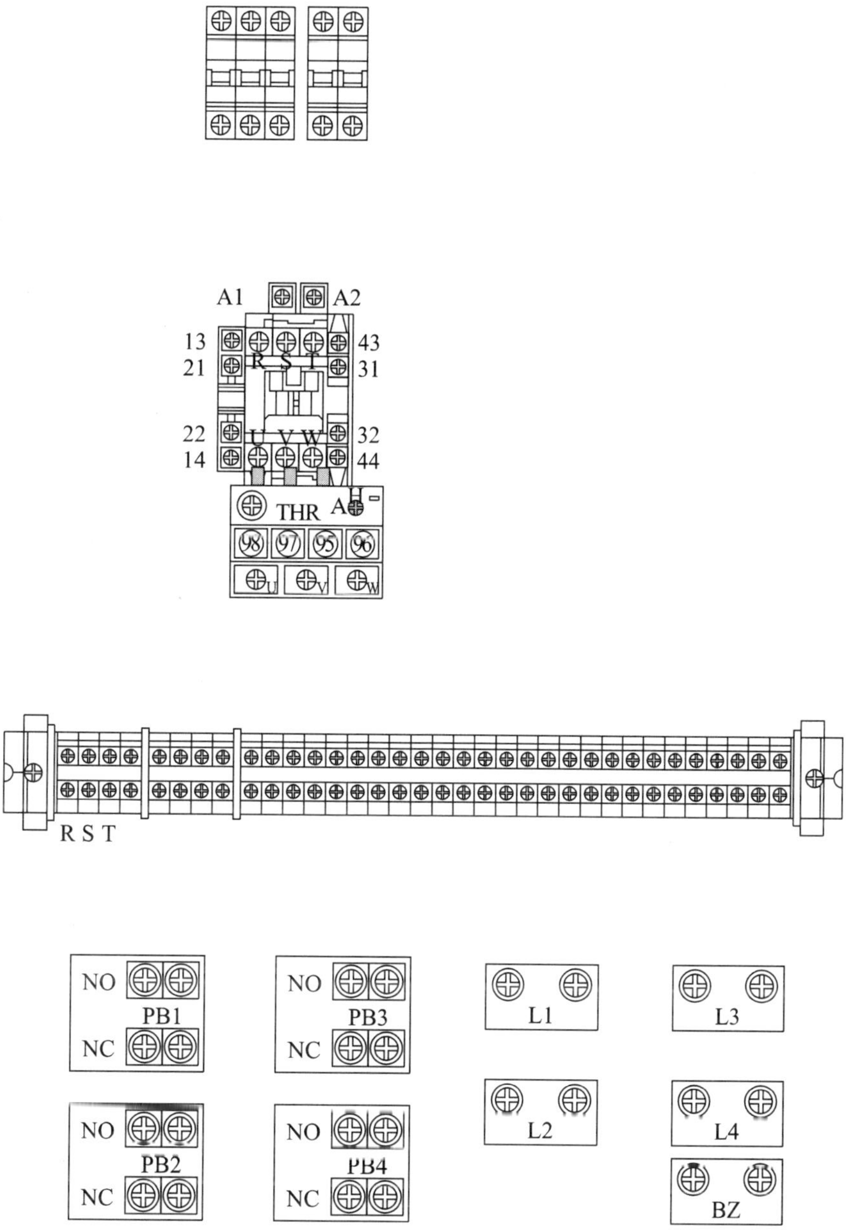


그림 15-20 실습회로 3(전동기 2개소 기동정지회로) 결선도 작성

| 결과보고서 | | | |
|---|---|---|---|
| 실험제목 | **선택실습 4 : 전동기 2대 순차기동회로** | | |
| 조 원 | | 실험조 | 조 |
| 실습일자 | | 제출자 | |

4) 실습회로 4(전동기 2대 순차기동회로) 핀번호 및 배선번호 기입

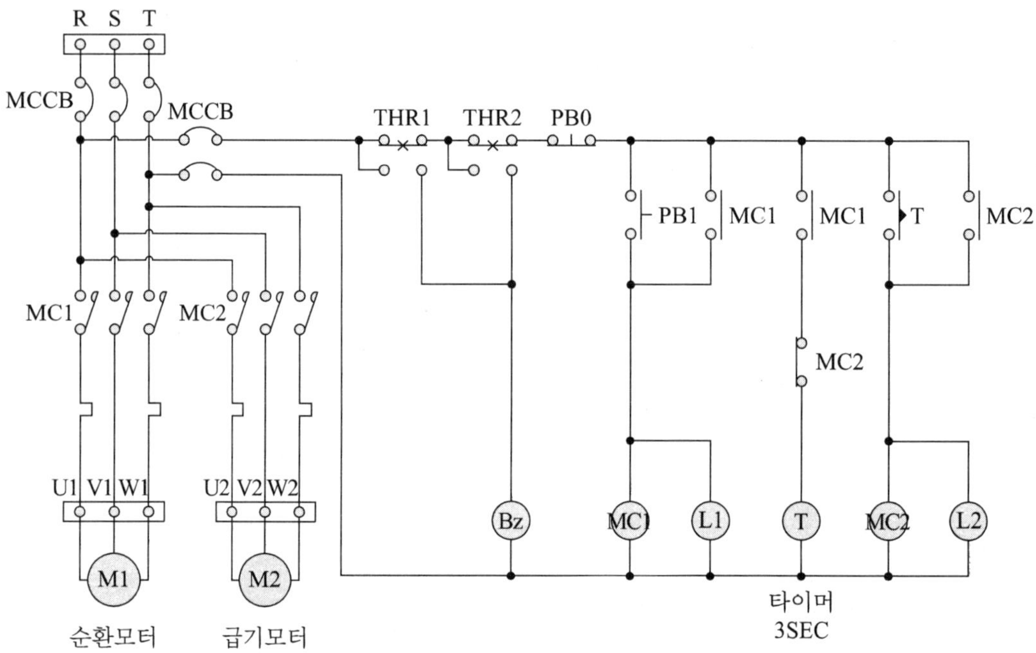


그림 15-21 실습회로 4(전동기 2대 순차기동회로)

- 동작순서
  - 초기상태 :
  - PB1 누른 후 동작

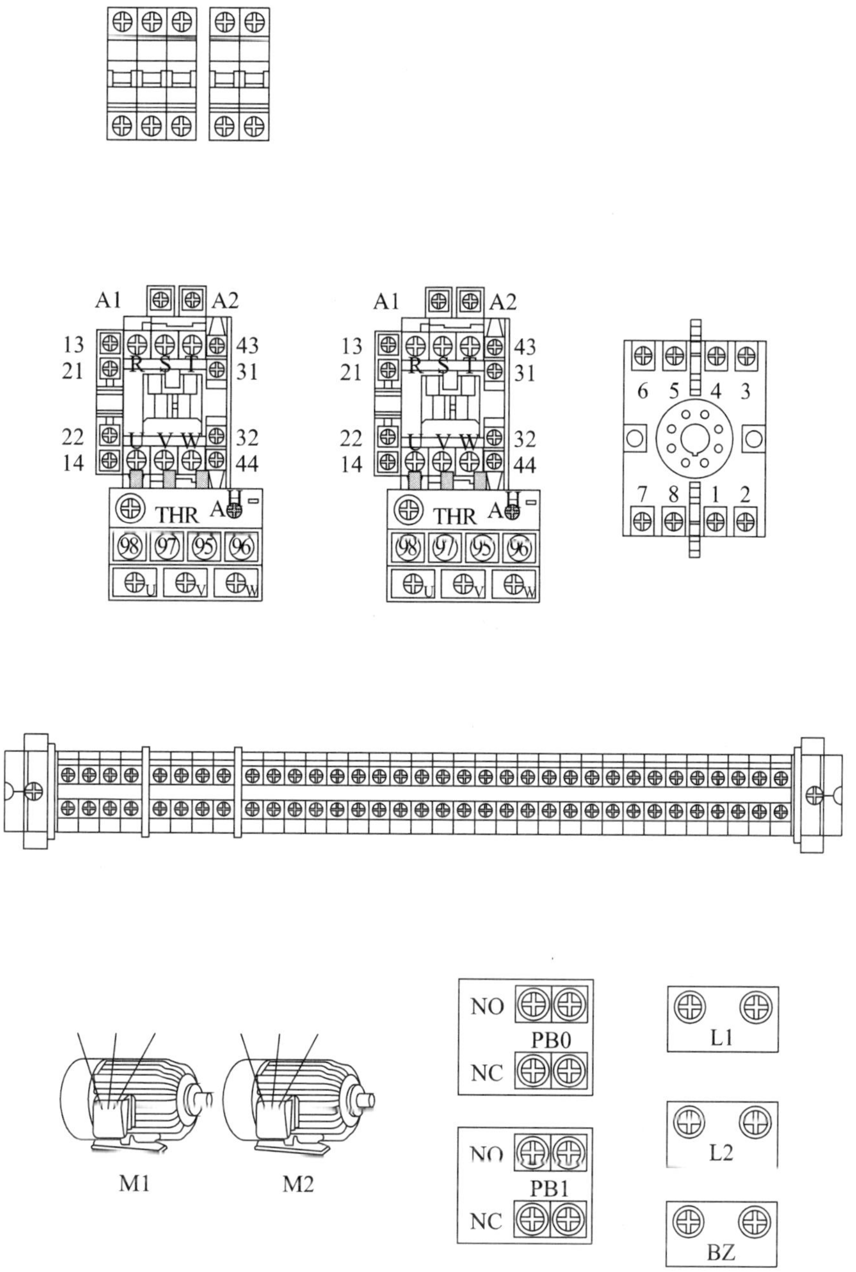


그림 16-22 실습회로 4(전동기 2대 순차기동회로) 결선도 작성

# 16 전동기 정역운전회로

실험

## 1. 실험목적

(1) 단상 유도전동기의 정역운전회로 원리 및 동작을 이용하고 배선하는 방법을 실습을 통하여 학습한다.

(2) 3상 유도전동기의 정역운전회로 원리 및 동작을 이용하고 배선하는 방법을 실습을 통하여 학습한다.

## 2. 실험에 사용되는 기기 및 부품

(1) 배선용 합판

(2) 배선용 차단기(MCCB, 단상, 3상)

(3) 푸시버튼 3개

(4) 파일럿램프(220 V) 2개

(5) 버저(220 V) 1개

(6) 전선

(7) 공구(스트리퍼, 드라이버, 접시머리나사 12 mm 등)

(8) 전자접촉기(MC) 2개

(9) 열동형 과부하계전기(THR) 2개

(10) 3상 전동기 1대, 단상 전동기 1대

(11) 컨트롤박스(2구 3개)

## 3. 관련 지식

### 1) 3상 유도전동기의 정역운전회로

일반 산업용 전동기는 대부분 3상 유도전동기를 사용하고 있다. 3상 유도전동기의 전원은 120도의 위상 차이를 가진 3상 전원을 사용하는데, 이는 3상 전원이 유도전동기의 권선에 인가되면 회전자계가 발생하는데 이 회전자계에 의해서 전동기가 회전하게 된다. 3상 유도전동기에 3상 전원을 인가하게 되면 특정한 방향으로 돌게 되는데 도는 방향에 따라 정회전, 역회전이라고 한다. 정회전과 역회전은 특정한 방향이 있는 것이 아니라 설비의 상태에 따라 정상적으로 회전해야 하는 방향을 정회전, 이의 반대 방향으로 회전하는 방향을 역회전이라고 한다. 본 교재에서는 설명을 위해 시계 방향으로 회전하면 정회전, 반시계 방향으로 회전하면 역회전이라고 가정한다.

3상 유도전동기를 반대 방향으로 역회전시키기 위해서는 3상 회선자계를 반내로 회전시키면 되는데 이를 위해서는 3상 전원 중 2개의 상을 바꾸면 회전 방향이 반대로 된다.

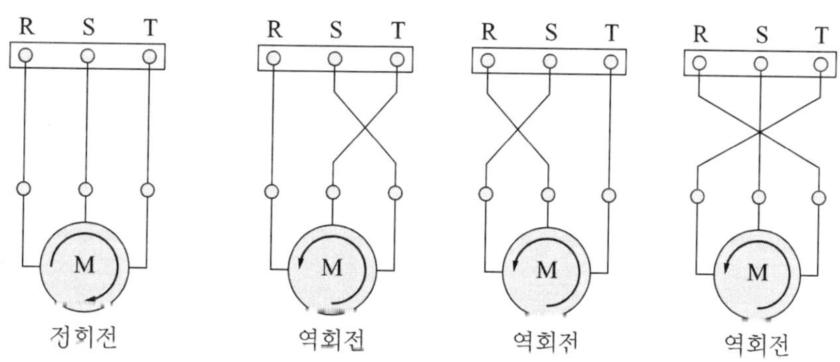


(a) 정회전　　(b) 역회전(2상을 바꾸어 결선)

그림 16-1 정회전과 역회전 결선법

전자접촉기를 이용하여 전동기의 역회전을 위해 2개의 상을 바꾸는 방법은 다음 그림 16-2와 같다. 그림 16-2에서 MC1이 닫힌 경우 정방향 회전인 경우에 비하여 MC1이 열리고 MC2가 닫히게 되면, 원래 R상은 T상으로, 원래 T상은 R상으로 2상이 바뀌고 S상은 그대로 S상으로 결선되어 있음을 알 수 있다.

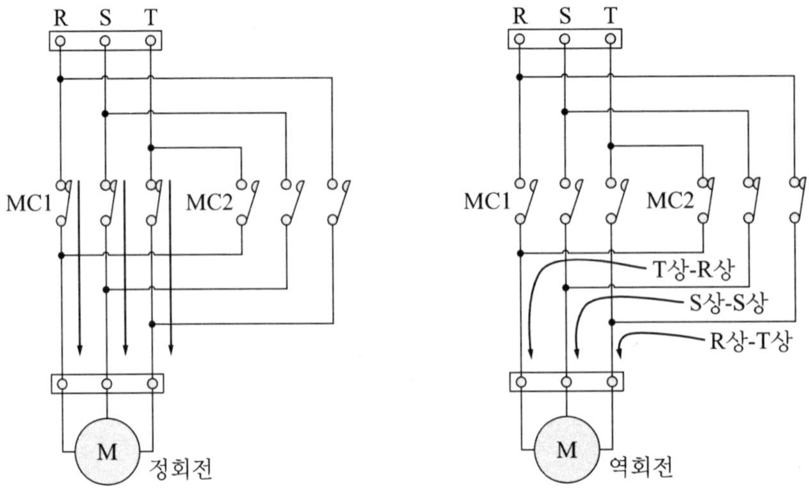


(a) MC1이 닫혔을 때

(b) MC2가 닫혔을 때

그림 16-2 MC를 이용한 정회전과 역회전

## 2) 단상 유도전동기의 정역운전회로

단상 유도전동기는 입력전원 상이 2상만으로 운전되는 전동기를 말한다. 단상 유도전동기는 이 2상을 바꾼다고 회전 방향이 바뀌지 않는다. 단상 유도전동기의 간단한 정역운전을 위해서는 단상 유도전동기는 첫 기동을 위한 기동권선(보조권선)과 회전력을 발생하는 운전권선(주권선)으로 구성되어 있다.

기동코일에 콘덴서를 설치하여 이에 의해 기동토크를 얻는 콘덴서 기동방식을 이용하여 설명하기로 한다.

단상 유도전동기의 회전 방향을 바꾸기 위해서는 그림 16-3과 같이 설치되어 있는 운전권선(주권선)은 그대로 두고 기동권선(보조권선)의 상을 바꾸면 회전 방향이 바뀌게 된다.

## 3. 관련 지식

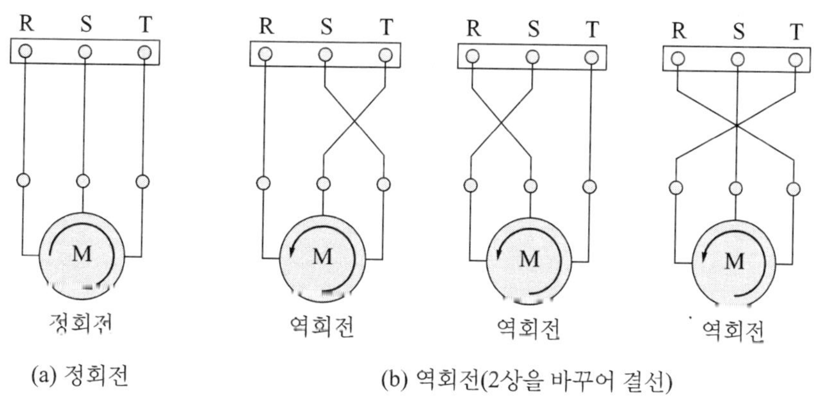

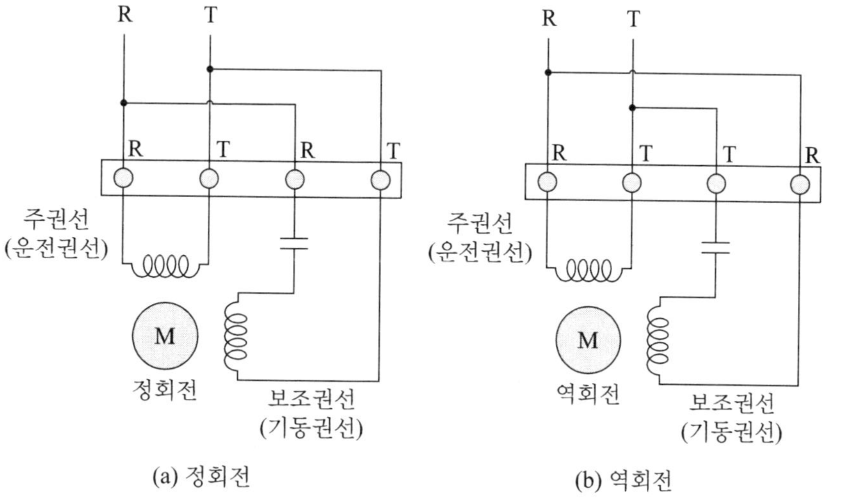


그림 16-3 단상 유도전동기의 정역운전

### 3) 전동기 정역운전 시 주의사항

(1) 정회전 운전과 역회전 운전이 동시에 운전할 수 없도록 인터록 회로를 구성하여야 한다.

(2) 인터록 회로 중에서도 먼저 운전하는 곳이 먼저 운전이 될 수 있도록 선입력 우선회로로 구성하여야 한다.

(3) 전동기는 정회전과 역회전을 동시에 할 수 없으므로 정회전 후 전동기가 멈추고 나서 역회전을 시켜야 한다.

# 4. 실험순서

## 1) 선택실습 1 : 전기적 인터록 이용 전동기 정역운전회로

그림 16-4에 제시된 실습회로 1(정역운전회로 - 전기적 인터록 이용)을 구성하고, 다음 순서로 실습을 수행한다.

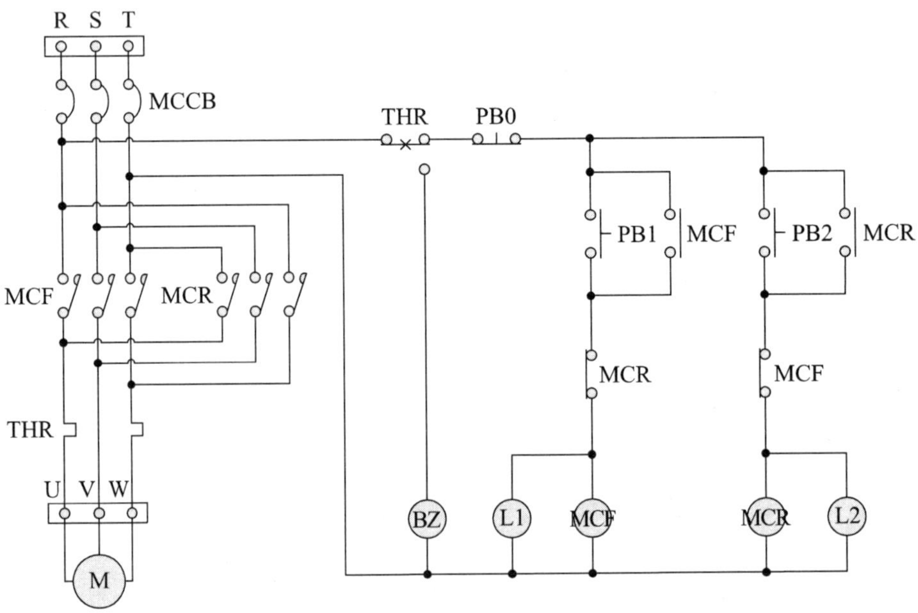


그림 16-4 실습회로 1(정역운전회로 – 전기적 인터록 이용)

① 시퀀스 회로를 분석하고 동작순서를 기입한다.
- 동작순서(결과보고서에 작성)
  - 초기상태 :
  - PB1 누른 후 동작

② 시퀀스 회로도에 릴레이 접점번호를 기입한다.

③ 배선 작업을 위해서 시퀀스 회로도에 넘버링을 한다.

④ 기기배치도 도면에 수기로 결선도를 작성한다.

⑤ 실제 배선실습을 하고 동작을 확인한다.

⑥ 동작실험 결과와 분석결과가 일치하는지 점검한다.

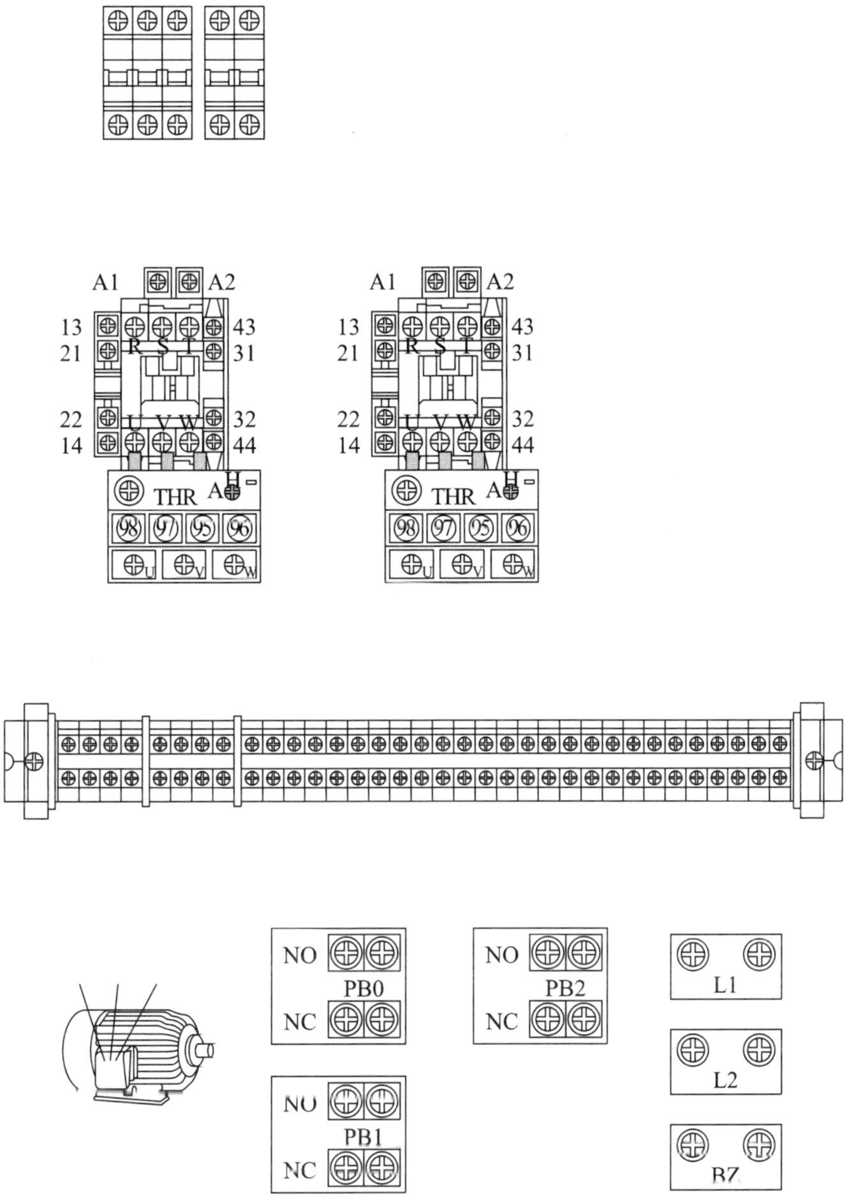


그림 16-5 실습회로 1(정역운전회로 – 전기적 인터록 이용) 결선도 작성

## 2) 선택실습 2 : 전기기계적 인터록 이용 전동기 정역운전회로

그림 16-6에 제시된 실습회로 2(정역운전회로 - 전기기계적 인터록 이용)을 구성하고, 다음 순서로 실습을 수행한다.

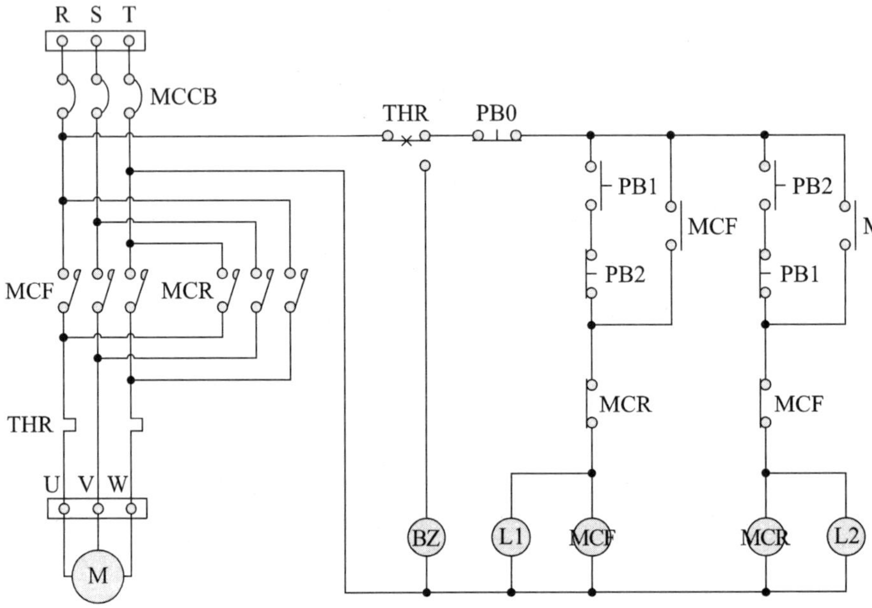


그림 16-6 실습회로 2(정역운전회로 – 전기기계적 인터록 이용)

① 시퀀스 회로를 분석하고 동작순서를 기입한다.

- 동작순서(결과보고서에 작성)
  - 초기상태 :
  - PB1 누른 후 동작

② 시퀀스 회로도에 릴레이 접점번호를 기입한다.

③ 배선 작업을 위해서 시퀀스 회로도에 넘버링을 한다.

④ 기기배치도 도면에 수기로 결선도를 작성한다.

⑤ 실제 배선실습을 하고 동작을 확인한다.

⑥ 동작실험 결과와 분석결과가 일치하는지 점검한다.

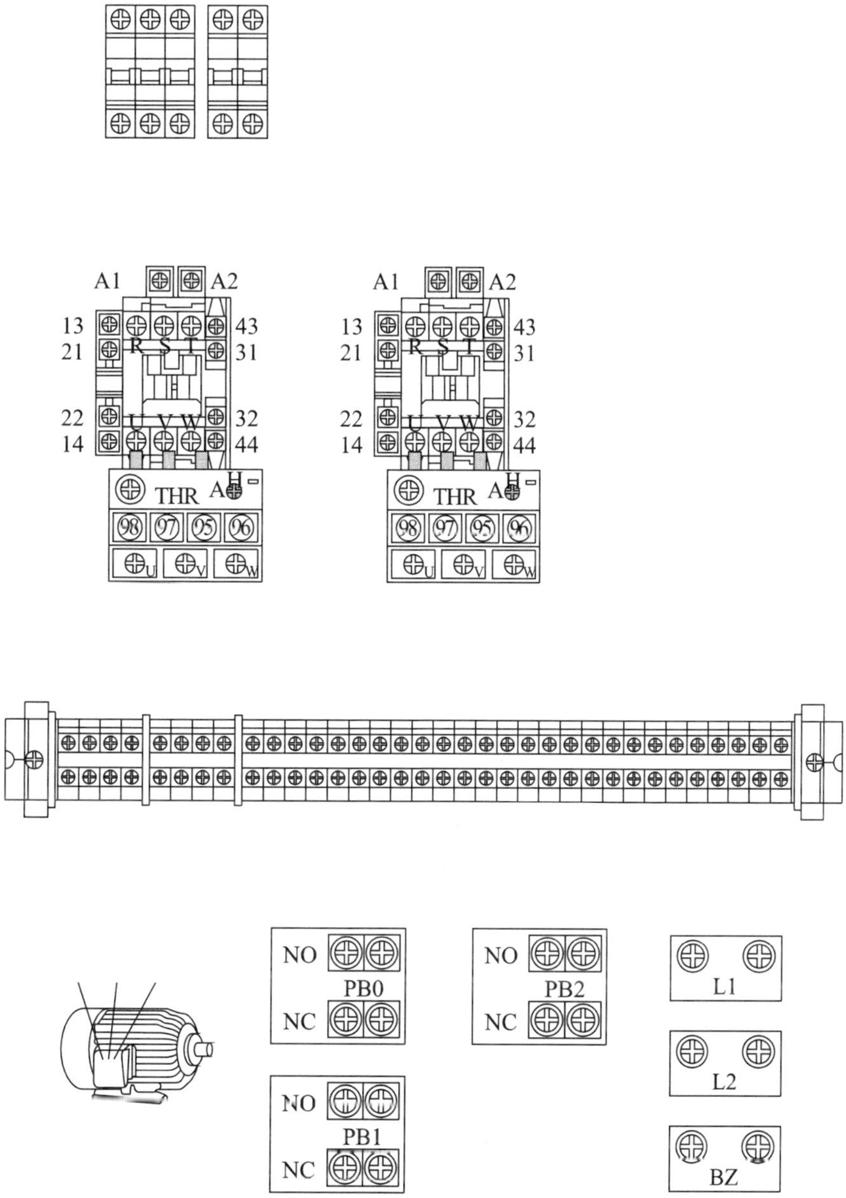


그림 16-7 실습회로 2(정역운전회로 - 전기기계적 인터록 이용) 결선도 작성

### 3) 선택실습 3 : 단상 전동기 정역운전회로

그림 16-8에 제시된 실습회로 3(정역운전회로 - 단상 전동기 이용)을 구성하고, 다음 순서로 실습을 수행한다.

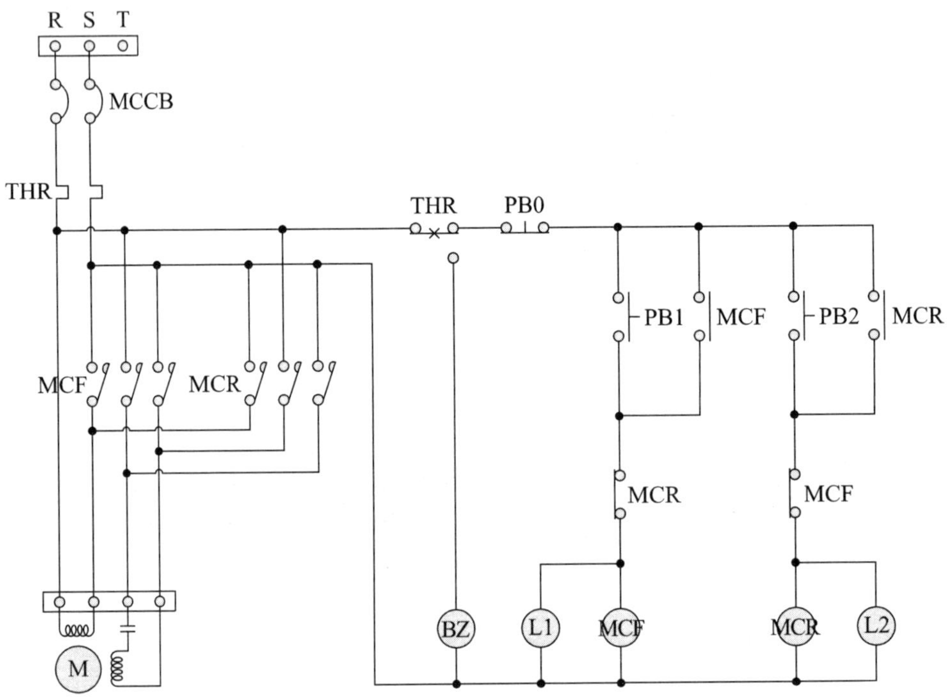


그림 16-8 실습회로 3(정역운전회로 – 단상 전동기 이용)

① 시퀀스 회로를 분석하고 동작순서를 기입한다.
- 동작순서(결과보고서에 작성)
  - 초기상태 :
  - PB1 누른 후 동작

② 시퀀스 회로도에 릴레이 접점번호를 기입한다.

③ 배선 작업을 위해서 시퀀스 회로도에 넘버링을 한다.

④ 기기배치도 도면에 수기로 결선도를 작성한다.

⑤ 실제 배선실습을 하고 동작을 확인한다.

⑥ 동작실험 결과와 분석결과가 일치하는지 점검한다.

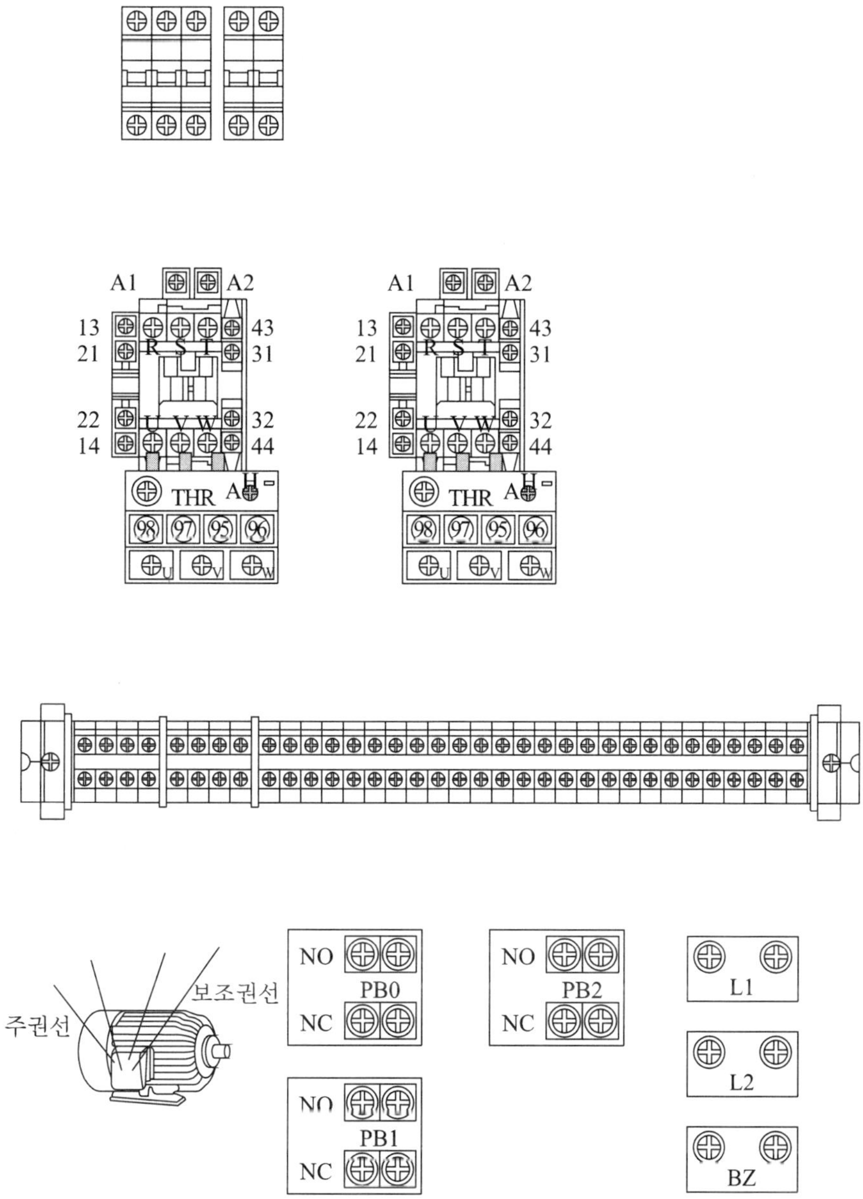


그림 16-9 실습회로 3(정역운전회로 - 단상 전동기 이용) 결선도 작성

<table>
<tr><th colspan="5">결과보고서</th></tr>
<tr><td>실험제목</td><td colspan="4">선택실습 1 : 전기적 인터록 이용 전동기 정역운전회로</td></tr>
<tr><td>조 원</td><td></td><td>실험조</td><td>조</td></tr>
<tr><td>실습일자</td><td></td><td>제출자</td><td></td></tr>
</table>

1) 실습회로 1 핀번호 및 배선번호 기입

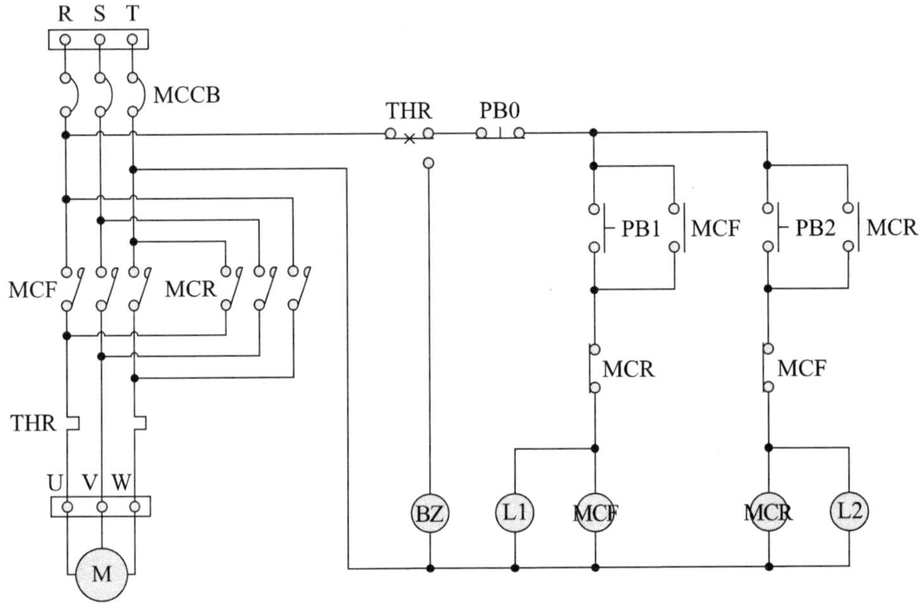


그림 16-4 실습회로 1(정역운전회로 – 전기적 인터록 이용)

- 동작순서
  - 초기상태 :
  - PB1 누른 후 동작

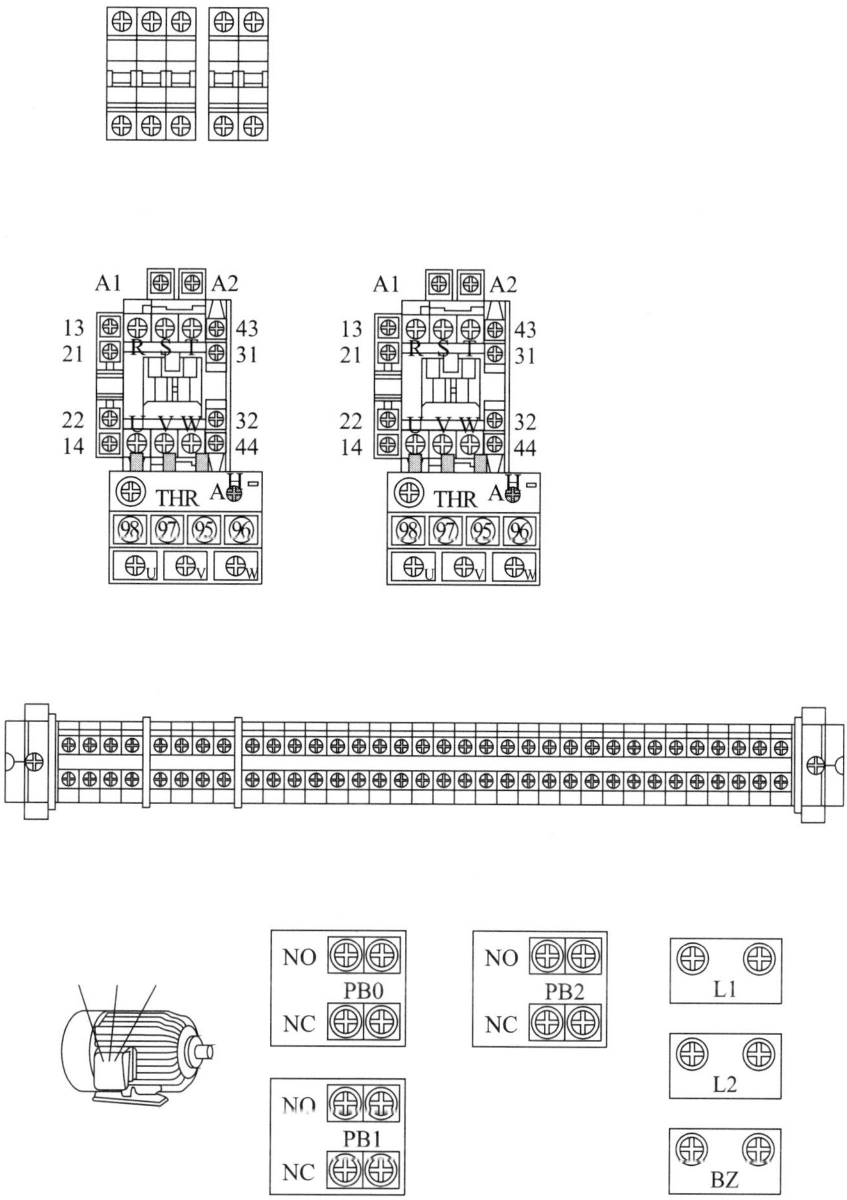


그림 16-5 실습회로 1(정역운전회로 – 전기적 인터록 이용) 결선도 작성

<table>
<tr><th colspan="4">결과보고서</th></tr>
<tr><td>실험제목</td><td colspan="3">선택실습 2 : 전기기계적 인터록 이용 전동기 정역운전회로</td></tr>
<tr><td>조 원</td><td></td><td>실험조</td><td>조</td></tr>
<tr><td>실습일자</td><td></td><td>제출자</td><td></td></tr>
</table>

2) 실습회로 2 핀번호 및 배선번호 기입

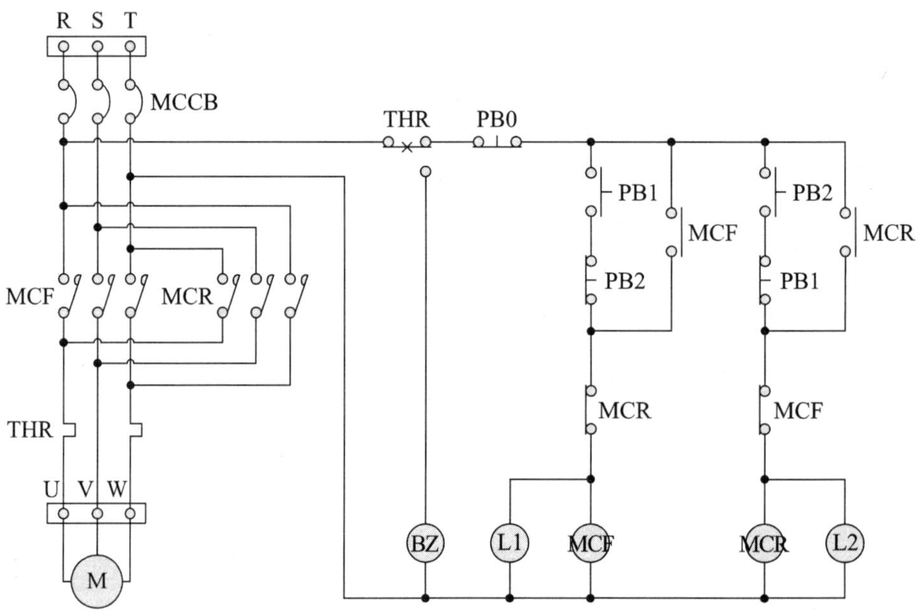


그림 16-6 실습회로 2(정역운전회로 – 전기기계적 인터록 이용)

- 동작순서
  - 초기상태 :
  - PB1 누른 후 동작

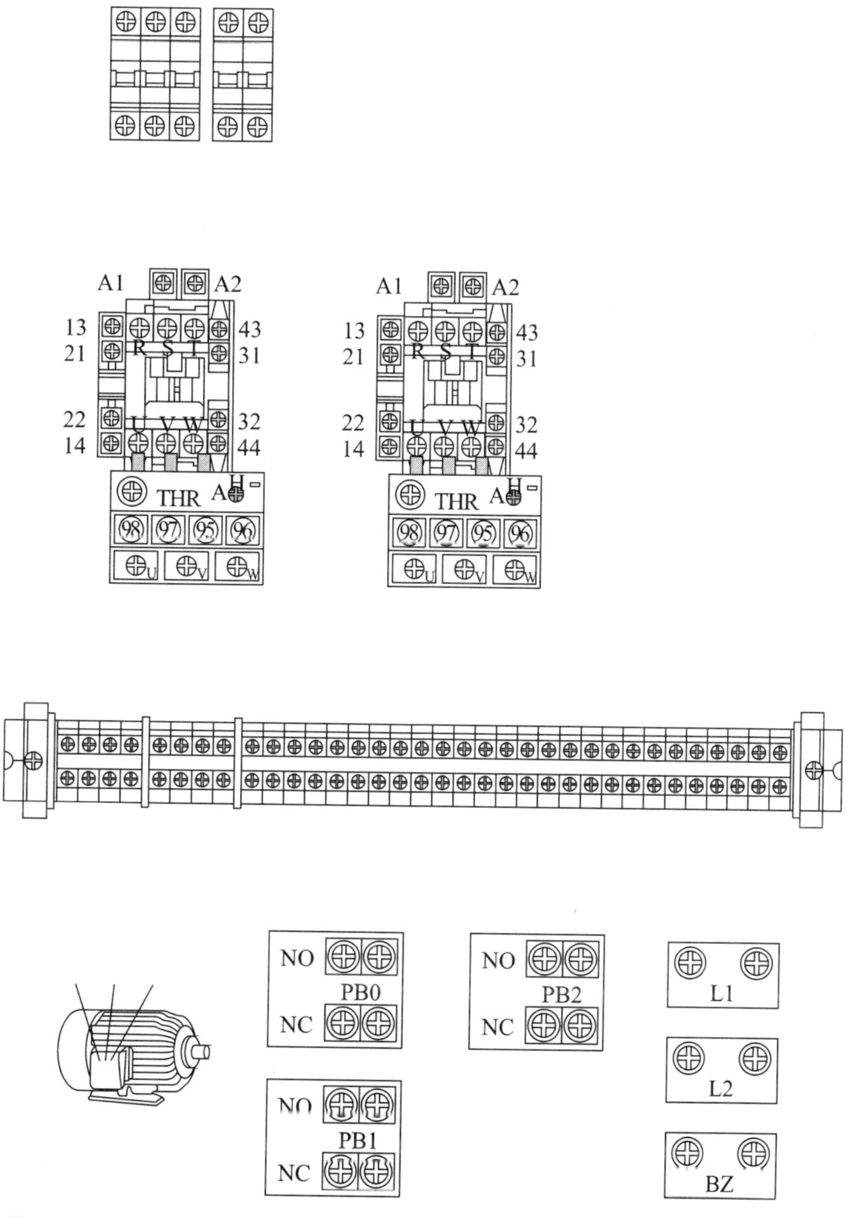


그림 16-7 실습회로 2(정역운전회로 – 전기기계적 인터록 이용) 결선도 작성

| 결과보고서 | | | |
|---|---|---|---|
| 실험제목 | 선택실습 3 : 단상 전동기 정역운전회로 | | |
| 조 원 | | 실험조 | 조 |
| 실습일자 | | 제출자 | |

3) 실습회로 3 핀번호 및 배선번호 기입

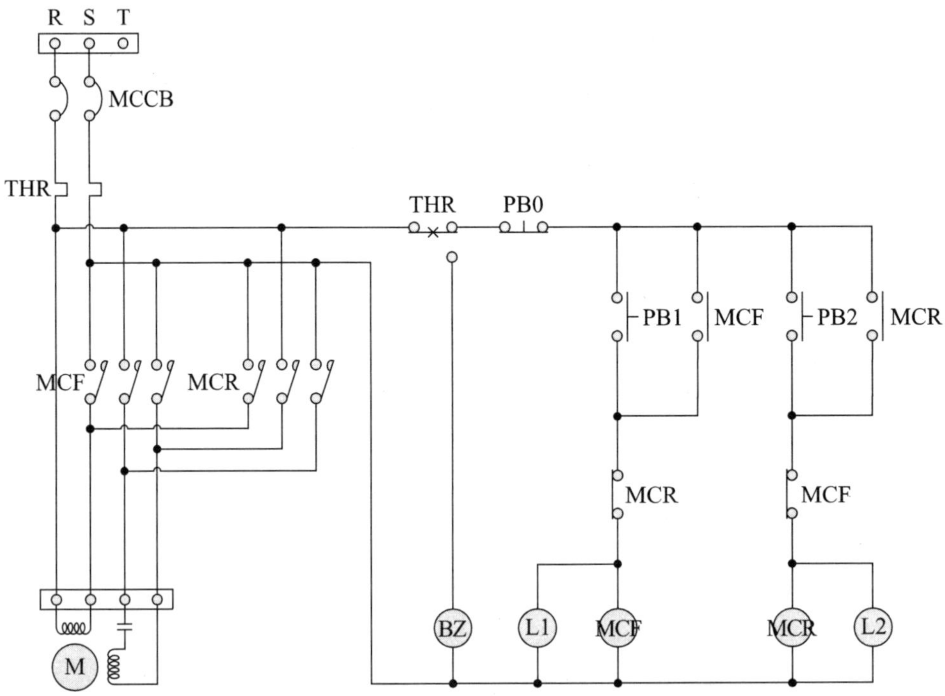


그림 16-8 실습회로 3(정역운전회로 – 단상 전동기 이용)

- 동작순서
  - 초기상태 :
  - PB1 누른 후 동작

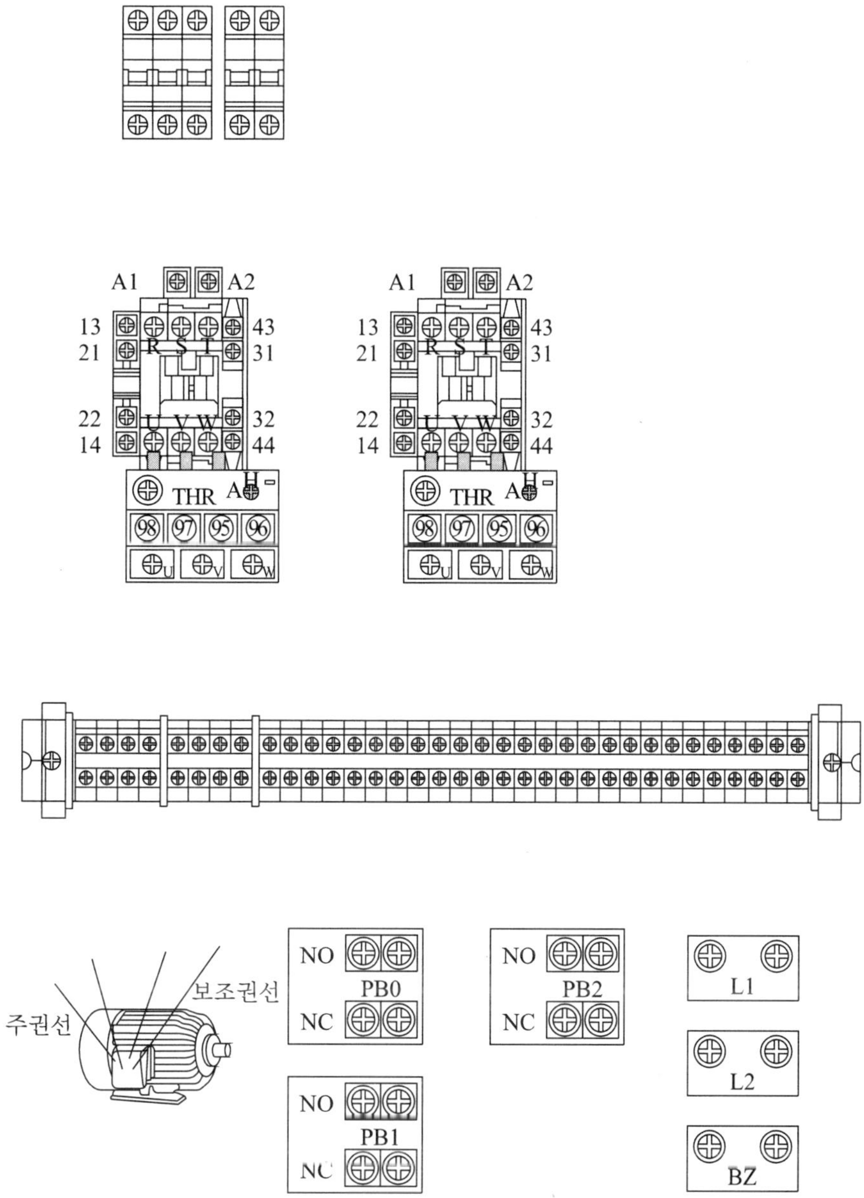


그림 16-9 실습회로 3(정역운전회로 – 단상 전동기 이용) 결선도 작성

# 17 전동기 Y-Δ 기동운전회로

실험

## 1. 실험목적

(1) 전동기 Y-Δ 기동 원리와 이유를 이해한다.

(2) 여러 가지 형태의 전동기 Y-Δ 기동배선회로를 익히고 실습을 통하여 학습한다.

## 2. 실험에 사용되는 기기 및 부품

(1) 배선용 합판

(2) 배선용 차단기(MCCB, 3상, 단상)

(3) 타이머(8 pin) 1개, 타이머 소켓(8 pin) 1개

(4) 푸시버튼(220 V) 3개

(5) 파일럿램프 2개

(6) 버저 1개

(7) 전선

(8) 공구(스트리퍼, 드라이버)

(9) 전자접촉기 3개

(10) 열동형 과부하계전기(THR) 2개

(11) 3상 전동기

## 3. 관련 지식

### 1) 3상 전동기 Y-Δ 기동

전동기는 운전이 되어 동작되는 상태에서는 정격전류가 흐른다. 그러나 정지되어

있는 전동기를 운전을 시작하는 것을 기동이라고 하는데 이 기동 상태에서는 전동기의 정격전류에 비해서 4~6배 정도 큰 기동전류가 흐른다. 따라서 전동기를 기동할 때 Y결선으로 기동하면 $\Delta$결선으로 기동하는 것보다 선전류가 1/3만큼 흘러 초기 기동전류를 줄일 수가 있어 모터 기동 시 큰 기동전류에 의한 모터 소손을 방지할 수 있다. 기동하고 나서 몇 초 후 $\Delta$결선으로 전환하면 선간전압이 모두 걸리게 되어 정상운전이 가능하다.

Y-$\Delta$ 기동을 위해 MC 2개를 사용하는 2접촉기식 기동법이 있고, MC 3개를 사용하는 3접촉기식 기동법이 있다. MC를 2개 사용하는 2접촉기식 기동법은 정지 중인 전동기에 전압이 걸려 있으므로 절연열화의 우려가 있어 무부하, 경부하 시동이 가능한 펌프 및 송풍기 등에 사용된다. MC를 3개 사용하는 3접촉기식 기동법은 정지 중에는 전동기에 전압이 걸려 있지 않으므로 비상용 또는 휴지 기간이 매우 긴 부하에 사용되며 가장 널리 사용된다.

전동기를 기동할 때 그림 17-1과 같이 Y결선을 기동하세 되면 공급되는 전원 전압 $V$와 전동기의 권선에 걸리는 상전압 $E$와의 관계는 다음과 같다.

$$E = \frac{V}{\sqrt{3}}, \qquad I_{Y\text{선전류}} = I_{Y\text{상전류}} = \frac{E}{Z} = \frac{1}{\sqrt{3}}\frac{V}{Z}$$

따라서 전동기의 상전압 $E$는 공급전압 $V$보다 $1/\sqrt{3}$배로 낮아지며, 전류도 $1/\sqrt{3}$로 줄어들게 됨을 알 수 있다.

반면 전동기를 기동할 때 그림 17-1과 같이 $\Delta$결선을 기동하게 되면 공급되는

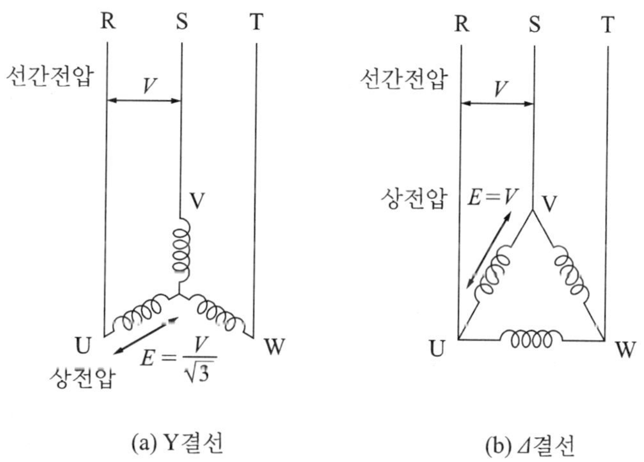


**그림 17-1 전동기의 결선법**

전원 전압 $V$는 전동기의 권선에 걸리는 상전압 $E$와의 관계는 다음과 같다.

$$E = V, \qquad I_{\Delta 선전류} = \sqrt{3}\, I_{\Delta 상전류} = \frac{E}{Z} = \sqrt{3}\,\frac{V}{Z}$$

따라서 전동기의 상전압 $E$는 공급전압 $V$와 동일하게 걸리며, 전류는 $\sqrt{3}$ 배로 흐르게 됨을 알 수 있다.

전동기 기동 시 동일한 선간전압 $V$가 Y결선된 전동기와 $\Delta$결선된 전동기에 걸리면 흐르는 선전류의 비를 살펴보면 다음과 같다.

$$\frac{I_{Y 선전류}}{I_{\Delta 선전류}} = \frac{\dfrac{V/\sqrt{3}}{Z}}{\dfrac{\sqrt{3}\,V}{Z}} = \frac{V/\sqrt{3}}{\sqrt{3}\,V} = \frac{1}{3}$$

따라서 전동기 기동 시에 Y 기동을 하게 되면 $\Delta$ 기동으로 하는 것보다 선전류가 1/3로 감소되어 전동기 기동전류를 줄일 수 있고 기동 후 $\Delta$ 운전하게 되면 공급되는 선간전압이 모두 전동기의 각 상에 걸리게 되어 정상운전이 가능하게 된다.

## 2) 3상 전동기 Y결선법 및 $\Delta$결선법

### (1) 3상 전동기의 전동기의 Y결선법

전동기에는 내부에 권선이 결선이 되어 있고 외부로 그림 17-2와 같이 U-X코일, V-Y코일, W-Z코일로 구성이 되어 있다. 이것을 Y결선을 위해서는 각각의 코일의 1개의 부분(XYZ)를 묶어주면 Y결선이 된다.

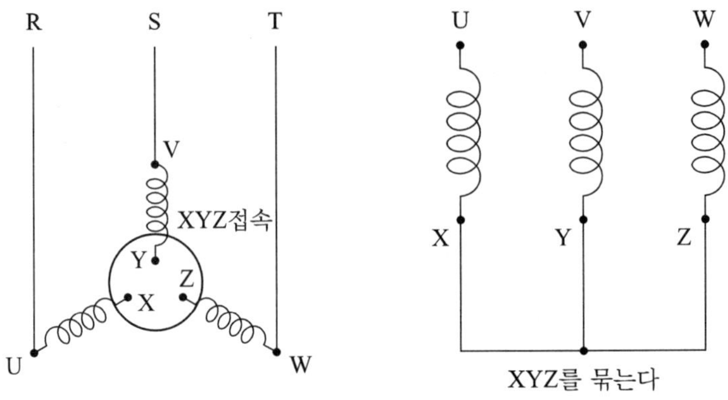


그림 17-2 Y결선 방법

## (2) 3상 전동기의 전동기의 Δ결선법

전동기에는 내부에 권선이 결선이 되어 있고 외부로 그림 17-3과 같이 U-X코일, V-Y코일, W-Z코일로 구성이 되어 있다. 각각의 코일 끝단을 다음 상으로 결선하면 Δ결선이 된다. 즉 V-X접속, W-Y접속, U-Z접속을 하게 되면 Δ결선이 된다.

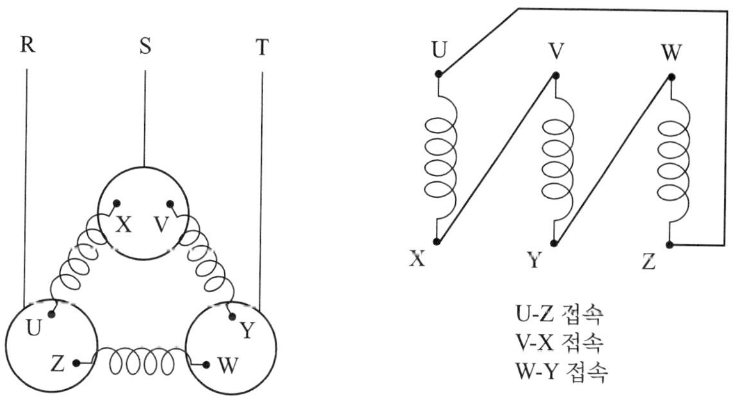


그림 17-3 Δ결선 방법

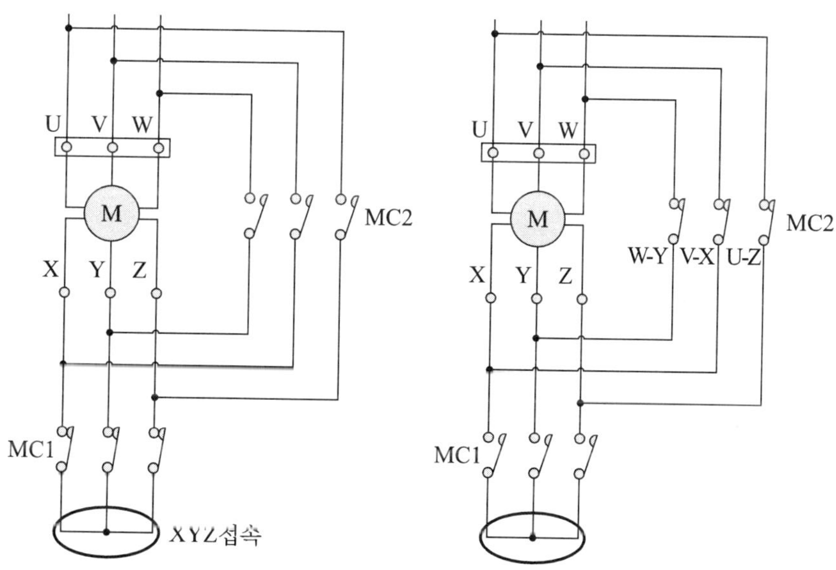


(a) Y결선

(b) Δ결선

그림 17-4 MC를 이용한 Y결선 및 Δ결선 방법

## 4. 실험순서

### 1) 선택실습 1 : 2접촉기식 전동기 Y-$\Delta$ 기동운전회로

그림 17-5에 제시된 실습회로1(Y-$\Delta$ 기동회로 2접촉기식)을 구성하고, 다음 순서로 실습을 수행한다.

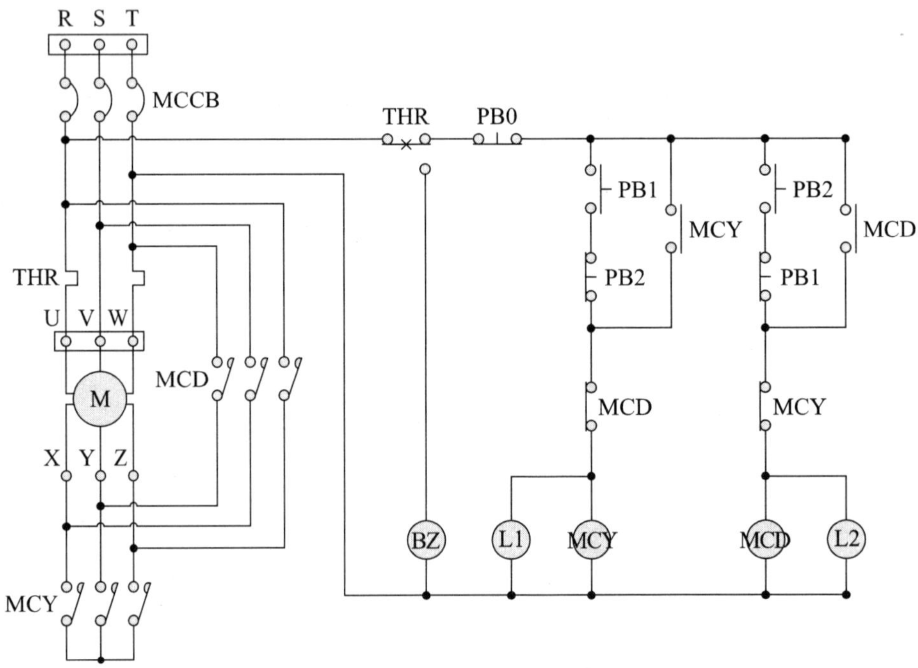


그림 17-5 실습회로 1(Y-$\Delta$ 기동회로 2접촉기식)

① 시퀀스 회로를 분석하고 동작순서를 기입한다.

- 동작순서(결과보고서에 작성)
  - 초기상태 :
  - PB1 누른 후 동작

② 시퀀스 회로도에 릴레이 접점번호를 기입한다.

③ 배선 작업을 위해서 시퀀스 회로도에 넘버링을 한다.

④ 기기배치도 도면에 수기로 결선도를 작성한다.

⑤ 실제 배선실습을 하고 동작을 확인한다.

⑥ 동작실험 결과와 분석결과가 일치하는지 점검한다.

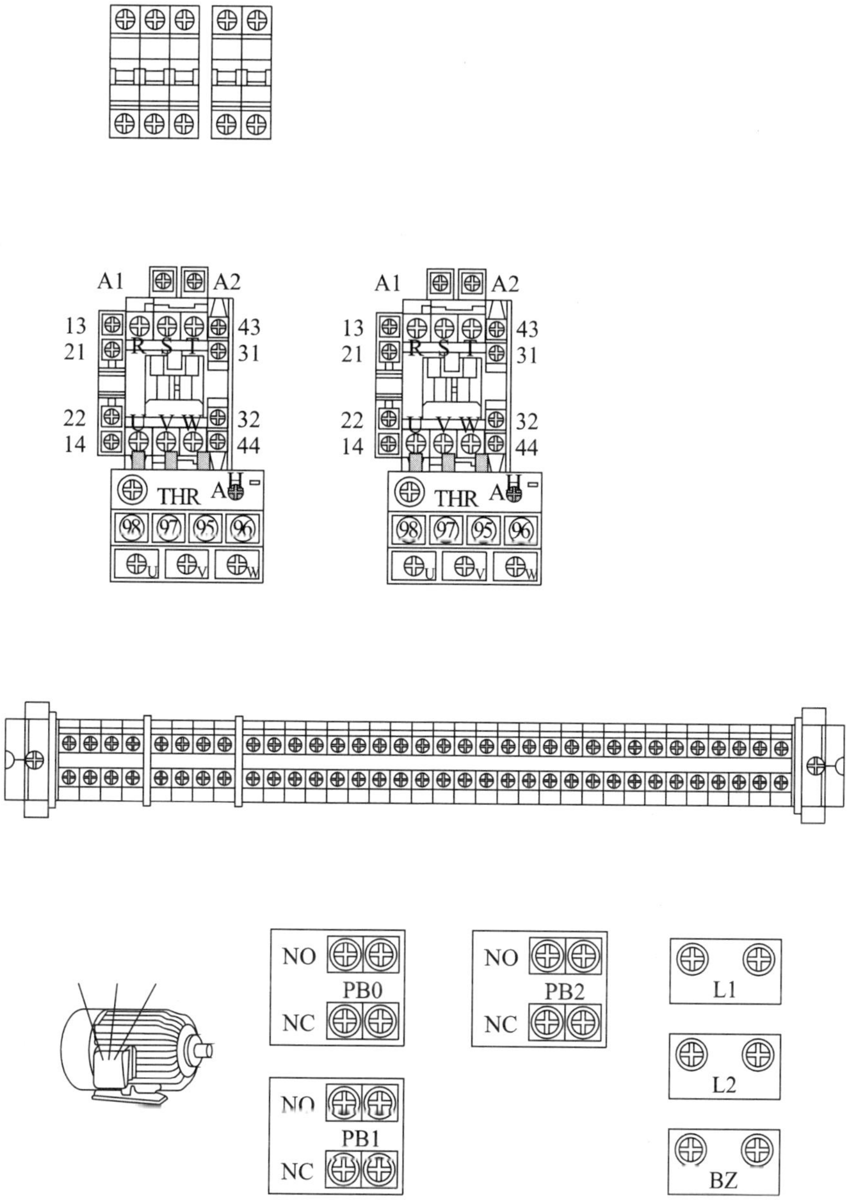


그림 17-6 실습회로 1(Y-Δ 기동회로 2접촉기식) 결선도 작성

### 2) 선택실습 2 : 3접촉기식 전동기 Y-Δ 기동운전회로

그림 17-7에 제시된 실습회로 2(Y-Δ 기동회로 3접촉기식)을 구성하고, 다음 순서로 실습을 수행한다.

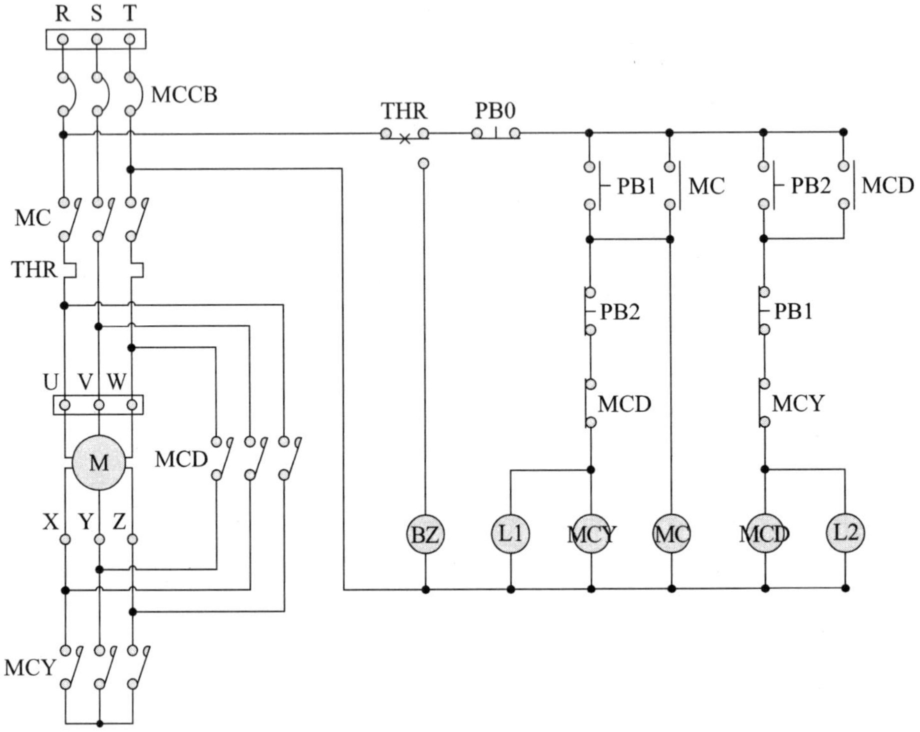


그림 17-7 실습회로 2(Y-Δ 기동회로 3접촉기식)

① 시퀀스 회로를 분석하고 동작순서를 기입한다.

- 동작순서(결과보고서에 작성)
  - 초기상태 :
  - PB1 누른 후 동작

② 시퀀스 회로도에 릴레이 접점번호를 기입한다.

③ 배선 작업을 위해서 시퀀스 회로도에 넘버링을 한다.

④ 기기배치도 도면에 수기로 결선도를 작성한다.

⑤ 실제 배선실습을 하고 동작을 확인한다.

⑥ 동작실험 결과와 분석결과가 일치하는지 점검한다.

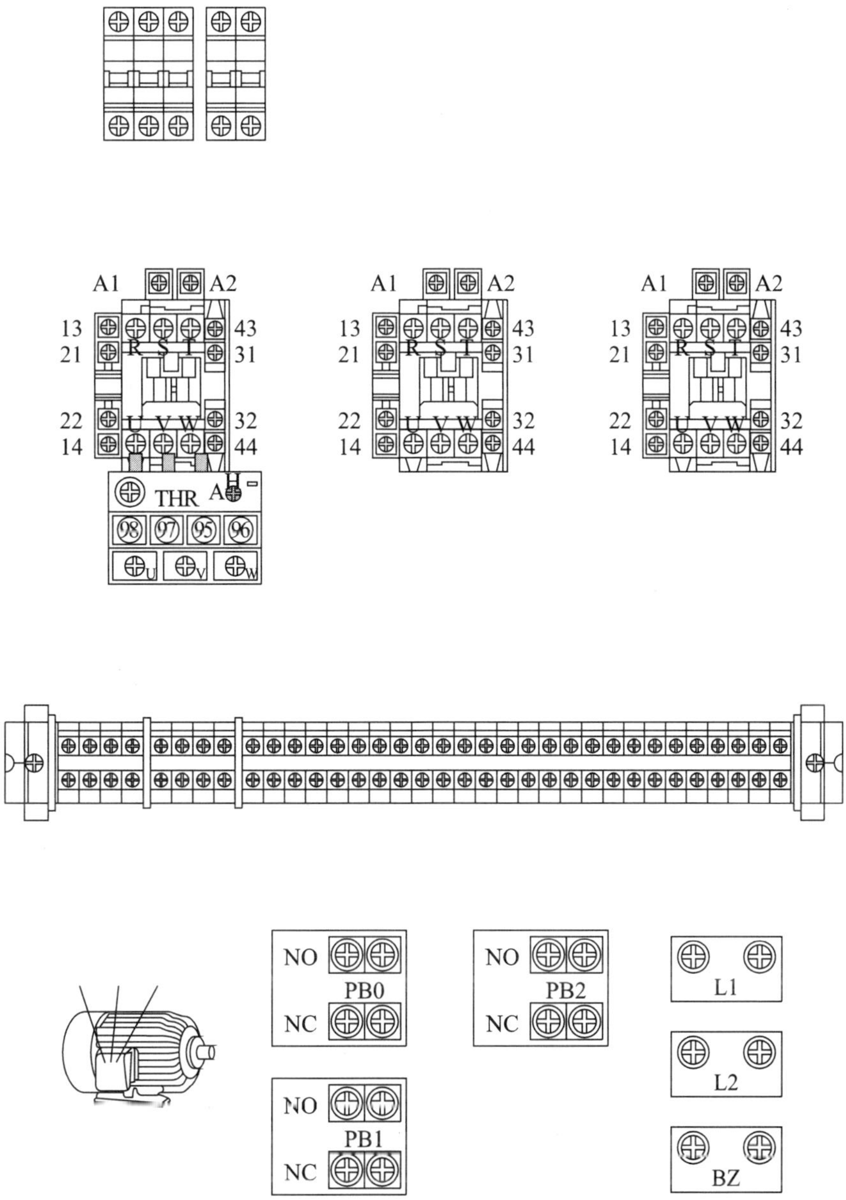


그림 17-8 실습회로 2(Y-Δ 기동회로 3접촉기식) 결선도 작성

### 3) 선택실습 3 : 타이머 이용 전동기 Y-Δ 기동운전회로

그림 17-9에 제시된 실습회로 3(Y-Δ 기동회로 3접촉기식 자동운전)을 구성하고, 다음 순서로 실습을 수행한다.

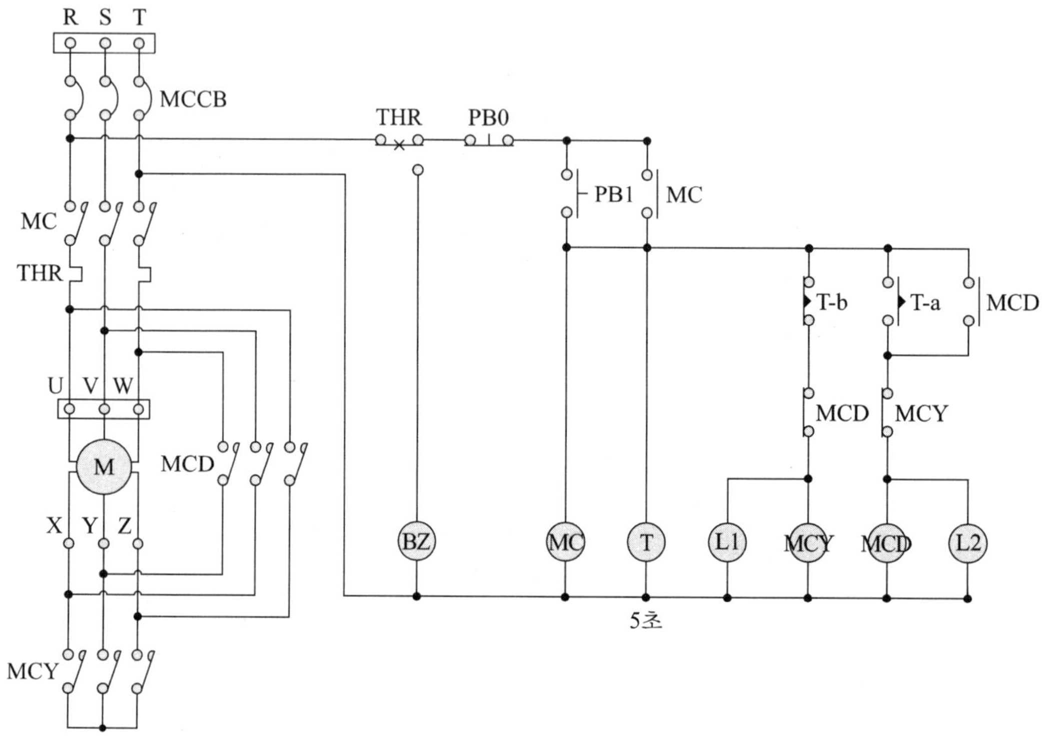


그림 17-9 실습회로 3(Y-Δ 기동회로 3접촉기식 자동운전)

① 시퀀스 회로를 분석하고 동작순서를 기입한다.
- 동작순서(결과보고서에 작성)
  - 초기상태 :
  - PB1 누른 후 동작

② 시퀀스 회로도에 릴레이 접점번호를 기입한다.

③ 배선 작업을 위해서 시퀀스 회로도에 넘버링을 한다.

④ 기기배치도 도면에 수기로 결선도를 작성한다.

⑤ 실제 배선실습을 하고 동작을 확인한다.

⑥ 동작실험 결과와 분석결과가 일치하는지 점검한다.

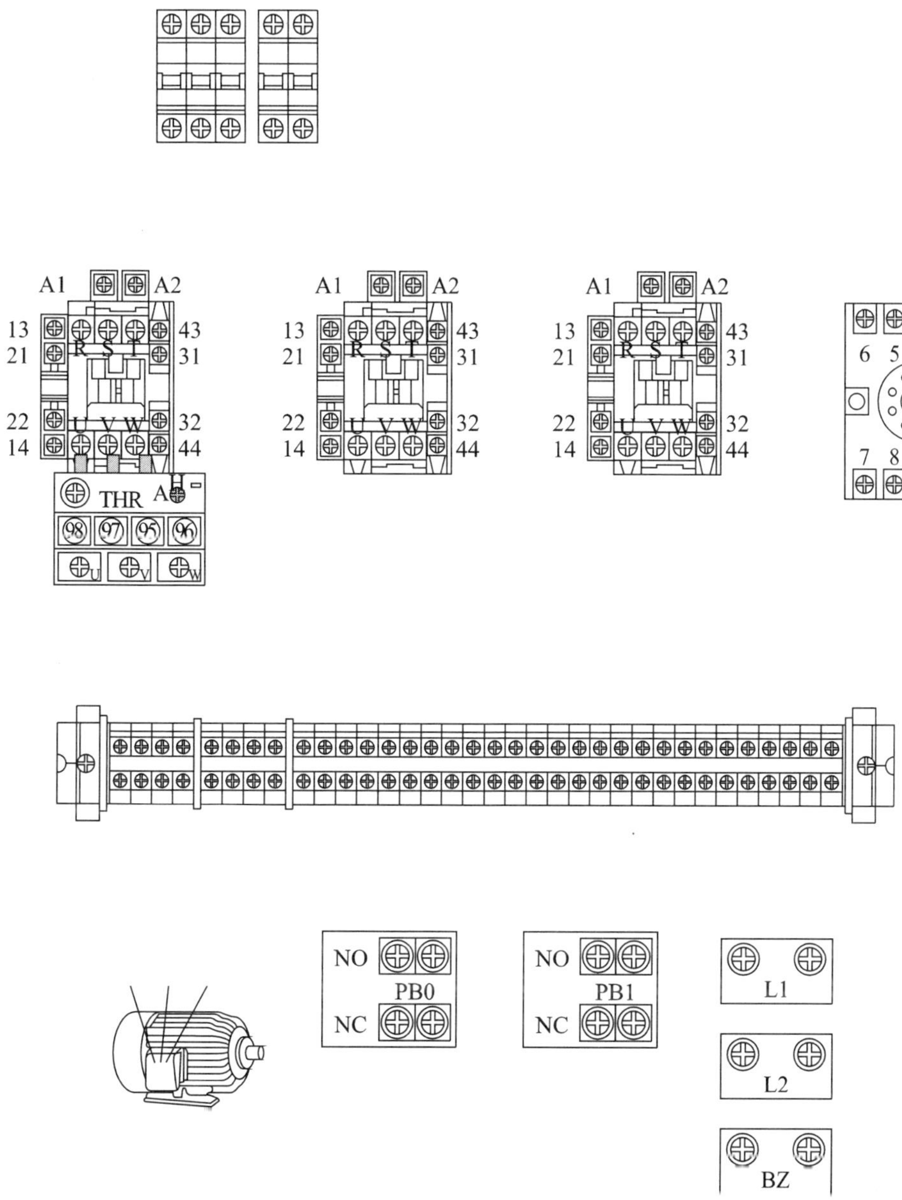


그림 17-10 실습회로 3(Y-Δ 기동회로 3접촉기식 자동운전) 결선도 작성

| 결과보고서 | | | |
|---|---|---|---|
| 실험제목 | **선택실습 1 :** 2접촉기식 전동기 Y-$\Delta$ 기동운전회로 | | |
| 조 원 | | 실험조 | 조 |
| 실습일자 | | 제출자 | |

1) 실습회로 1(Y-$\Delta$ 기동회로 2접촉기식) 핀번호 및 배선번호 기입

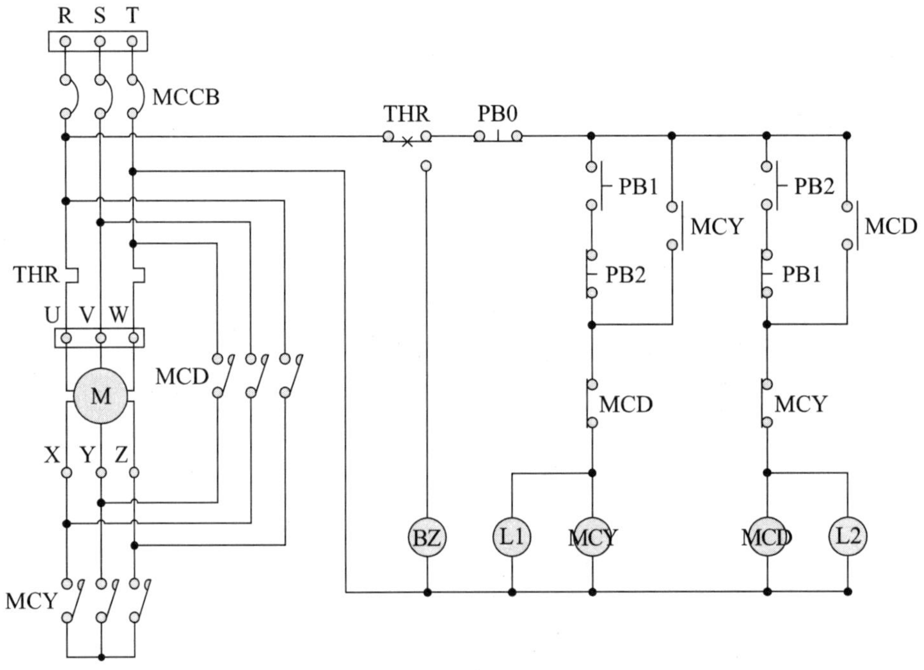


그림 17-5 실습회로 1(Y-$\Delta$ 기동회로 2접촉기식)

- 동작순서
  - 초기상태 :
  - PB1 누른 후 동작

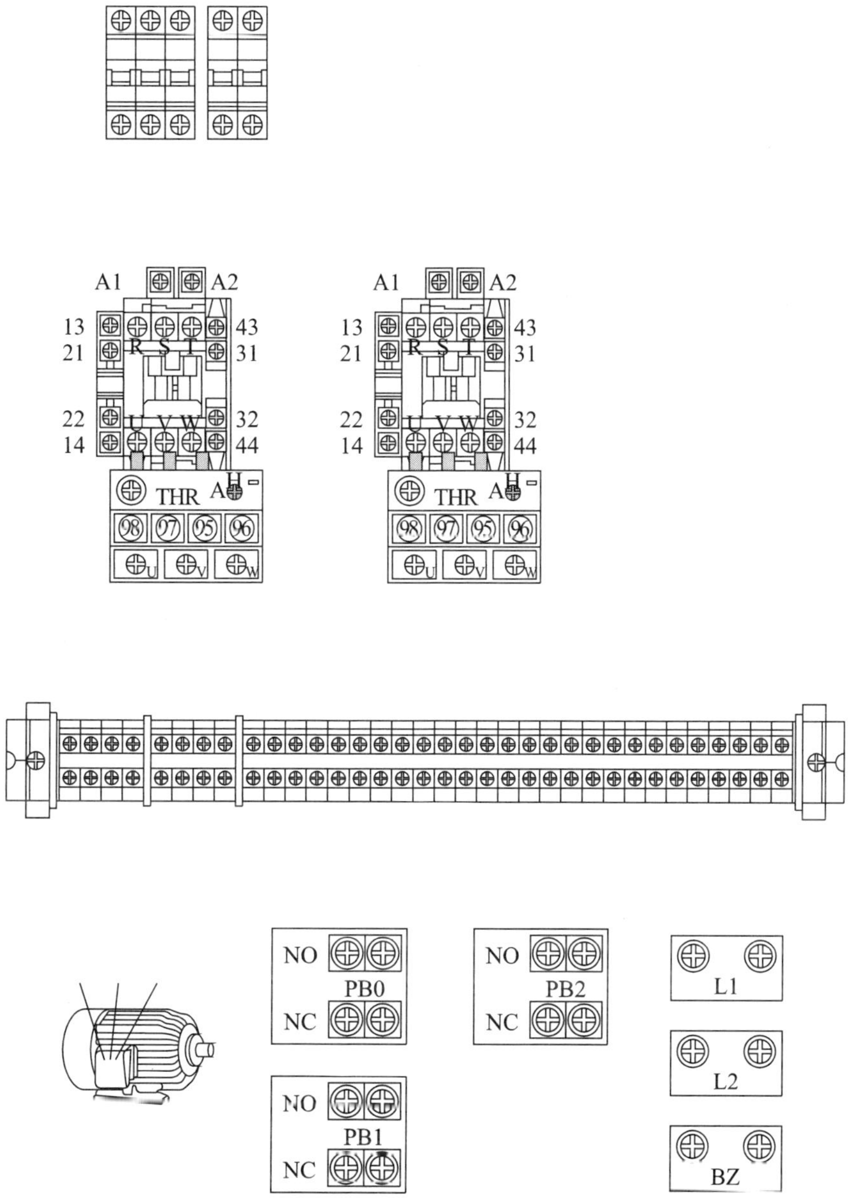


그림 17-6 실습회로 1(Y-Δ 기동회로 2접촉기식) 결선도 작성

| 결과보고서 | | | |
|---|---|---|---|
| 실험제목 | **선택실습 1 :** 3접촉기식 전동기 Y-Δ 기동운전회로 | | |
| 조 원 | | 실험조 | 조 |
| 실습일자 | | 제출자 | |

2) 실습회로 2(Y-Δ 기동회로 3접촉기식) 핀번호 및 배선번호 기입

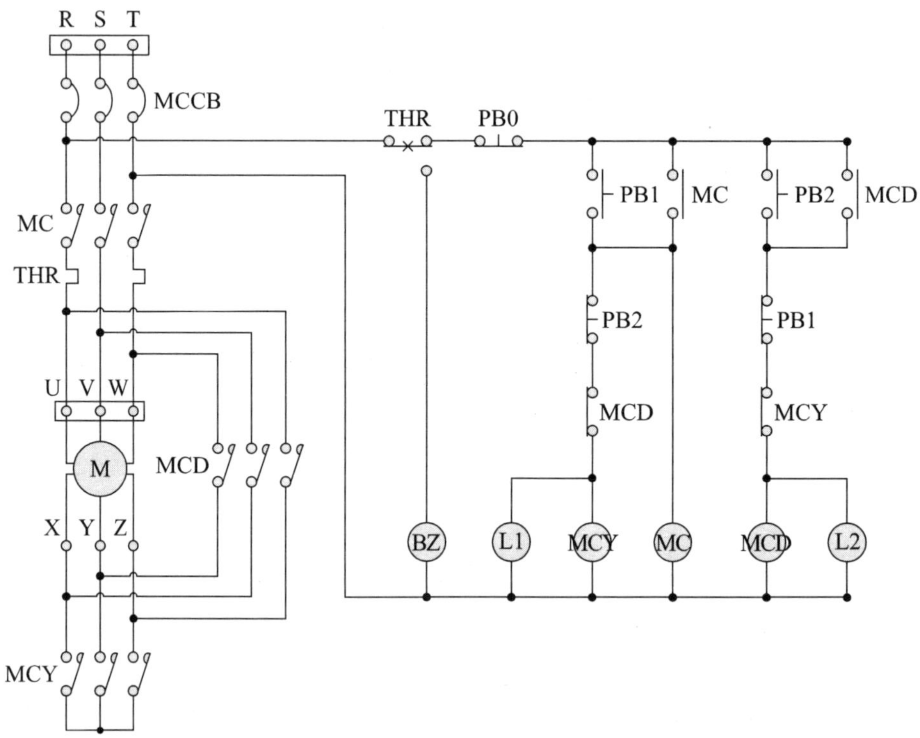


그림 17-7 실습회로 2(Y-Δ 기동회로 3접촉기식)

- 동작순서
  - 초기상태 :
  - PB1 누른 후 동작

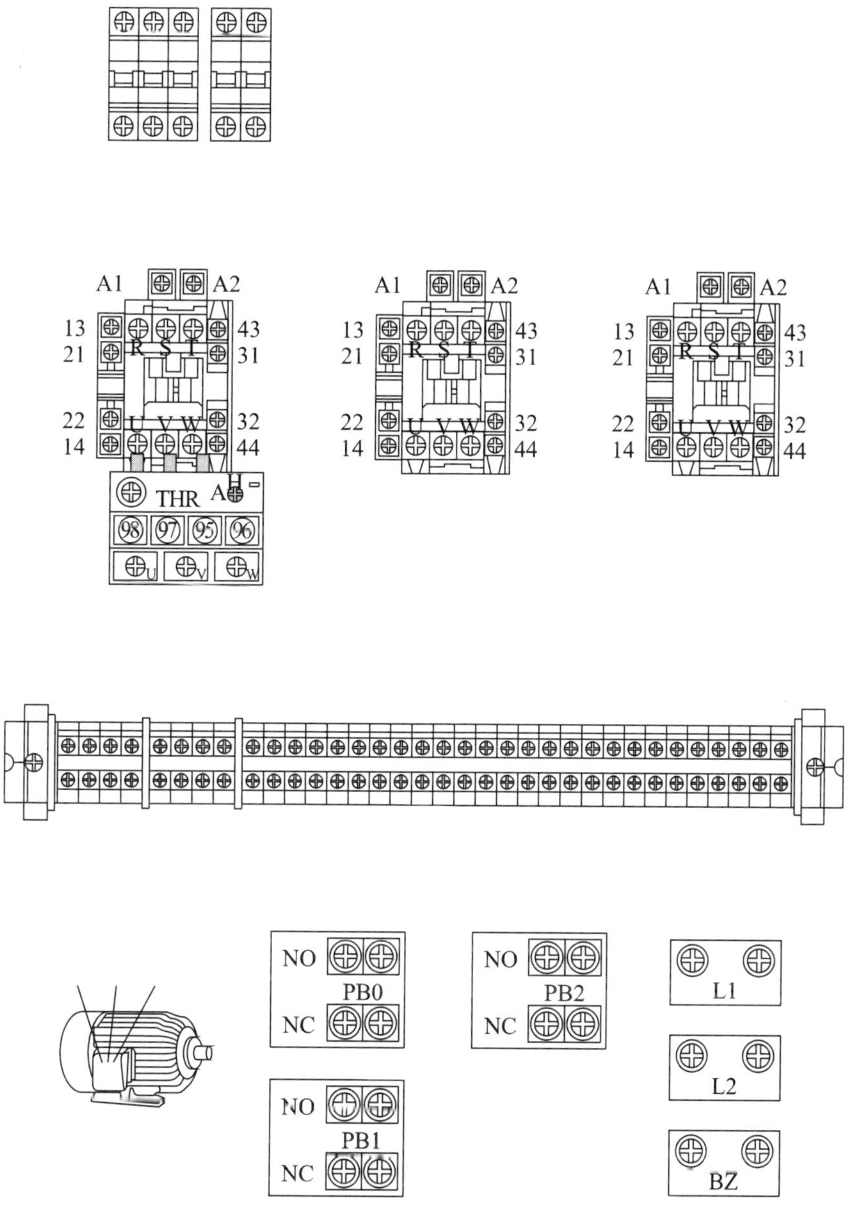


그림 17-8 실습회로 2(Y-Δ 기동회로 3접촉기식) 결선도 작성

| 결과보고서 | | | |
|---|---|---|---|
| 실험제목 | **선택실습 1 :** 타이머 이용 전동기 Y−Δ 기동운전회로 | | |
| 조 원 | | 실험조 | 조 |
| 실습일자 | | 제출자 | |

3) 실습회로 3(Y-Δ 기동회로 3접촉기식 자동운전) 핀번호 및 배선번호 기입

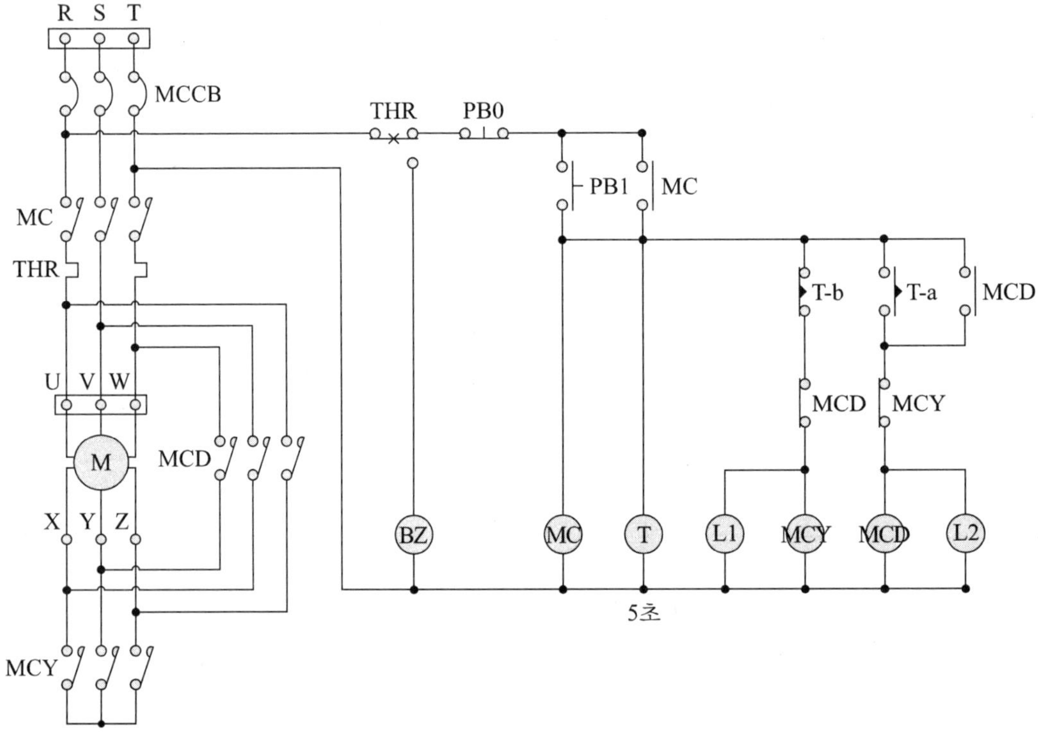


그림 17-9 실습회로 3(Y−Δ 기동회로 3접촉기식 자동운전)

- 동작순서
  - 초기상태 :
  - PB1 누른 후 동작

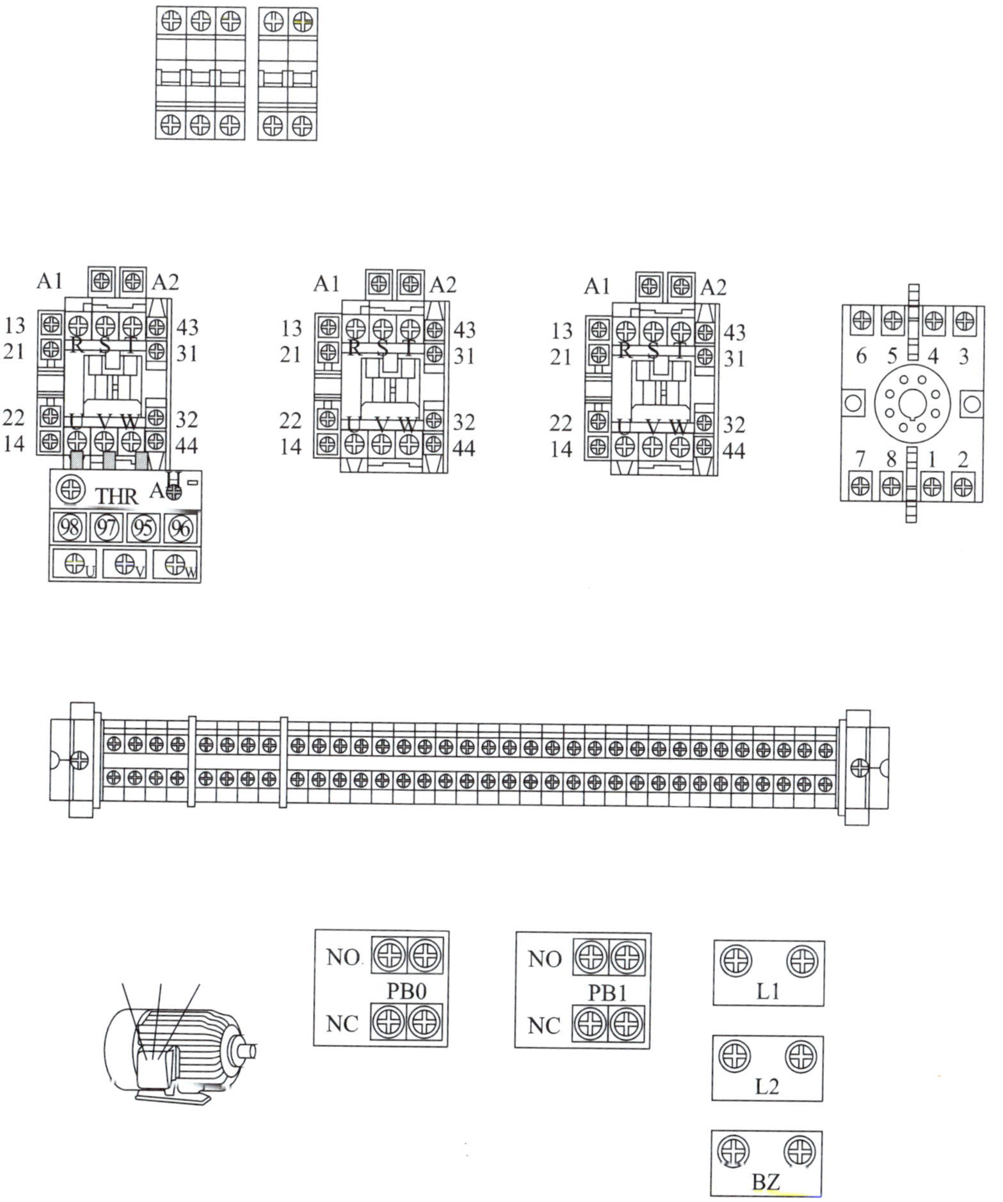


그림 17-10 실습회로 3(Y-Δ 기동회로 3접촉기식 자동운전) 결선도 작성

# 4장

# 소방기초회로 실험

실험 18 수신기, 발신기 동작원리 실험
실험 19 감지기 송배전방식 결선
실험 20 감지기 교차회로방식 결선
실험 21 우선경보방식 동작 실험
실험 22 절연저항 측정법

# 18 수신기, 발신기 동작원리 실험

실험

## 1. 실험목적

(1) 자동화재탐지설비에 사용되는 수신기의 및 발신기의 회로 구성에 대해 학습한다.

(2) 자동화재탐지설비에 사용되는 수신기의 동작과 발신기의 동작에 대한 회로를 시퀀스 회로를 구성하고 실습을 통하여 학습한다.

## 2. 실험에 사용되는 기기 및 부품

(1) 배선용 합판

(2) 24 V 전원(DC 파워서플라이)

(3) 릴레이(DC 24 V용 8 pin, 2a2b) 2개

(4) 푸시버튼 4개

(5) 파일럿램프(DC 24 V용) 4개

(6) 버저(DC 24 V용) 2개

(7) 전선

(8) 공구(스트리퍼, 드라이버, 접시머리나사 12 mm 외)

(9) 감지기 1개 이상

(10) 컨트롤박스 2구 5개

(11) 8각박스(감지기 개수만큼)

**실습 시 주의**

본 실습은 DC 24 V 전원을 이용하여 실습하는 경우 MCCB 대신 퓨즈를 사용한다. 220 V 전원으로 실습을 수행할 수 있으며, 이 경우 MCCB를 사용하고, 실습 시 릴레이, 버저, 파일럿램프는 220 V용을 사용해야 하며, 감지기는 베이스만 사용하여야 한다.

## 3. 관련 지식

### 1) 수신기

수신기는 감지기나 발신기에서 보내온 화재 신호를 수신하여 화재 발생을 알리고 어디에서 화재가 발생하였는지 표시하여 이를 관계자에게 경보하여 주는 설비이다. 수신기는 크게 분류하면 P형 1급, 2급 수신기 및 R형 수신기로 구분된다.

#### (1) P형 1급 수신기

① 4층 이상 소방대상물에는 P형 1급 수신기 또는 R형 수신기를 설치하여야 한다.
② 수신기에 접속할 수 있는 회로수가 하나인 소방대상물에 있어서는 P형 1급 또는 P형 2급 수신기를 설치하여야 한다.
③ P형 1급 발신기를 접속하여 사용한다.
④ 접속회선수는 제한이 없다.
⑤ 전화통화 기능이 있다.

#### (2) P형 2급 수신기

① 4층 미만의 소방대상물에는 P형 2급 수신기를 설치할 수 있다. (P형 1급 수신기 또는 R형 수신기를 설치 가능)
② 소방대상물 중 연면적 350 $m^2$ 이하의 소방대상물에만 1회선용 P형 2급 수신기 설치 가능. (연면적 350 $m^2$ 초과하면 P형 1급 수신기 또는 R형 수신기 및 P형 2급 수신기 2회로 이상 설치 가능)
③ P형 2급 발신기를 접속하여 사용한다.
④ 접속회선수는 5회선 이하를 사용한다.
⑤ 전화통화 기능이 없다.

### 2) 발신기

발신기는 화재 발생 시 화재를 알리기 위하여 사람이 발신기의 누름스위치를 수동으로 눌러서 화재 발생을 수신기에 발신하는 장치이다.

### (1) P형 1급 발신기 구성

① 누름버튼스위치, 전화연락장치 응답장치로 구성됨

② P형 1급 수신기와 R형 수신기에 접속 가능

### (2) P형 2급 발신기 구성

① 누름버튼스위치는 있으나 전화연락장치, 응답장치가 없음.

② P형 2급 수신기에 접속하여 사용함.

그림 18-1은 발신기 외형 및 내부 회로를 나타내고 있다. 발신기의 누름단추를 누르면 발신기 신호가 지구(회로) 단자를 통하여 수신기에 전달되며 응답확인램프에 불이 들어오게 된다.

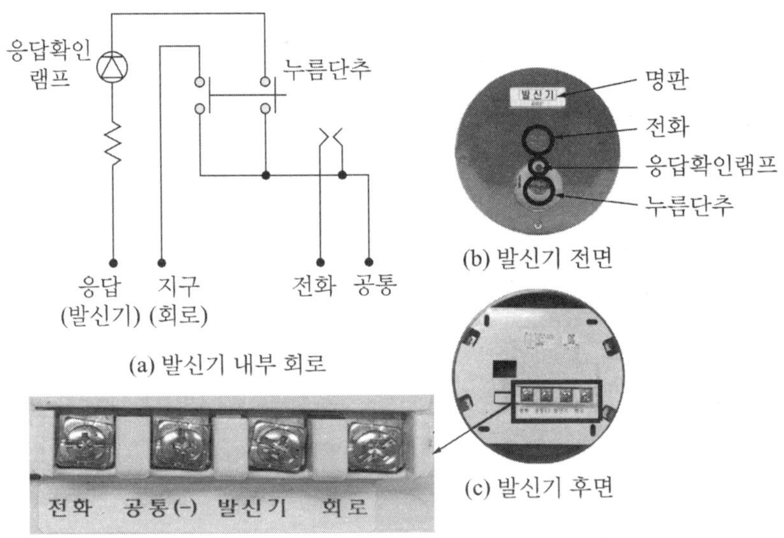


(a) 발신기 내부 회로

(b) 발신기 전면

(c) 발신기 후면

**그림 18-1 발신기 외형 및 내부 회로**

그림 18-2는 수신기와 발신기, 경종, 표시등의 동작의 개요를 나타내는 회로를 나타내고 있다.

그림 18-2의 개략적인 동작은 다음과 같다.

① 표시등은 수신기 내의 전원에 바로 접속되어 표시등은 항상 전원이 켜져 있다.

② 발신기의 누름버튼을 누르면 수신기 내의 릴레이 R에 전류가 흐르고 이것에

의해 릴레이 R의 a접점이 붙게 되고 경종에 전원이 투입되어 경종이 울리게 된다.

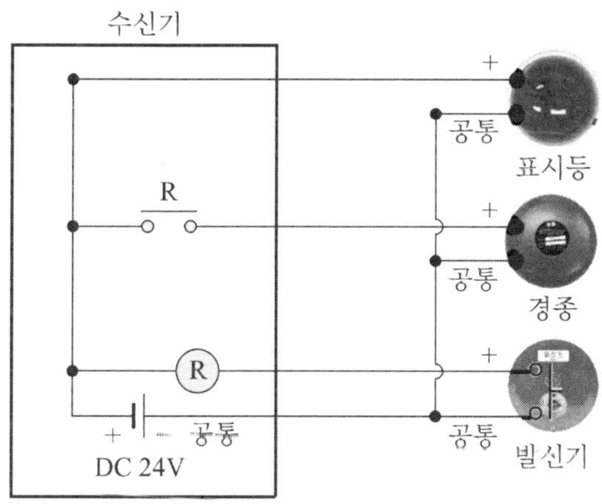


그림 18-2 수신기와 발신기, 경종, 표시등의 개략 동작개요도

## 3) 감지기, 발신기 동작에 의한 수신기 동작

그림 18-3은 발신기 화재신호 및 감지기 화재신호에 따른 수신기의 동작개요를 나타낸다.

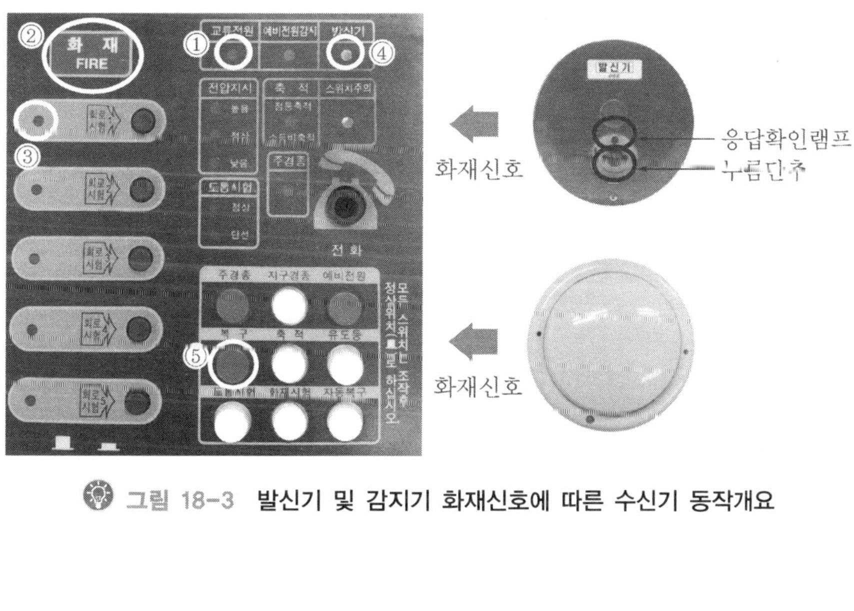


그림 18-3 발신기 및 감지기 화재신호에 따른 수신기 동작개요

수신기의 동작개요는 다음과 같다.

① 수신기의 전원 투입 시 수신기측 교류전원 점등

② 발신기의 누름단추 또는 감지기 화재 검출에 의해 화재 검출 시 화재표시등에 점등

③ 지구표시등이 점등 및 경종 울림.

④ 발신기 누름버튼에 의한 화재신호 수신 시 점등되며 발신기 응답확인램프 점등

⑤ 화재 복구 시 복구버튼을 누르면 화재표시등, 지구표시등, 경종 정지

## 4. 실험순서

(1) 그림 18-4와 같이 실습회로를 구성하고 도면에 핀번호 및 배선번호를 기입한다.

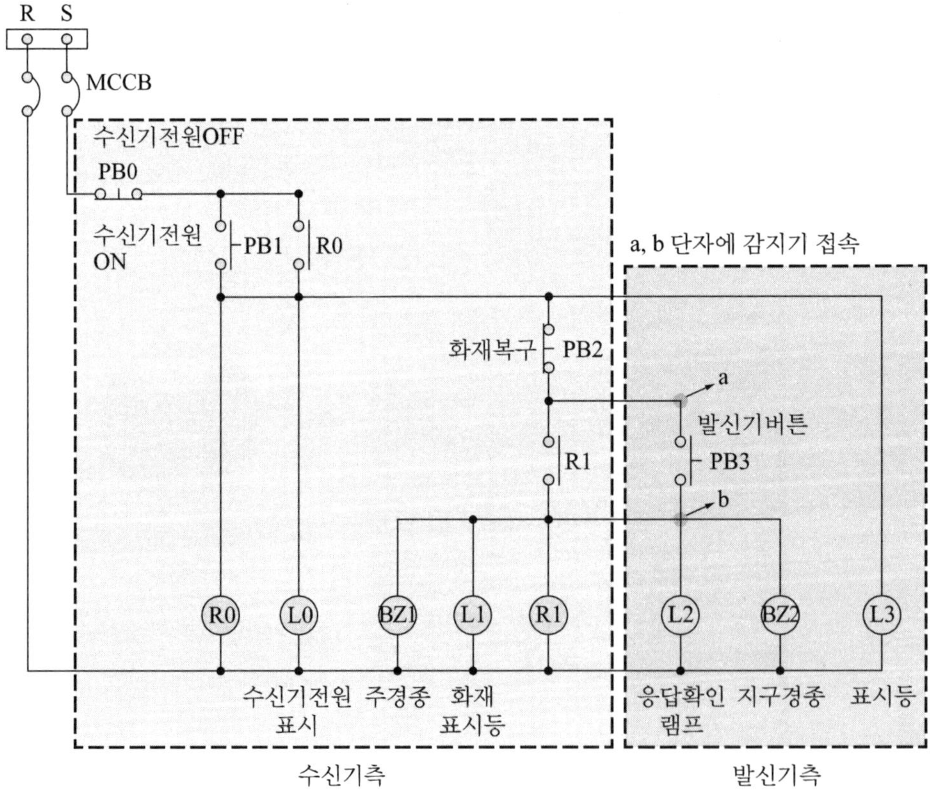


그림 18-4 수신기, 발신기 동작을 개요의 시퀀스도

표 18-1 도면기호 범례

| 분류 | 기호 | 기능동작 |
|---|---|---|
| 수신기측 | PB0 | 수신기 전원 OFF |
| | PB1 | 수신기 전원 ON |
| | PB2 | 수신기 화재복구버튼 |
| | L0 | 수신기 전원표시 |
| | BZ1 | 주경종(버저로 대체) |
| | L1 | 화재표시등 |
| 발신기측 | PB3 | 발신기 누름버튼 |
| | L2 | 응답확인램프 |
| | L3 | 표시등 |
| | BZ2 | 지구경종(버저로 대체) |

(2) 그림 18-4의 도면에서 PB1을 누르면 어떻게 동작하는가?

(3) 발신기 버튼 PB3를 눌렀을 때 동작과정을 설명하시오.

(4) 화재복구버튼 PB2를 눌렀을 때 동작을 설명하시오.

(5) 수신기측 PB0를 누르면 어떤 동작을 하는가 설명하시오.

(6) 그림 18-5에 결선도를 작성하고, 결선을 수행하고 동작을 수행하여 동작을 검토하시오.

(7) 동작수행 후 그림 18-4의 a, b 사이에 감지기를 설치하고, 감지기가 동작하였을 때 동작을 검토하시오.

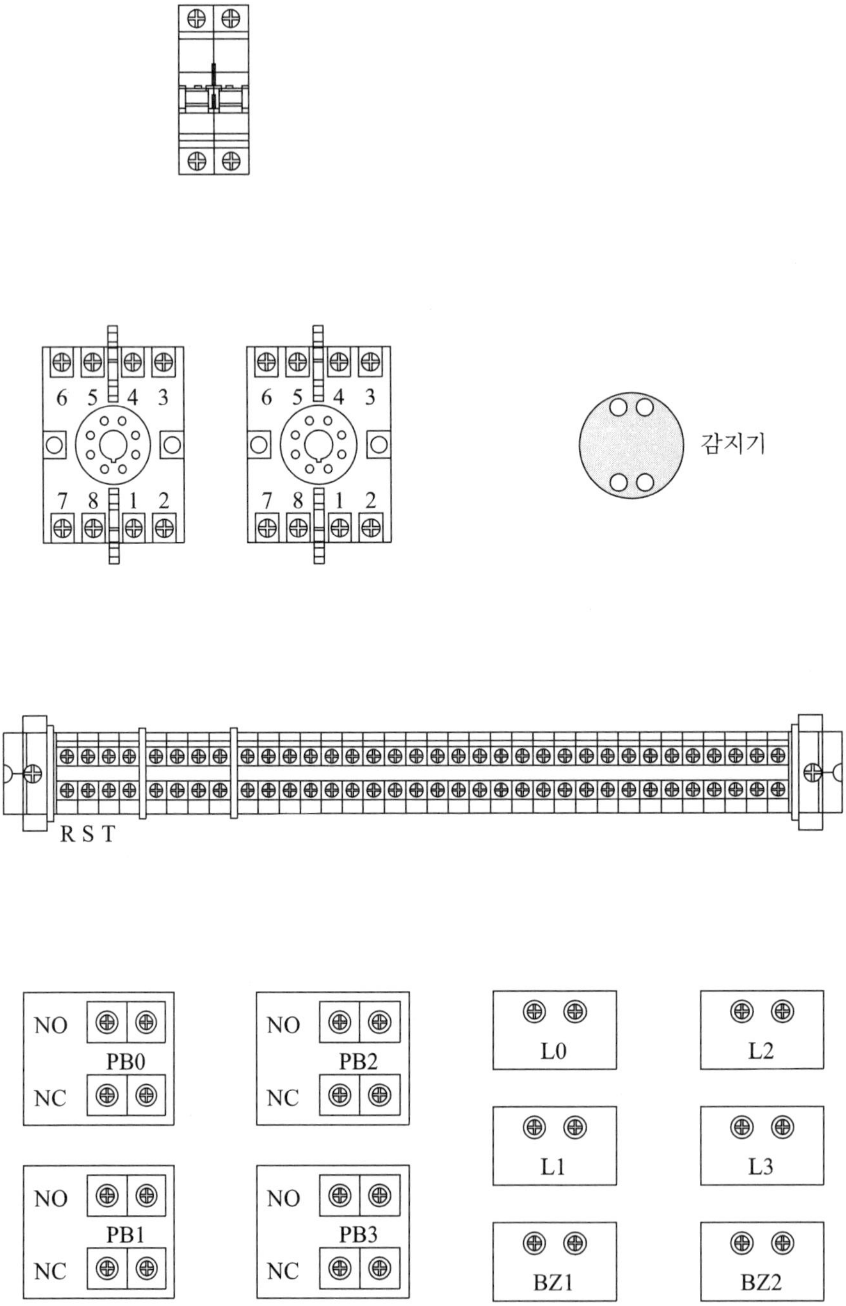


그림 18-5 실습회로의 결선도 작성

| 결과보고서 | | | |
|---|---|---|---|
| 실험제목 | 수신기, 발신기 동작원리 실험 | | |
| 조 원 | | 실험조 | 조 |
| 실습일자 | | 제출자 | |

(1) 핀번호 및 배선번호를 기입

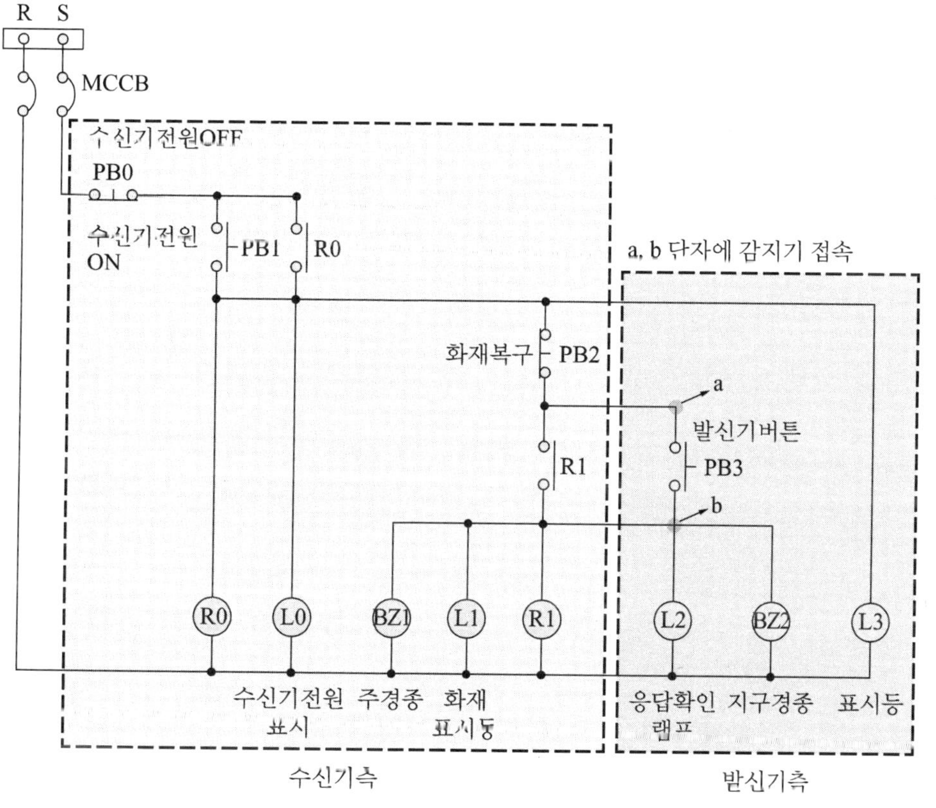


그림 18-4 수신기, 발신기 동작을 개요의 시퀀스도

(2) 그림 18-4의 도면에서 PB1을 누르면 어떻게 동작하는가?

(3) 발신기 버튼 PB3를 눌렀을 때 동작과정을 설명하시오.

(4) 화재복구버튼 PB2를 눌렀을 때 동작을 설명하시오.

(5) 수신기측 PB0를 누르면 어떤 동작을 하는가 설명하시오.

(6) 그림 18-5에 결선도를 작성하고, 결선을 수행하고 동작을 수행하여 동작을 검토하시오.

(7) 동작 수행 후 그림 18-4의 a, b 사이에 감지기를 설치하고, 감지기가 동작하였을 때 동작을 검토하시오.

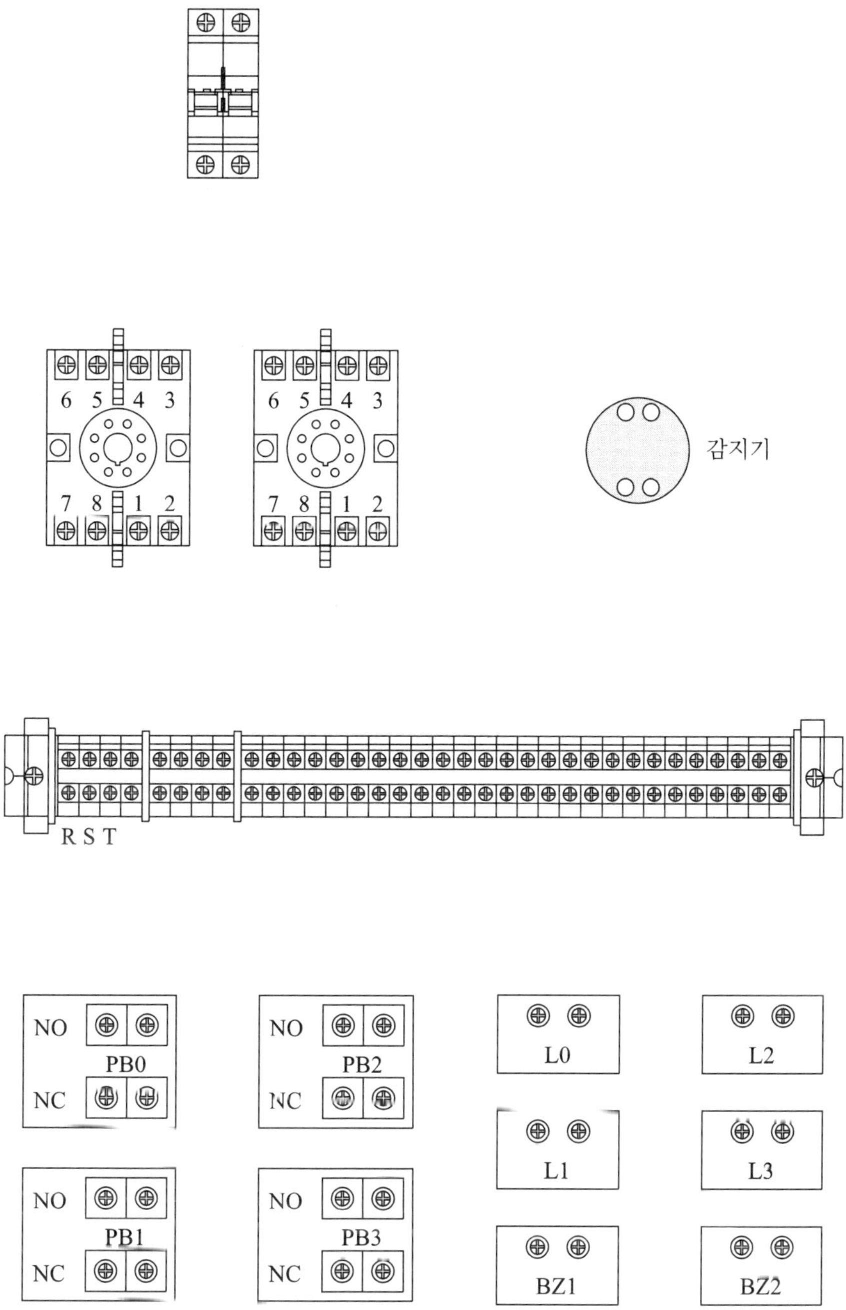


그림 18-5 실습회로의 결선도 작성

# 19 감지기 송배전방식 결선

실험

## 1. 실험목적

감지기의 송배전방식을 이해하고 실제 감지기 배선을 실습을 통하여 학습한다.

## 2. 실험에 사용되는 기기 및 부품

(1) 배선용 합판
(2) 24 V 전원(DC 파워서플라이)
(3) 릴레이(DC 24 V용 8 pin, 2a2b) 2개
(4) 푸시버튼 2개
(5) 파일럿램프(DC 24 V용) 2개
(6) 버저(DC 24 V용) 1개
(7) 전선
(8) 공구(스트리퍼, 드라이버, 접시머리나사 12 mm 외)
(9) 감지기 5개
(10) 컨트롤박스 2구 3개
(11) 8각박스(감지기 개수만큼)
(12) 종단저항 10 kΩ 1개
(13) CD관(감지기 배관)

**실습 시 주의**

본 실습은 DC 24 V 전원을 이용하여 실습하는 경우 MCCB 대신 퓨즈를 사용한다. 220 V 전원으로 실습을 수행할 수 있으며, 이 경우 MCCB를 사용하고, 실습 시 릴레이, 버저, 파일럿램프는 220 V용을 사용해야 하며, 감지기는 베이스만 사용하여야 한다.

# 3. 관련 지식

## 1) 감지기의 배선방식

감지기는 회로의 도통테스트를 용이하게 하기 위하여 배선 중간에서 분기하지 않는 방식으로 배선하는데 이러한 방식을 송배전방식이라고 하며 일명 보내기방식이라고도 한다. 감지기의 송배전방식 배선에 있어서는 다음을 유의하여 설치하여야 한다.

(1) 감지기를 배선하는 경우 회로 도통테스트를 용이하게 하기 위하여 감지기의 말단에 종단저항을 반드시 설치해야 한다.

(2) 감지기 회로의 전로와 대지 사이의 절연저항 및 배선 상호간의 절연저항은 1경계구역마다 DC 250 V 절연저항계(메거 Megger)로 0.1 MΩ 이상이 되어야 한다.

(3) 감지기 회로의 전로저항은 50 Ω 이하로 한다.

(4) 감지기 회로의 말단저항은 보통 10 kΩ을 사용하며, 수신반이나 발신기함에 설치하는 것이 좋다.

## 2) 감지기의 송배전방식 결선법

### (1) 감지기 회로가 폐루프인 경우

그림 19-1은 감지기의 회로가 폐루프로 구성된 부분의 가닥수를 나타내었다. 회로단자 및 공통단자가 배관을 통하여 루프로 구성이 되므로 배선의 가닥수는 2가닥으로 구성된다.

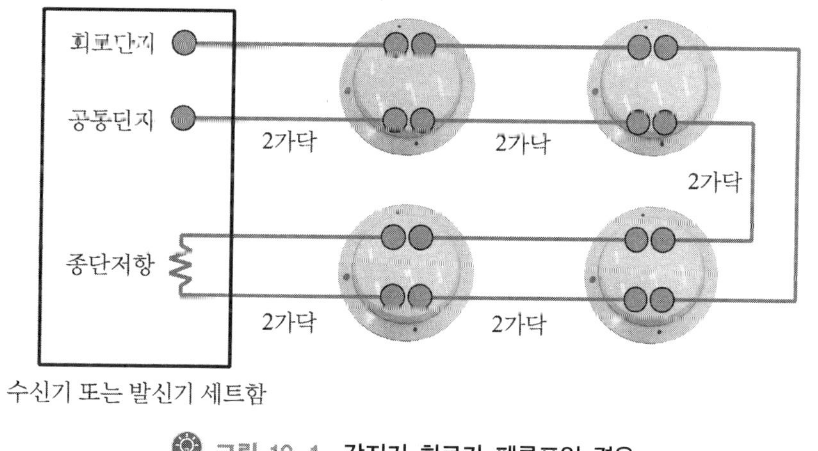


그림 19-1 감지기 회로가 폐루프인 경우

### (2) 감지기 회로가 폐루프 이외의 경우

그림 19-2는 감지기 회로가 폐루프로 구성이 안 되어 있는 경우를 나타내었다. 폐루프로 구성되지 않는 곳은 전체 가닥수가 4가닥씩으로 구성되어 있음을 알 수 있다.

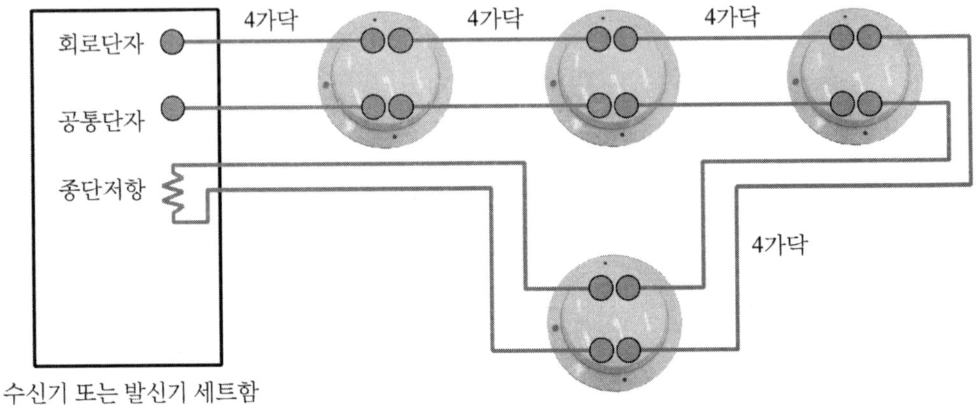


그림 19-2 감지기 회로가 폐루프가 아닌 곳

그림 19-3은 감지기 회로가 폐루프로 구성된 곳과 폐루프로 구성되지 않는 곳이 혼합되어 있는데, 폐루프로 구성되어 있는 곳은 각각 2가닥으로 구성되어 있지만 폐루프가 아닌 곳은 종단저항으로 돌아오는 배선이 포함되어 있기 때문에 4가닥으로 구성되어짐을 알 수 있다.

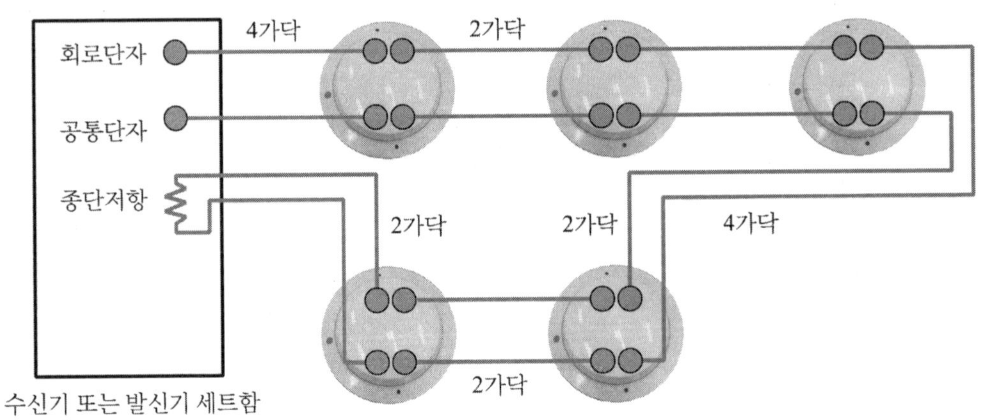


그림 19-3 감지기 회로가 폐루프와 폐루프가 아닌 곳의 가닥수

## 4. 실험순서

(1) 그림 19-4와 같이 실습회로를 구성하고 도면에 핀번호 및 배선번호를 기입한다.

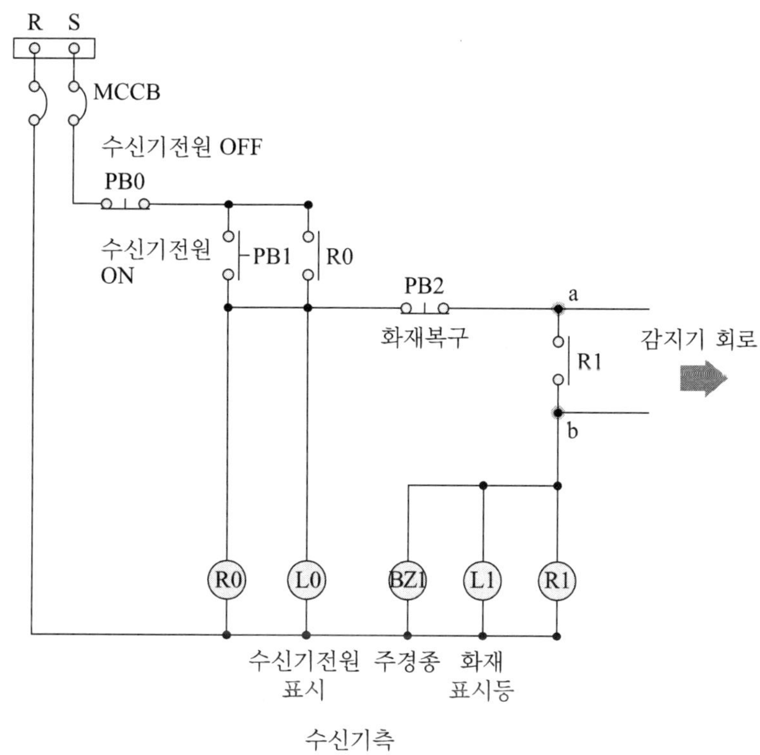


그림 19-4 감지기 회로시험을 위한 결선도

(2) 다음 그림과 같은 감지기 배선회로를 구성하고, 종단저항은 수신기 내부에 접속하고, 회로시험기를 이용하여 도통테스트를 실시하시오.

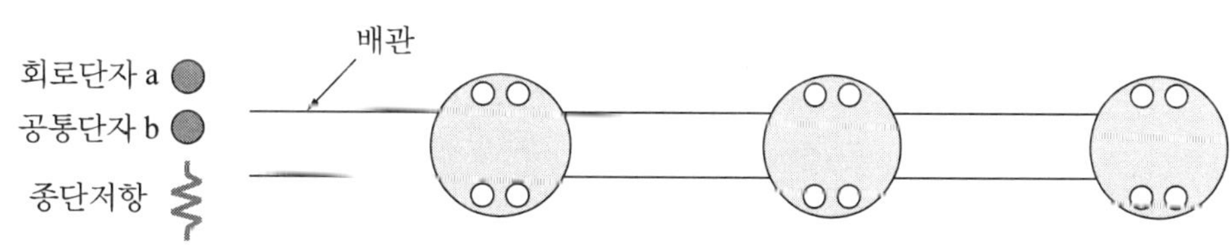


그림 19-5 감지기 배선을 위한 회로 1

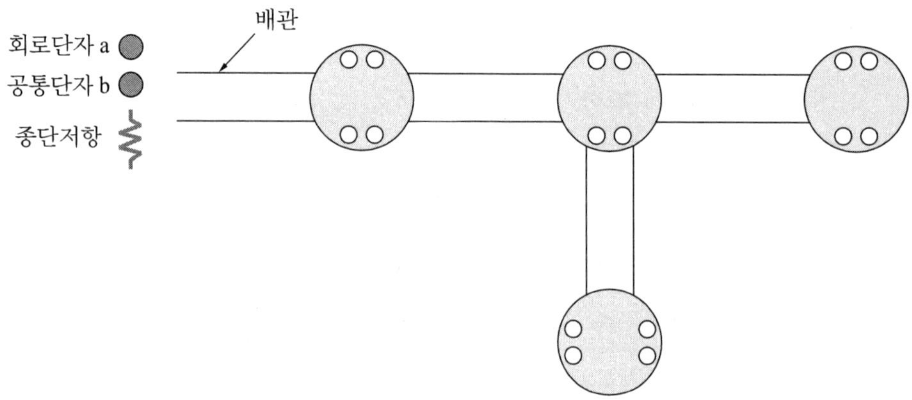


그림 19-6 감지기 배선을 위한 회로 2

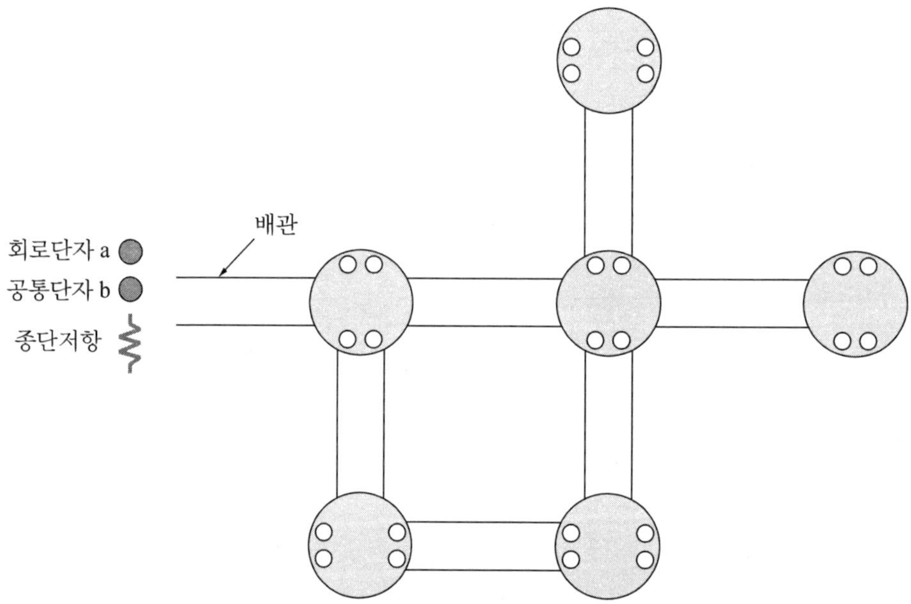


그림 19-7 감지기 배선을 위한 회로 3

(3) 감지기 배선회로의 도통테스트가 완료되었으면 그림 19-4의 a, b단자에 접속하여 화재시험을 실시하시오.

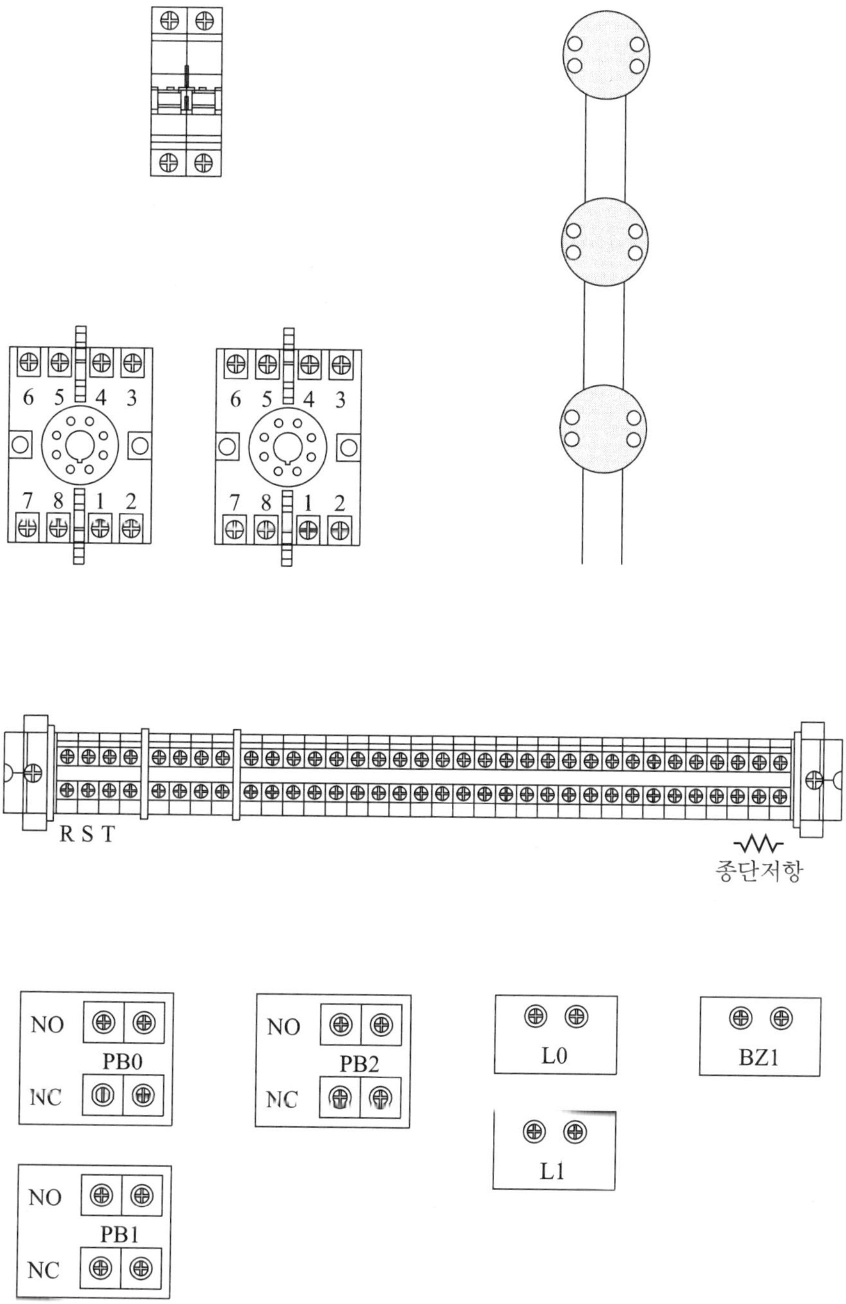


그림 19-8 감지기 배선회로 1 결선도

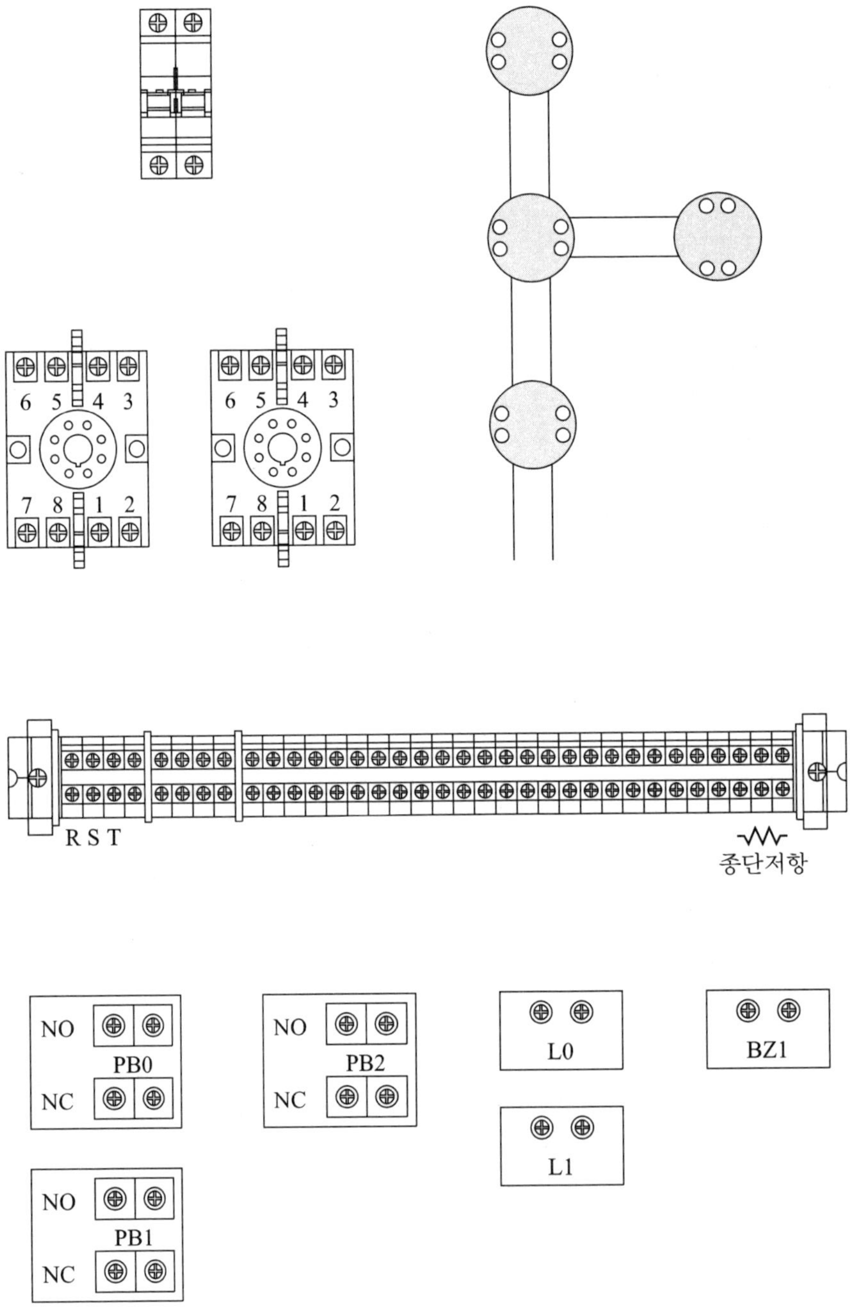


그림 19-9 감지기 배선회로 2 결선도

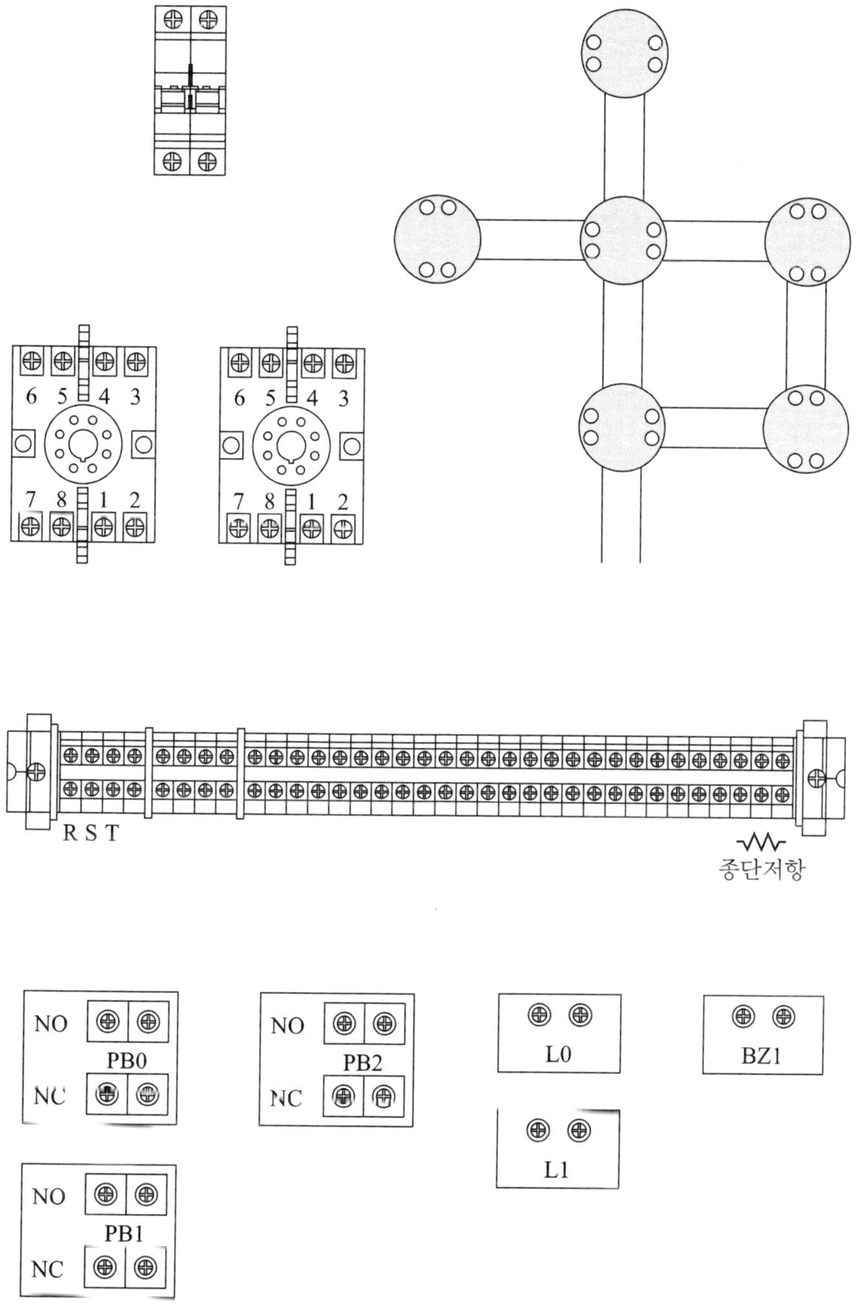


그림 19-10 감지기 배선회로 3 결선도

| 결과보고서 | | | |
|---|---|---|---|
| 실험제목 | **감지기 송배전방식 결선** | | |
| 조 원 | | 실험조 | 조 |
| 실습일자 | | 제출자 | |

(1) 핀번호 및 배선번호를 기입

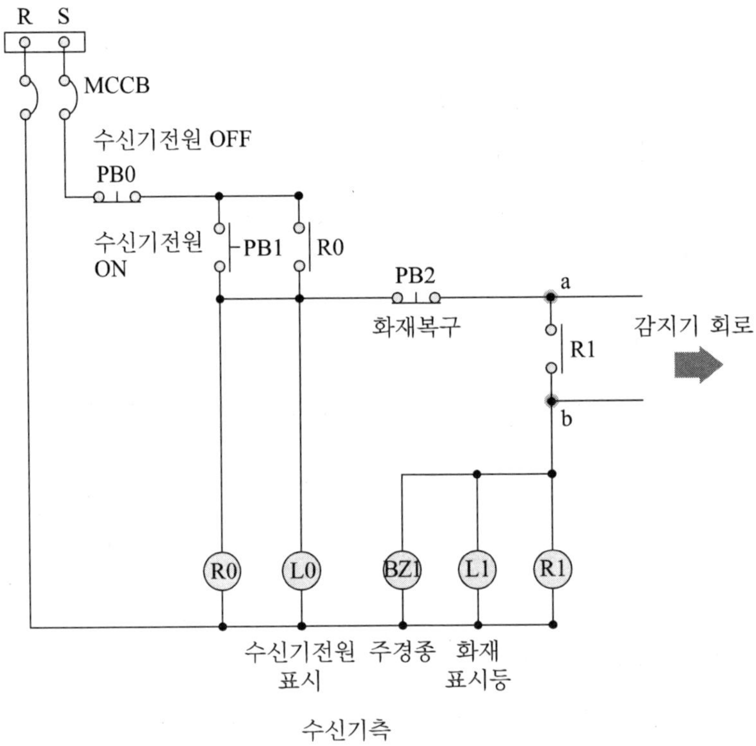


그림 19-4 감지기 회로시험을 위한 결선도

(2) 배선회로를 구성 회로시험기를 이용하여 도통테스트 및 화재시험 실시

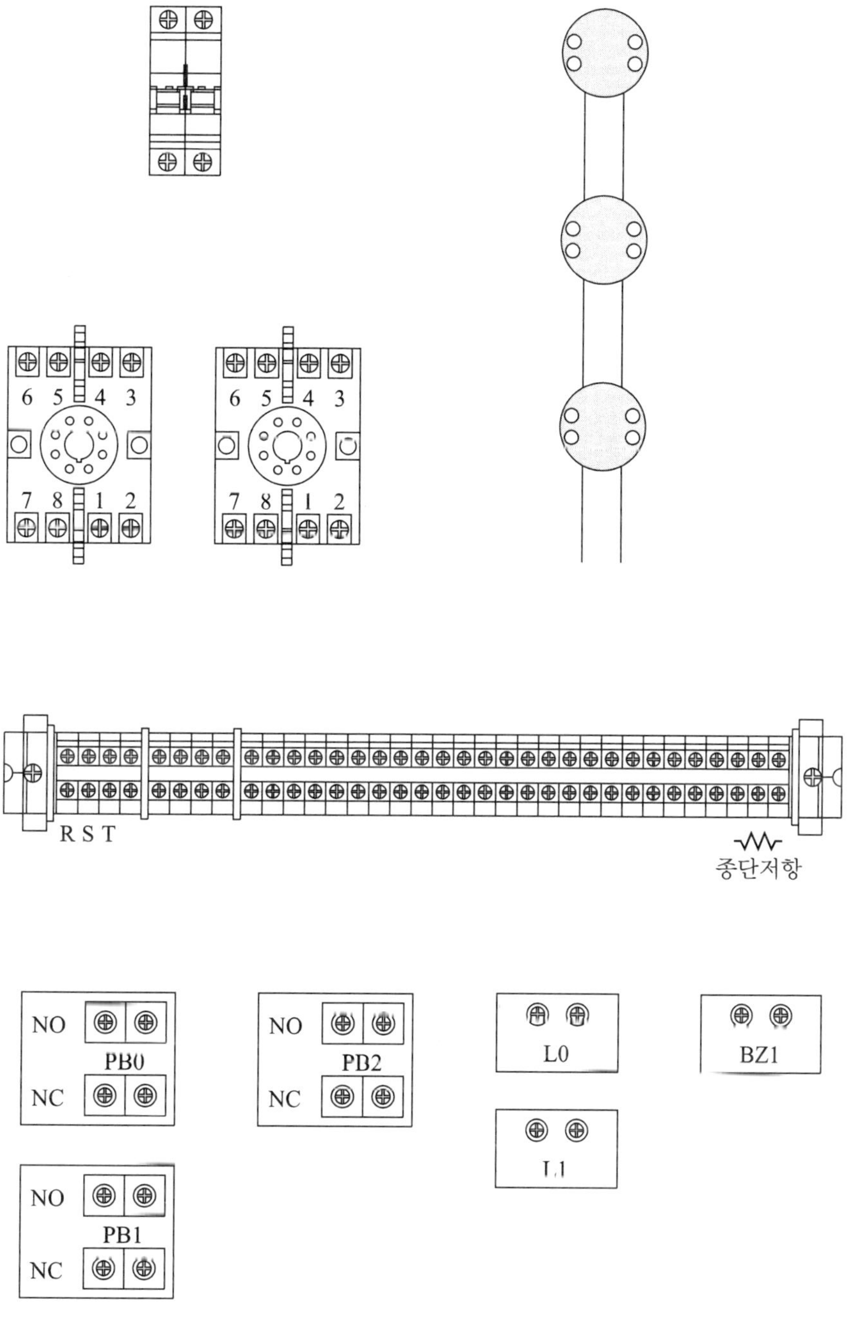


그림 19-8 감지기 배선회로 1 결선도

(3) 배선회로를 구성 회로시험기를 이용하여 도통테스트 및 화재시험 실시

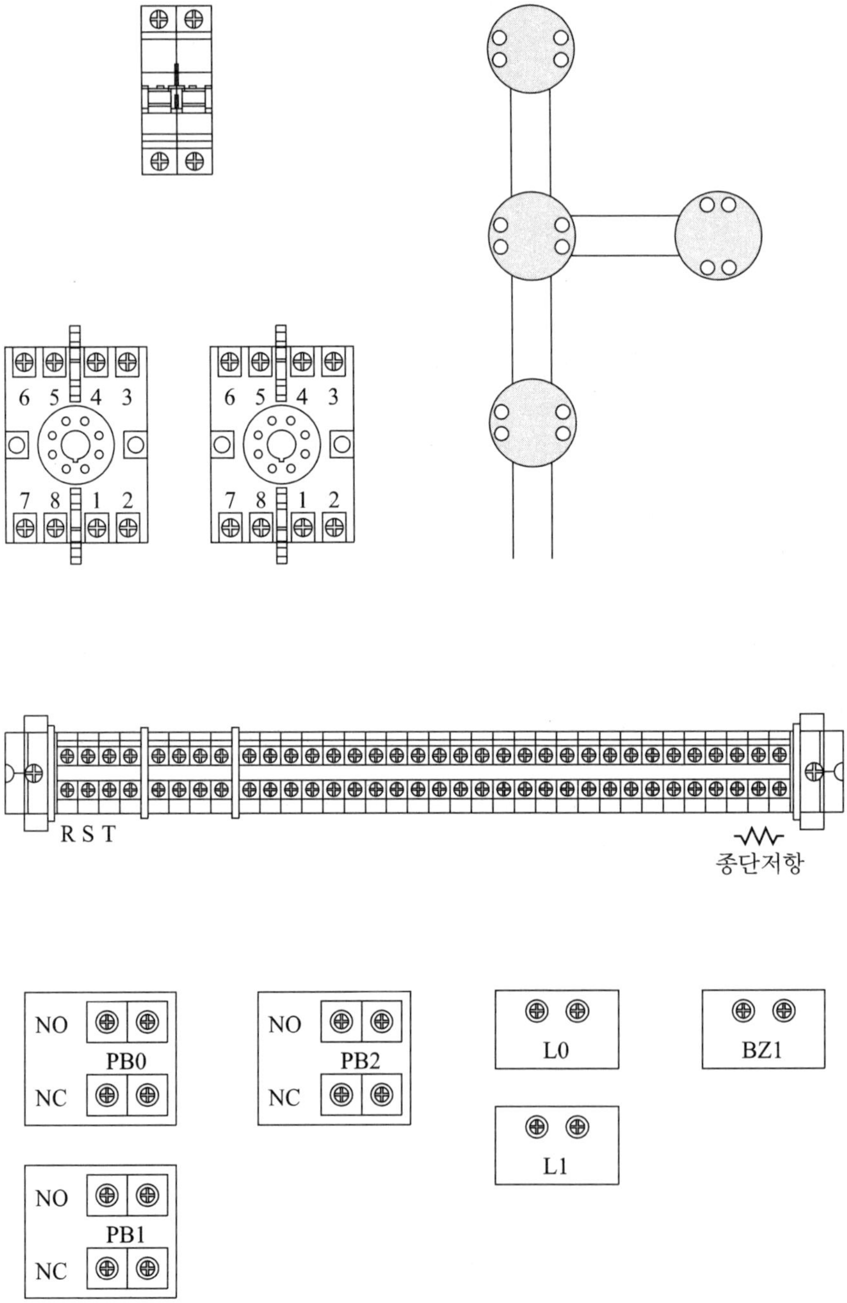


그림 19-9 감지기 배선회로 2 결선도

(4) 배선회로를 구성 회로시험기를 이용하여 도통테스트 및 화재시험 실시

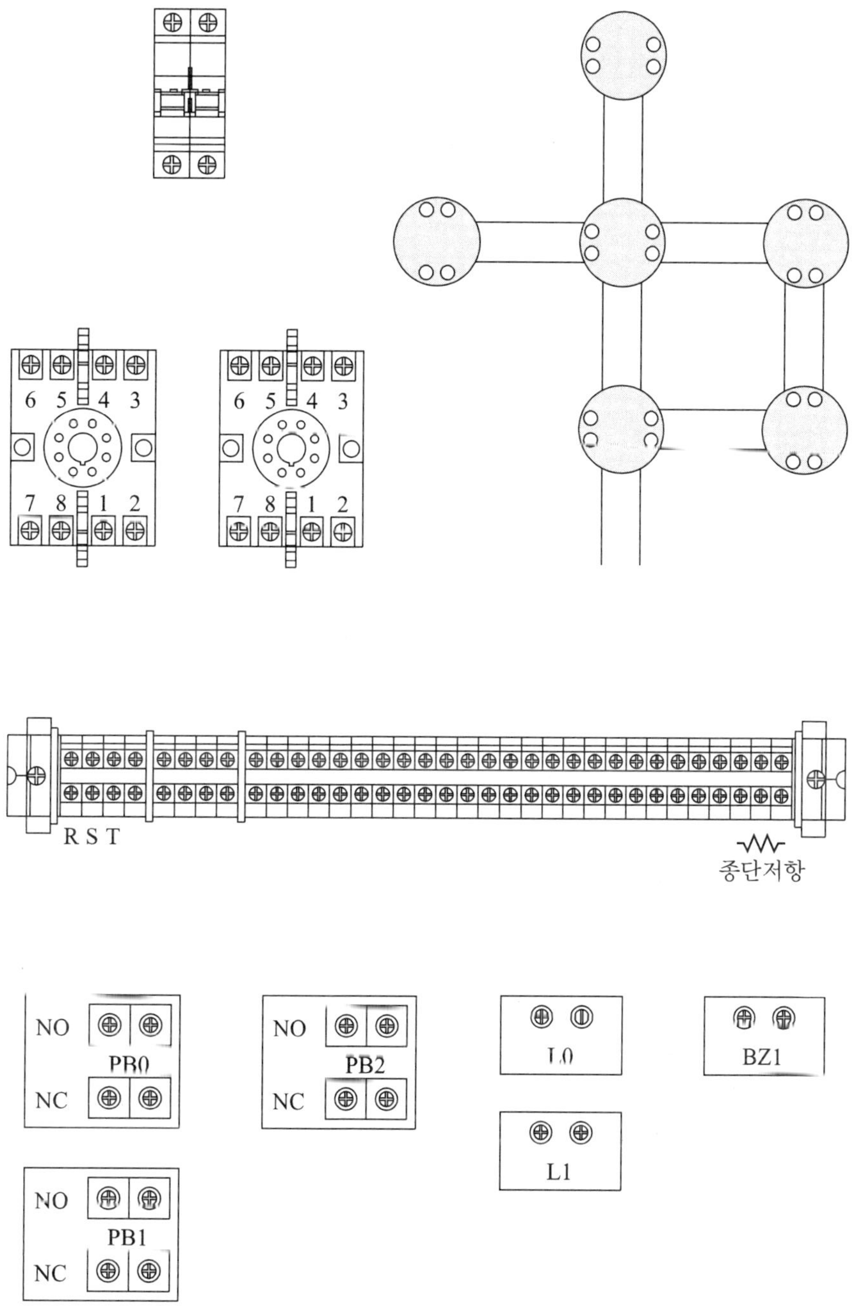


그림 19-10 감지기 배선회로 3 결선도

# 20 감지기 교차회로방식 결선

실험

## 1. 실험목적

감지기의 교차회로방식의 적응설비에 대해 이해하고 회로 결선을 통하여 교차회로 방식이 결선 방법과 동작원리에 대해 학습한다.

## 2. 실험에 사용되는 기기 및 부품

(1) 배선용 합판
(2) 24 V 전원(DC 파워서플라이)
(3) 릴레이(DC 24 V용, 8 pin, 2a2b) 2개
(4) 푸시버튼 2개
(5) 파일럿램프(DC 24 V용) 2개
(6) 버저(DC 24 V용) 1개
(7) 전선
(8) 공구(스트리퍼, 드라이버, 접시머리나사 12 mm 외)
(9) 감지기 6개
(10) 컨트롤박스 2구 3개
(11) 8각박스(감지기 개수만큼)
(12) 종단저항 10 kΩ 2개
(13) CD관(감지기 배관)

**실습 시 주의**

본 실습은 DC 24 V 전원을 이용하여 실습하는 경우 MCCB 대신 퓨즈를 사용한다. 220 V 전원으로 실습을 수행할 수 있으며, 이 경우 MCCB를 사용하고, 실습 시 릴레이, 버저, 파일럿램프는 220 V용을 사용해야 하며, 감지기는 베이스만 사용하여야 한다.

## 3. 관련 지식

### 1) 교차회로방식

교차회로방식은 감지기의 오동작을 방지하기 위하여 하나의 방호구역 내에 2개 이상의 감지기를 설치하여 두 개 이상의 감지기가 동시에 작동될 때 소화실비를 작동할 수 있도록 하는 감지기의 결선방식이다.

교차회로방식의 감지기를 설치해야 하는 적응 설비는 다음과 같다.

① 준비작동식 스프링클러설비
② 일제살수식 스프링클러설비
③ 이산화탄소 소화설비
④ 할론 소화설비
⑤ 할로겐화합물 및 불활성기체 소화설비
⑥ 분말 소화설비

### 2) 교차회로방식 결선 방법

그림 20-1과 20-2에서 보여지듯이 교차회로방식은 감지기 A와 감시기 B가 각각 결선되므로 폐루프를 이루는 곳에서는 4가닥, 말단 4가닥 그리고 기타의 장소에는 8가닥으로 구성되는 것을 알 수 있다.

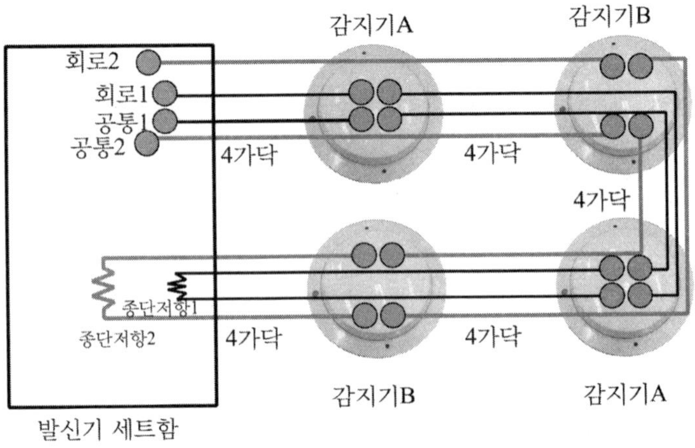


그림 20-1 폐루프로 구성된 교차회로방식의 가닥수

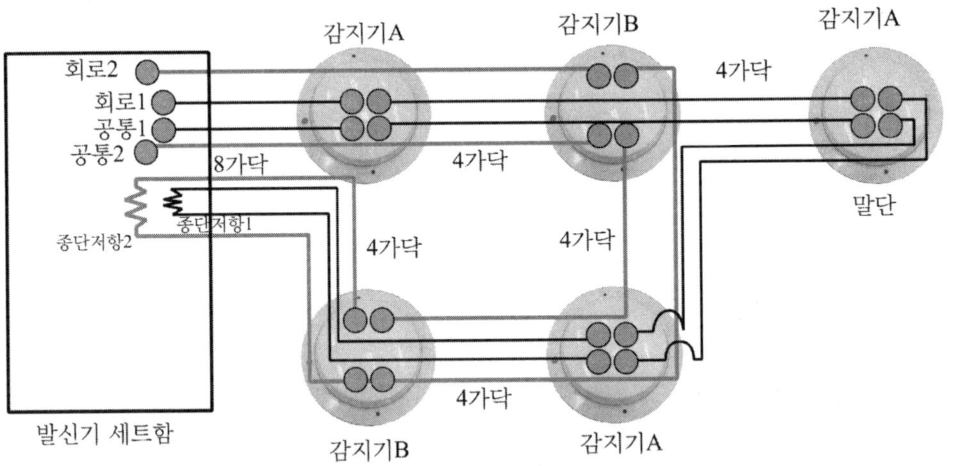


그림 20-2 폐루프, 말단, 기타 구성된 교차회로방식의 가닥수

## 4. 실험순서

(1) 그림 20-3과 같이 실습회로를 구성하고 도면에 핀번호 및 배선번호를 기입한다.

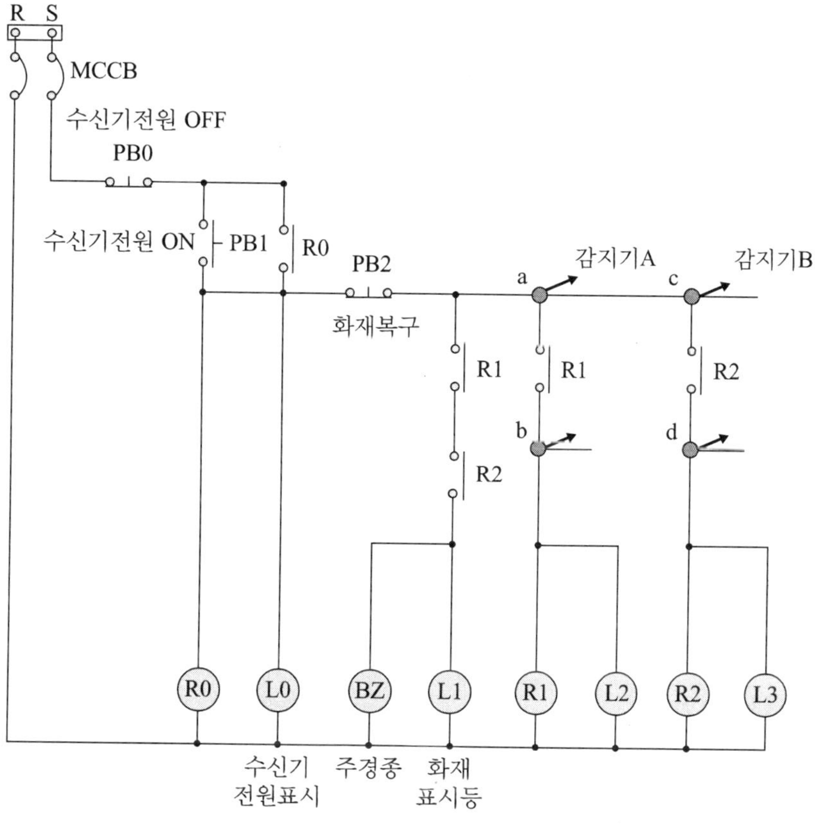


**그림 20-3 감지기 교차회로방식 시험을 위한 결선도**

(2) 다음 그림과 같은 감지기 배선회로를 구성하고, 종단저항은 수신기 내부에 접속하고, 회로시험기를 이용하여 도통테스트를 실시하시오.

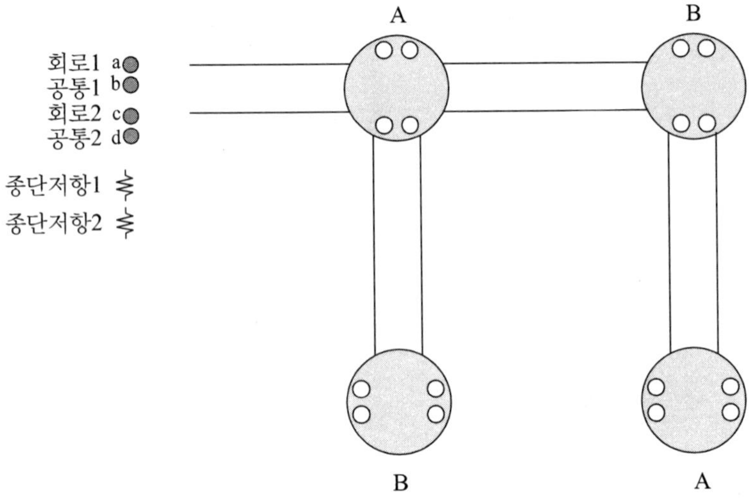


그림 20-4 감지기 배선을 위한 회로 1

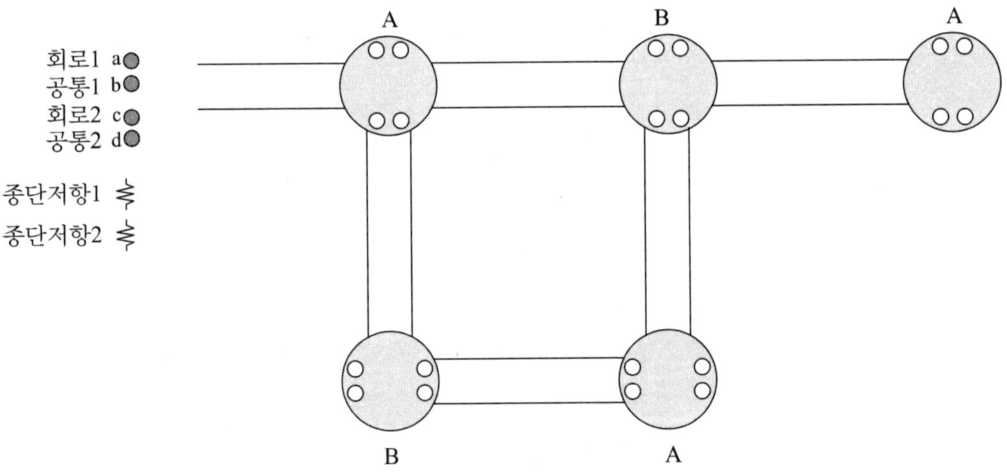


그림 20-5 감지기 배선을 위한 회로 2

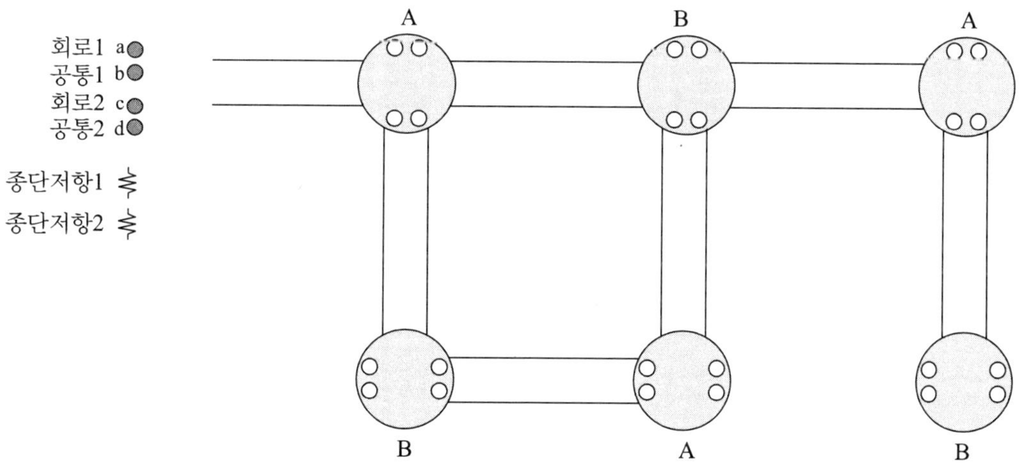


그림 20-6 감지기 배선을 위한 회로 3

(3) 감지기 배선회로의 노통테스트가 완료되었으면 그림 20-3의 a, b단자에 감지기 A 접속, c, d단자에 감지기 B를 접속하여 화재시험을 실시하시오.

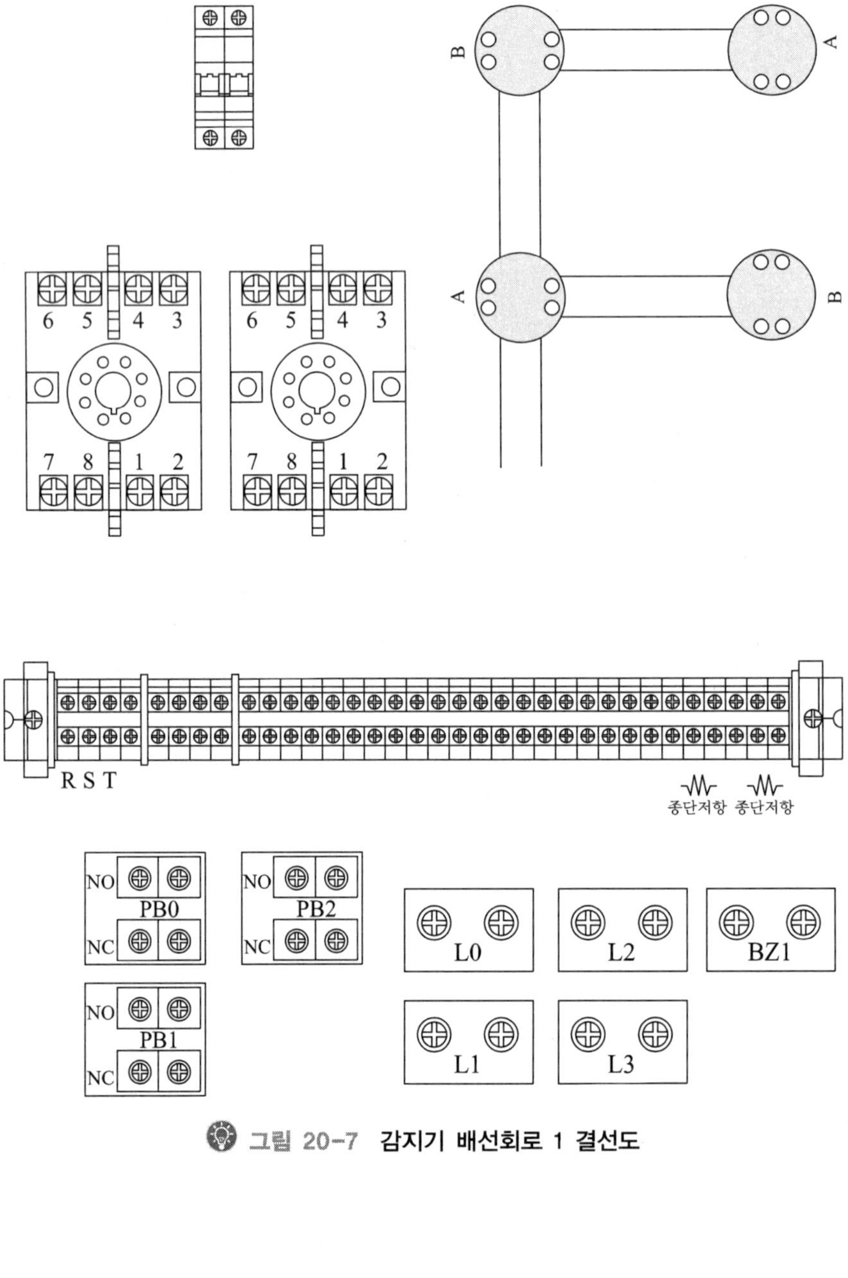


그림 20-7 감지기 배선회로 1 결선도

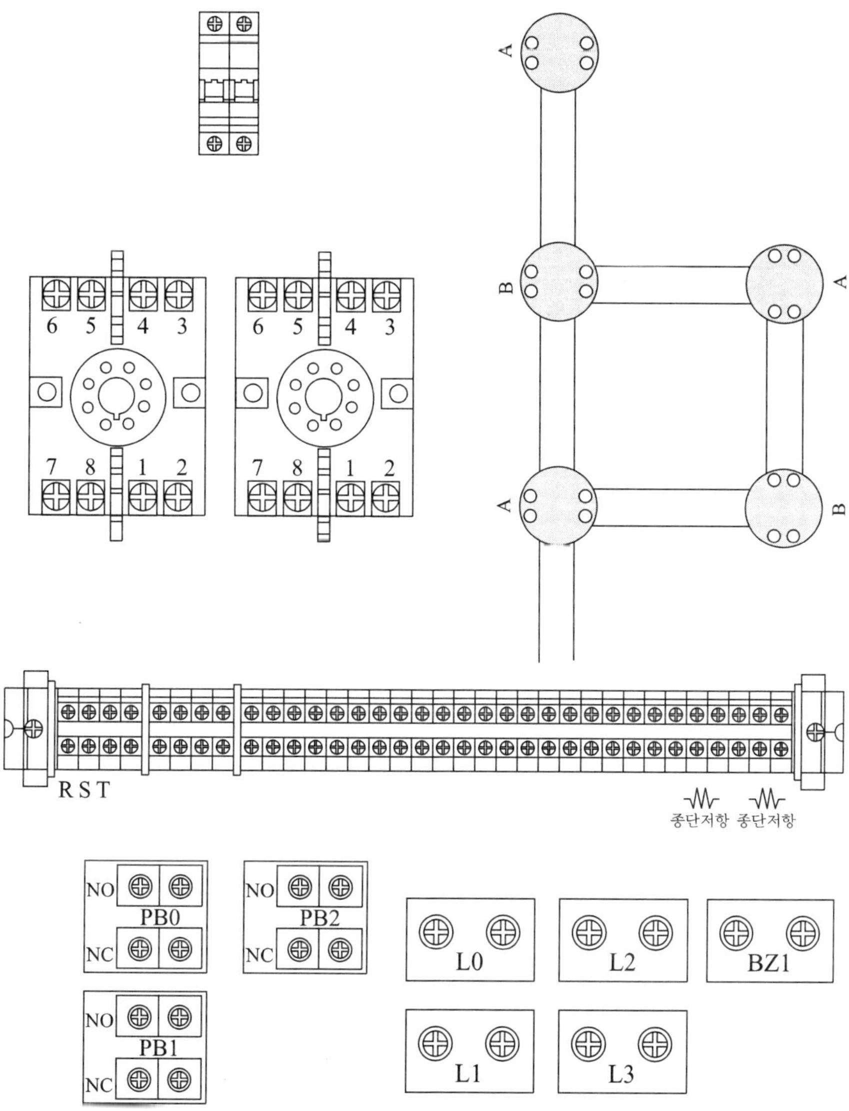


그림 20-8 감지기 배선회로 2 결선도

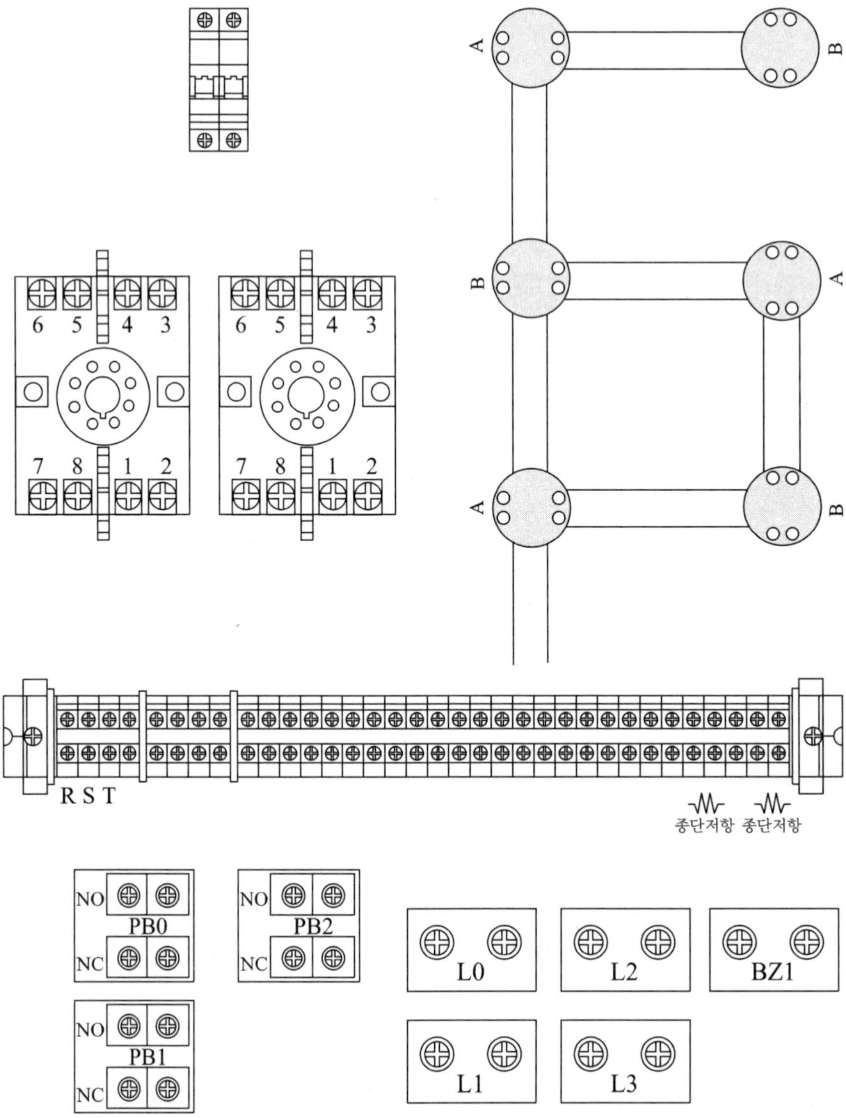


그림 20-9 감지기 배선회로 3 결선도

| 결과보고서 | | | |
|---|---|---|---|
| 실험제목 | 감지기 교차회로방식 결선 | | |
| 조 원 | | 실험조 | 조 |
| 실습일자 | | 제출자 | |

(1) 도면에 핀번호 및 배선번호를 기입

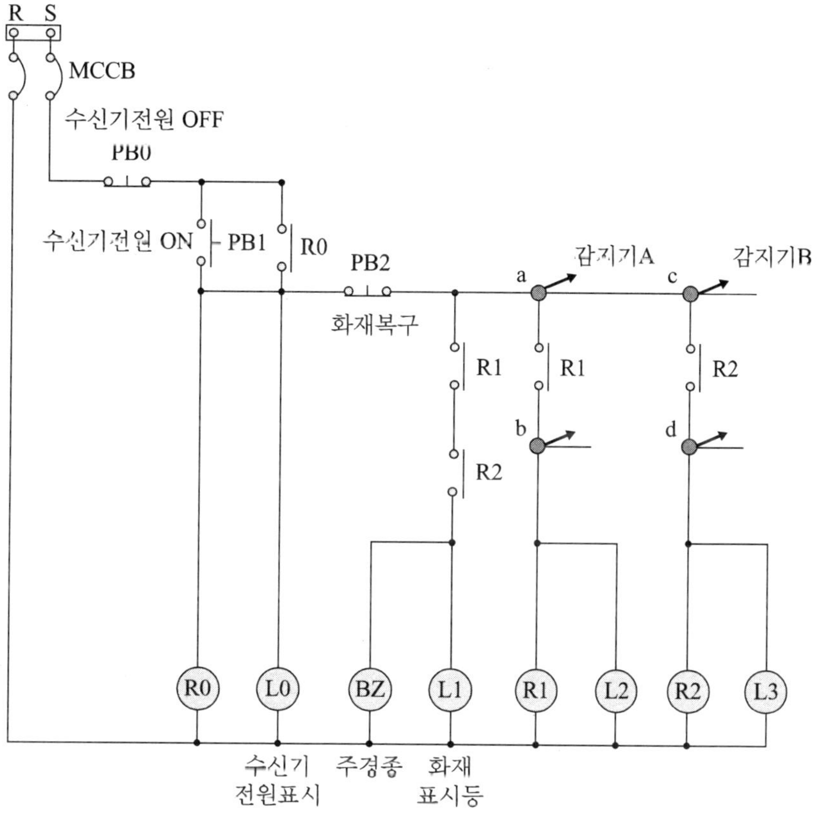


그림 20-3 감지기 교차회로방식 시험을 위한 결선도

(2) 배선회로를 구성 회로시험기를 이용하여 도통테스트 및 화재시험 실시

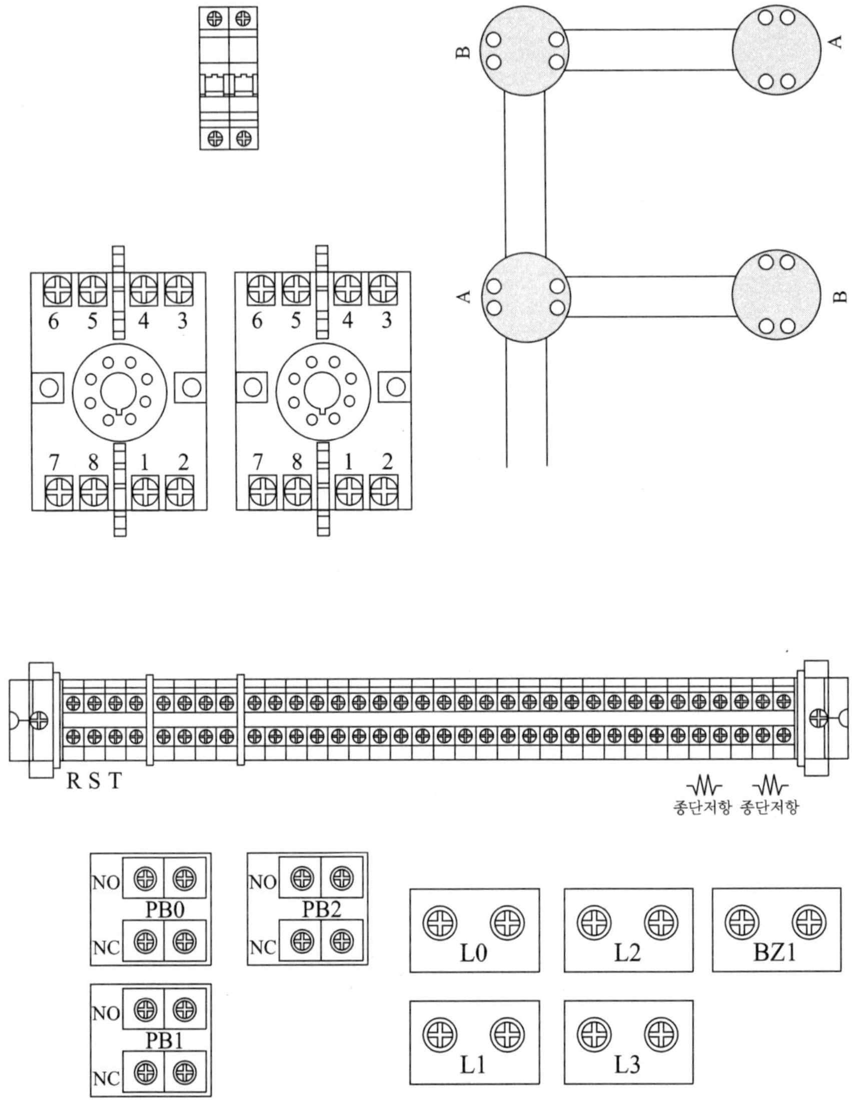


그림 20-7 감지기 배선회로 1 결선도

(3) 배선회로를 구성 회로시험기를 이용하여 도통테스트 및 화재시험 실시

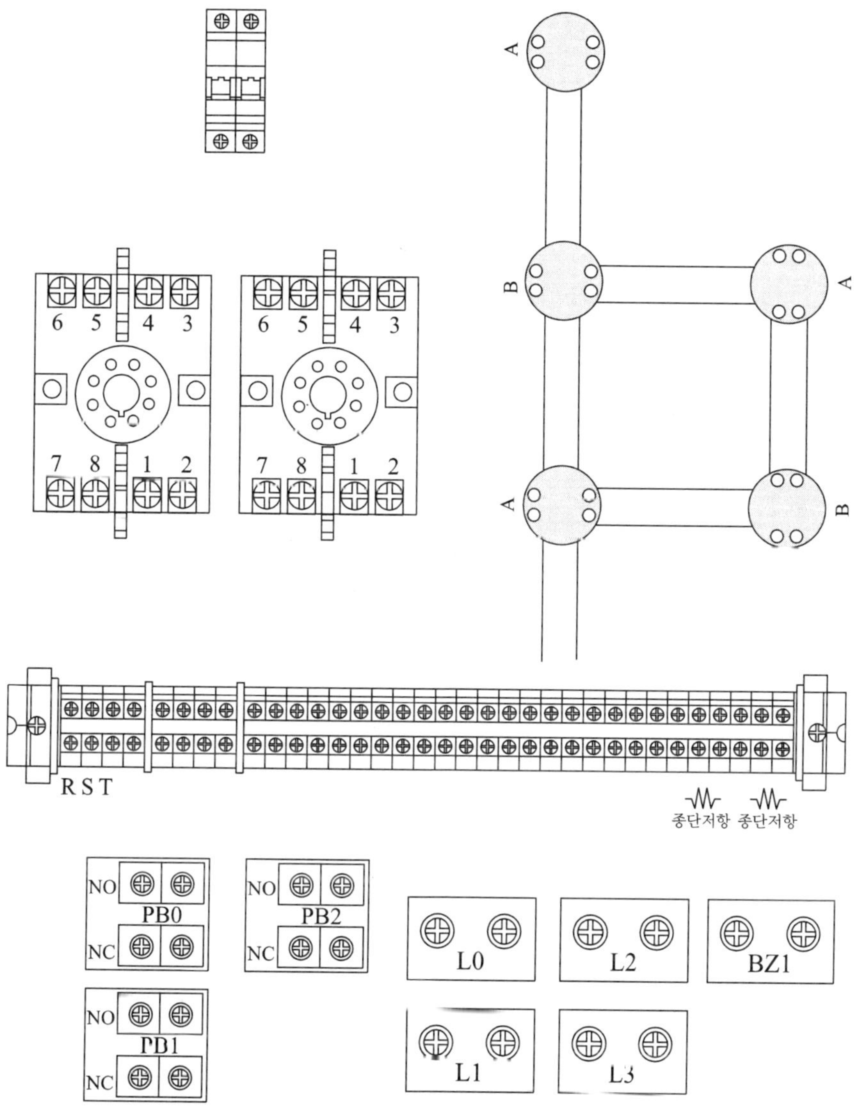


그림 20-8 감지기 배선회로 2 결선도

(4) 배선회로를 구성 회로시험기를 이용하여 도통테스트 및 화재시험 실시

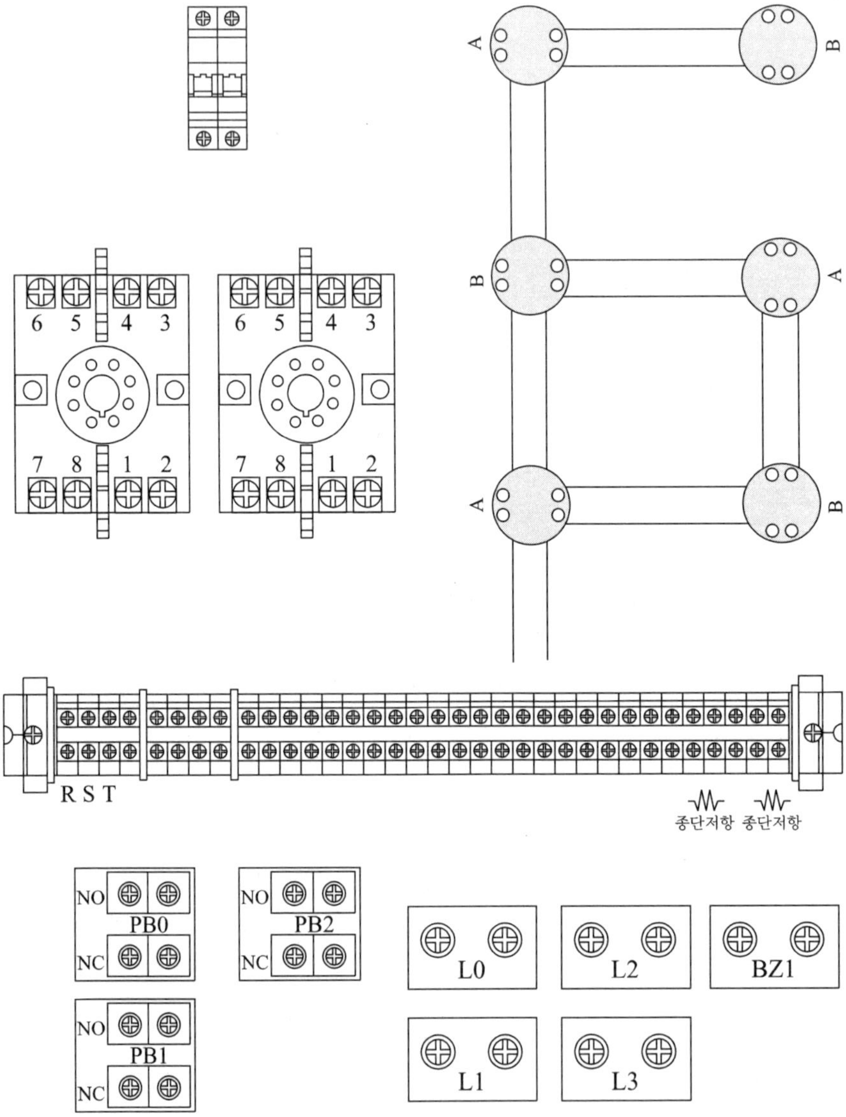


그림 20-9 감지기 배선회로 3 결선도

# 21 우선경보방식 동작 실험

실험

## 1. 실험목적

경보설비의 일제경보방식과 우선경보방식에 대해 이해하고 회로 결선을 통하여 우선경보방식의 결선 방법과 동작원리에 내해 학습힌다.

## 2. 실험에 사용되는 기기 및 부품

(1) 배선용 합판
(2) 24 V 전원(DC 파워서플라이)
(3) 릴레이(DC 24 V용, 8 pin(2a2b) 3개, 14 pin(4a4b) 3개)
(4) 푸시버튼 2개
(5) 파일럿램프(DC 24 V용) 1개
(6) 버저 5개
(7) 전선
(8) 공구(스트리퍼, 드라이버, 접시머리나사 12 mm 외)
(9) 감지기 5개
(10) 컨트롤박스 2구 4개
(11) 8각박스(감지기 개수만큼)
(12) 종단저항 10 kΩ 5개
(13) CD관(감지기 배관)

**실습 시 주의**
본 실습은 DC 24 V 전원을 이용하여 실습하는 경우 MCCB 대신 퓨즈를 사용한다. 220

V 전원으로 실습을 수행할 수 있으며, 이 경우 MCCB를 사용하고, 실습 시 릴레이, 버저, 파일럿램프는 220 V용을 사용해야 하며, 감지기는 베이스만 사용하여야 한다.

## 3. 관련 지식

### 1) 일제경보방식과 우선경보방식

#### (1) 일제경보방식

화재가 발생하면 경보설비가 건물의 전층에 동시에 동작하는 방식을 말한다.

#### (2) 우선경보방식

화재가 발생하는 특정한 층에 우선적으로 경보를 발하는 방식을 말하여, 지하층을 제외한 5층 이상으로 연면적 3,000 $m^2$를 초과하는 소방대상물에 적용한다.

### 2) 우선경보방식의 적용

화재 발생 시 우선경보방식을 적용하면 다음과 같이 경보를 발하여야 한다.

① 2층 이상에서 발화 시 :
화재층 및 직상층
② 1층에서 발화 시 :
화재층, 직상층 및 지하전층
③ 지하 1층에서 발화 시 :
화재층, 직상층, 지하전층
④ 지하층에서 발화 시 :
화재층, 직상층 및 기타 지하층

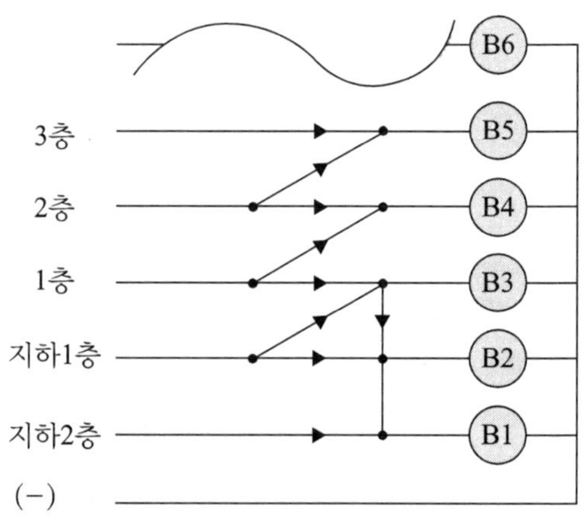


그림 21-1 우선경보방식

## 4. 실험순서

(1) 그림 21-2와 같이 실습회로를 구성하고 도면에 핀번호 및 배선번호를 기입하고 그림 21-3에 결선도를 작성하고, 동작실험을 수행한다.

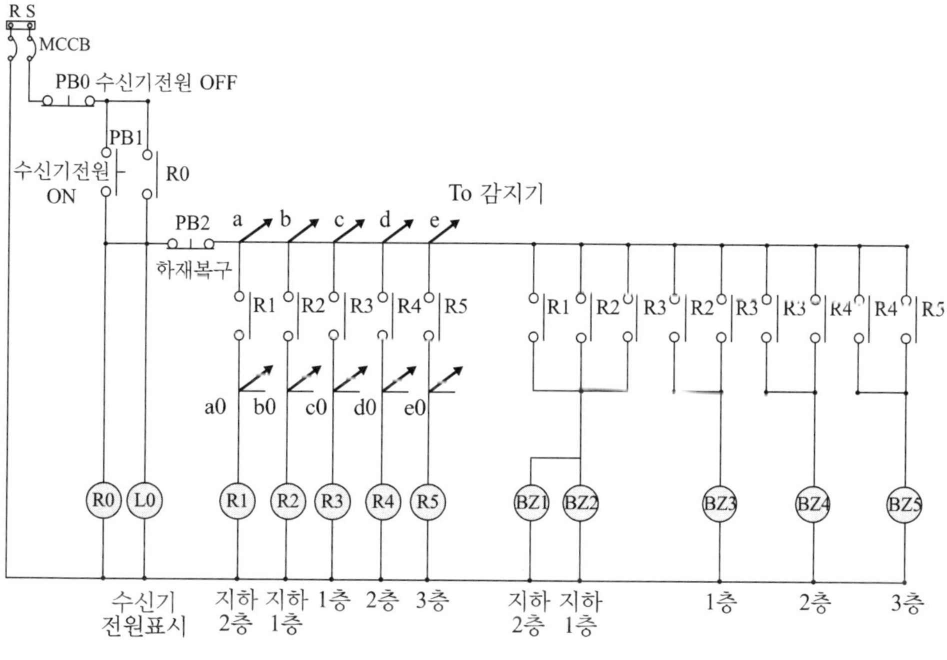


그림 21-2 우선경보방식 회로

(2) 그림 21-2에 a-a0, b-b0, c-c0, d-d0, e-e0에 각각 감지기를 설치하고, 각 감지기를 동작시키면 어느 층에 경보를 발하는지 검토하시오.

표 21-1 감지기 동작 시 경보 버저번호

| 층 | 감기지 동작 위치 | 경보 버저번호 |
|---|---|---|
| 지하 2층 | a-a0 | |
| 지하 1층 | b-b0 | |
| 1층 | c-c0 | |
| 2층 | d-d0 | |
| 3층 | e-e0 | |

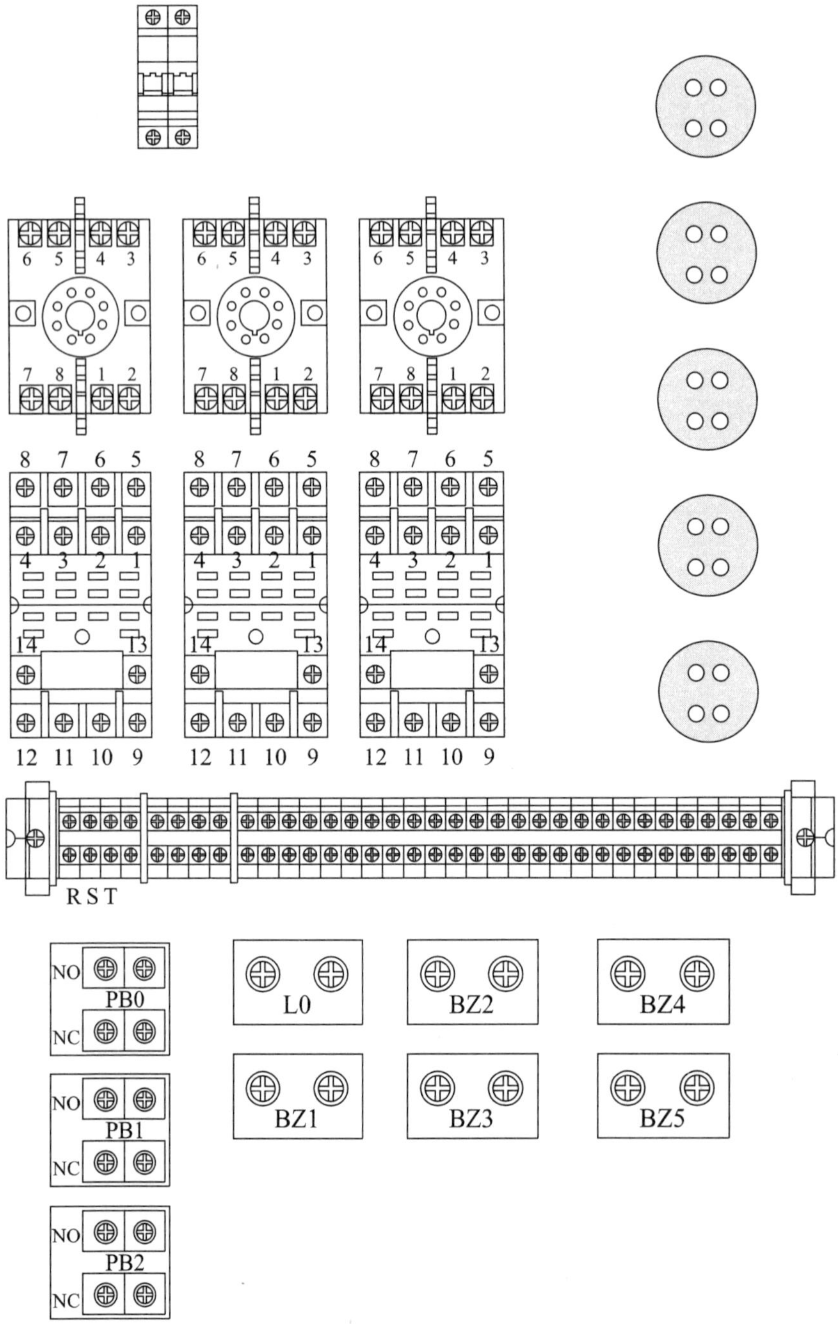


그림 21-3 우선경보방식 결선도

| 결과보고서 | | | |
|---|---|---|---|
| 실험제목 | 우선경보방식 동작 실험 | | |
| 조 원 | | 실험조 | 조 |
| 실습일자 | | 제출자 | |

(1) 도면에 핀번호 및 배선번호를 기입

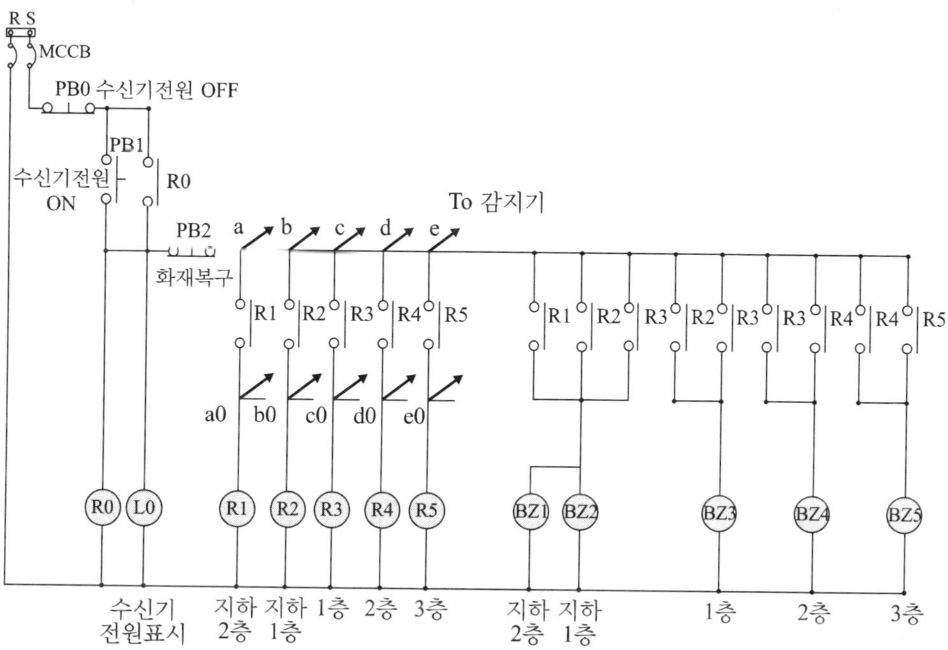


그림 21-2 우선경보방식 회로

(2) 표 21-1 감시기 동작 시 경보 비지번호

| 층 | 감기지 동작 위치 | 경보 버저번호 |
|---|---|---|
| 지하 2층 | a-a0 | |
| 지하 1층 | b-b0 | |
| 1층 | c-c0 | |
| 2층 | d-d0 | |
| 3층 | e-e0 | |

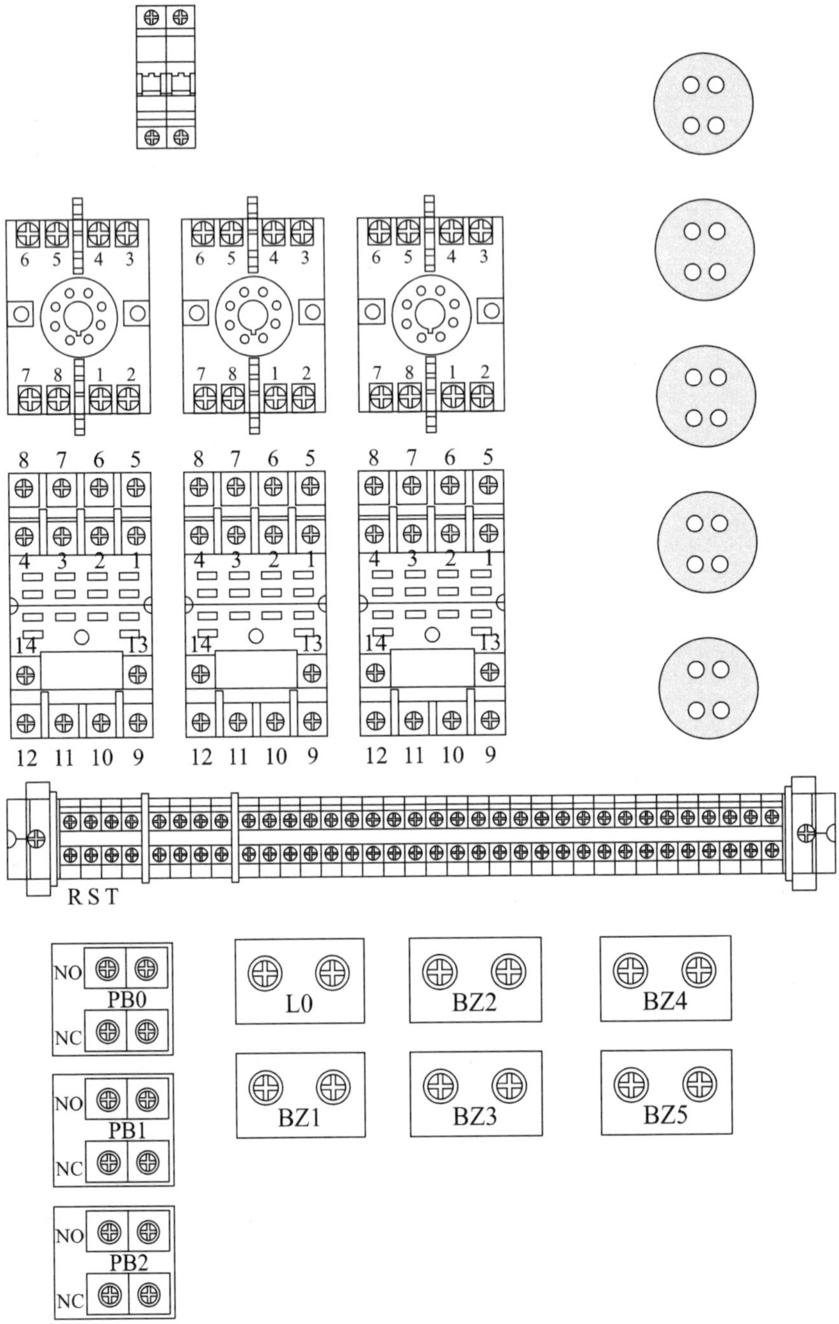


그림 21-3 우선경보방식 결선도

# 22 절연저항 측정법

실험

## 1. 실험목적

절연저항의 중요성을 이해하고 절연저항 측정원리 및 측정방법을 학습한다.

## 2. 실험에 사용되는 기기 및 부품

(1) 절연저항계
(2) 수신기, 발신기, 경종, 유도등, 비상콘센트 설비

## 3. 관련 지식

### 1) 절연저항의 측정

#### (1) 절연저항

절연저항이란 전류가 흐르는 도체에서 절연체를 통하여 기기의 외함이나 다른 부분으로 전류가 흘러나가는 통로의 저항을 말한다. 이상적이라면 전류가 흐르는 도체의 절연체에서 전류가 흘러나가면 안 되는데 이때는 절연저항은 무한대가 된다. 그러나 절연체는 시간이 경과함에 따라 외부적인 요인 또는 내부적인 요인으로 점차 노후화가 되는데 이를 열화라고 한다. 열화가 발생하게 되면 절연저항이 낮아져서 전류가 누설되는 누전이 발생한다. 이때 접지가 되어 있다면 누설되는 전류는 대지로 흘러가게 되지만 접지가 없을 경우 심각한 감전의 원인이 되기도 한다.

절연저항은 습도, 먼지 등 환경의 영향도 많이 받으며, 절연저항이 적어질수록 전류가 많이 흘러나가면서 감전, 과열, 시설장비의 손상 및 화재 발생 등 다양한 문제가 발생한다.

### (2) 절연저항의 측정원리

절연저항계는 열화에 의한 누설전류를 측정하여 기기의 고장, 감전, 화재 등의 사고를 예방하기 위해 절연저항을 측정하는데 이 기기를 메거라고 하기도 한다. 절연저항의 측정원리는 옴의 법칙을 이용하는 매우 간단한 방법이다.

$$\text{절연저항} = \frac{\text{인가전압}}{\text{누설전류}}$$

절연저항의 측정을 위해 측정하고자 하는 대상물에 전압을 인가하고 이때 누설되는 전류를 측정하면 절연저항은 위의 식과 같이 측정이 된다. 이때 인가하는 전압은 반드시 직류 전원을 사용해야 한다.

절연저항을 측정하는 절연저항계의 발생전압은 250 V, 500 V, 1000 V 등 여러 가지가 있다. 일반적으로 건전지 DC 1.5 V 4개를 사용하여 DC 6 V를 이용하여 고전압을 발생한다. DC 6 V를 인버터를 이용하여 교류로 변환하고 이를 변압기를 이용하여 고전압으로 승압한다. 이 승압된 교류를 다시 컨버터를 통하여 고압의 DC 전압으로 바꾸어 사용한다.

표 22-1은 전기설비기술기준 제52조의 절연성능을 측정하기 위한 저항과 절연저항의 기준을 나타낸다.

**표 22-1 전기설비기술기준 제52조 저압전로의 절연성능**(2021.1.19. 개정)

| 전로의 사용전압[V] | DC 시험전압[V] | 절연저항[MΩ] |
|---|---|---|
| SELV 및 PELV | 250 | 0.5 |
| FELV, 500 V 이하 | 500 | 1.0 |
| 500 V 초과 | 1,000 | 1.0 |

[주] 특별저압(extra low voltage : 2차 전압이 AC 50 V, DC 120 V 이하)으로 SELV(비접지회로 구성) 및 PELV(접지회로 구성)은 1차와 2차가 전기적으로 절연된 회로, FELV는 1차와 2차가 전기적으로 절연되지 않은 회로

## 2) 절연저항계(메거)를 이용한 절연저항의 측정

### (1) 절연저항계의 기능

일반적으로 절연저항계는 절연저항 측정 외에도 다음과 같은 테스트가 가능하다.

① 절연저항 측정
② 교류전압의 측정
③ 도통테스트
④ 배터리 체크

### (2) 절연저항계의 구조

그림 22-1은 절연저항계의 구조를 나타내고 있으며 각각의 기능은 다음과 같다.

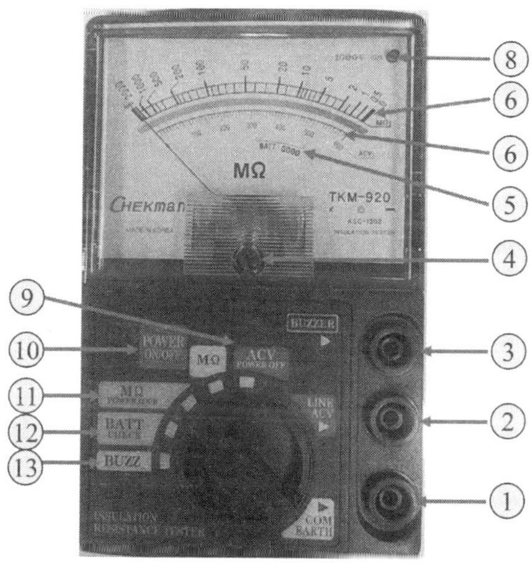


그림 22-1 절연저항계의 구조

① EARTH 단자 : 어스, COM 단자, 버저공통단자, 흑색리드선을 연결한다.
② LINE(ACV) 단자 : 절연저항 측정, 교류전압 측정할 때 사용, 적색리드선을 연결한다.
③ BUZZER 단자 : 도통테스트 시 사용
④ 0점 조절기(∞ 눈금 조절기) : 드라이버를 이용하여 ∞ 눈금을 맞춘다.
⑤ 배터리 양부 판정눈금 : 배터리 테스트 시 지침이 이 부근에 와야 정상임.

⑥ 교류전압 눈금 : 교류전압 측정 시 읽어야 하는 눈금

⑦ 절연저항 눈금 : 절연저항 측정 시 읽어야 하는 눈금

⑧ 고압발생표시 LED : 고전압이 발생되면 깜빡임.

⑨ ACV(POWER OFF) : 교류전압 측정 시 선택(평상시 전원을 끌 때 이 위치에 놓아야 함)

⑩ MΩ : 절연저항 측정 시 선택(수동으로 측정) - 측정리드선을 연결한 후 POWER ON/OFF를 누르면 고압발생표시 LED가 깜빡이고 절연저항 측정이 됨.

⑪ MΩ(POWER LOCK) : 버튼을 누르지 않고 고압발생표시 LED가 깜빡이며 자동으로 연속해서 절연저항 측정

⑫ BATT CHECK : 절연저항기의 배터리 잔량 체크

⑬ BUZZ : 회로의 도통테스트를 할 때 사용

### (3) 절연저항 측정방법

절연저항은 다음과 같은 방법으로 측정한다.

① 메거 테스트기의 배터리 체크
- 다이얼을 배터리 체크 모드에 맞추고 측정버튼을 이용하여 범위 내에 들어가면 측정준비완료

② 흑색리드선을 ①번 단자(COM, EARTH)에 접속한다.

③ 적색리드선을 ②번 LINE(ACV) 단자에 접속한다.

④ 기능선택스위치를 그림의 ⑩번 또는 ⑪번에 위치한다.

⑤ 리드선을 이용하여 절연저항을 측정하고 눈금을 읽는다.
- 누전이 없으면 눈금이 무한대에 가깝고, 누전이 있으면 0 Ω에 가깝게 된다.
- 회로에 누전이 있으면 이 회로에 연결되는 배선을 하나씩 분리해가며 절연저항값을 측정하여 누전되는 곳을 찾는다.

### (4) 절연저항 측정 시 유의사항

① 측정하기 전 반드시 측정대상의 전원은 OFF 상태로 끈다.
- 활선상태 측정 시 정확한 값 측정이 어렵고, 기기의 손상발생 가능성이 있음

② 측정대상 기기의 중성점 접지도 분리한다.

③ 측정하기 전에 반드시 지시바늘의 0점을 잡아줌
④ 전자부품이 연결되어 있으면 분리하여 부품손상 방지
⑤ 절연저항 측정 후 고압의 전기가 코일이나 도체에 남아 있을 수 있으므로 반드시 도체내의 전류를 방전하여 감전 예방
⑥ 절연저항계의 측정전압이 너무 세거나 약하지 않은지 반드시 점검

고전압에 취약한 전자회로를 사용하는 반도체소자를 사용하는 전자회로로 구성된 전자기기는 손상이 발생할 수 있으므로 너무 고전압으로 측정하는 것은 지양하고 정격에 맞는 절연저항계를 사용하여 측정해야 한다.

## 3) 절연저항의 측정 예

절연저항 측정은 크게 대지간 측정(배선과 대지), 상과 상 사이(배선 상호간, 선간)의 측정 두 가지로 나뉜다.

### (1) 배선 상호간 측정방법

그림 22-2는 배선 상호간(상과 상 사이)의 절연저항을 측정하는 방법을 나타내었다. 측정방법은 다음과 같다.

① 측정하고자 하는 배선에 차단기를 개방하여 전원을 차단한다.
② 배선에 접속된 기기를 분리한다.
③ 절연저항계의 적색리드선과 흑색리드선을 각각의 배선에 접속하여 측정

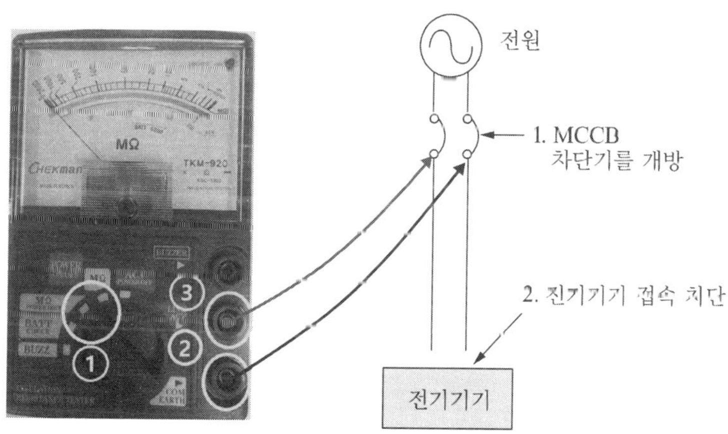


그림 22-2 배선 상호간 절연저항 측정방법

### (2) 배선과 대지간 측정방법

그림 22-3은 배선과 대지간 절연저항을 측정하는 방법을 나타내고 있으며 측정하는 순서는 다음과 같다.

① 측정하고자 하는 배선의 차단기를 개방하여 전원을 차단한다.
② 배선을 한꺼번에 측정하기 위해 두 개의 배선을 접속해준다. 이때 접속된 기기는 분리할 필요가 없다.
③ 절연저항계의 적색리드선과 흑색리드선을 각각의 배선에 접속하여 측정

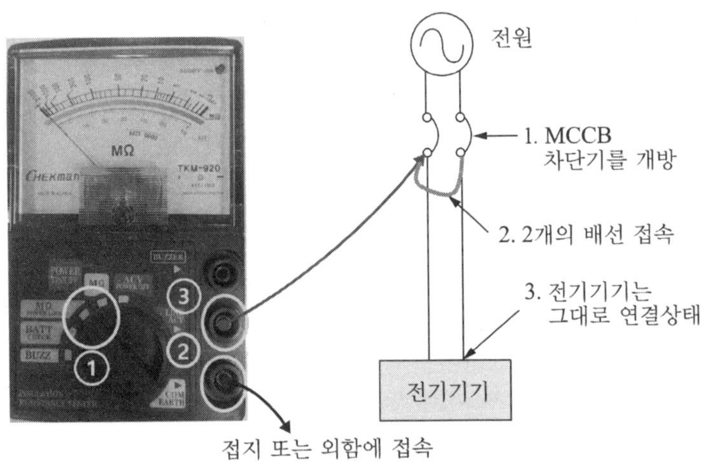


그림 22-3 배선과 대지간 절연저항 측정방법

### (3) 수신기의 절연저항 측정 예

그림 22-4는 수신기의 교류 입력측과 외함간의 절연저항 측정방법을 나타내었다. 측정순서는 다음과 같다.

① 수신기측으로 들어오는 교류 주전원을 차단한다.
② 수신기에 설치된 배터리 전원을 분리한다.
③ 절연저항계의 적색리드선을 주전원에 접속하고 흑색리드선을 외함에 접속하여 절연저항을 측정한다.

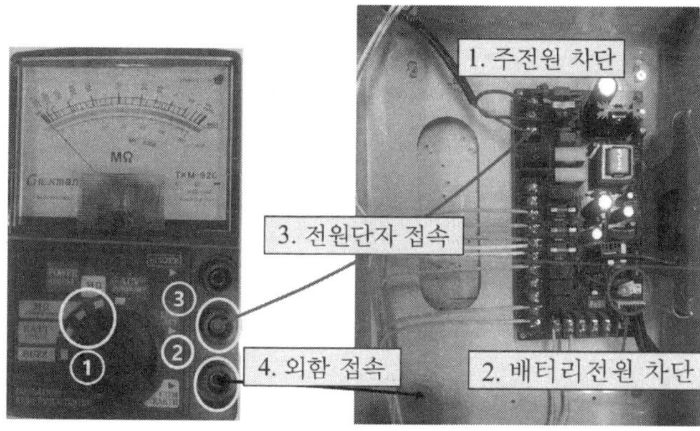


그림 22-4 수신기의 교류 입력측과 외함간 절연저항 측정방법

### (4) 전동기의 절연저항 측정

#### ① 배선의 절연저항 측정

그림 22-5는 전동기가 접속되어 있는 회로를 나타내는데, 배선 상호간의 절연저항을 측정하기 위해서는 전동기를 분리하여 측정하여야 한다.

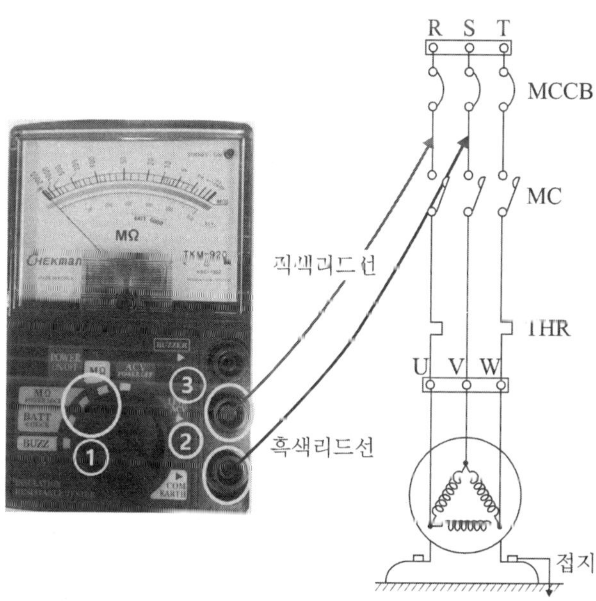


그림 22-5 상과 상 사이(배선 상호간, 선간)의 절연저항 측정

그림 22-5는 MC 앞단의 상과 상 사이 즉 배선 상호간의 절연저항 측정하는 방법을 나타내었다. 이를 위하여 모터를 분리하여야 한다. 측정순서는 다음과 같다.

- 메인전원(MCCB)를 차단한다.
- 전동기를 선로(U, V, W)에서 분리한다.
- 절연저항계의 적색리드선과 흑색리드선을 각 선로에 접속하여 절연저항을 측정한다.

**② 모터 전체 권선의 절연저항을 한꺼번에 측정하는 방법**

이상적으로 모터의 권선에 대한 절연저항을 측정하기 위해서는 모터를 선로에서 분리하고 모터 내부의 권선을 분리하여 각각 측정해야 하는 것이 원칙이다. 그러나 실제에서 이러한 과정이 번거롭기 때문에 현장에서는 간략하게 한꺼번에 측정하는 방법을 사용한다.

그림 22-6은 전동기 권선과 대지간의 절연저항 측정방법을 나타내고 있다. 이 그림은 U상에 적색리드선을 연결하고 접지측에 흑색리드선을 연결하여 측정하고 있다. 접지선이 없을 경우 전동기 외함에 흑색리드선을 접속해도 된다. 이와 같이 측정을 하게 되면 선로의 절연저항도 포함하고 있으므로 순수하게 전동기만의 절연저항을 측정하기 위해서는 전동기를 분리하여 결선을 분해하여 측정하여야 한다.

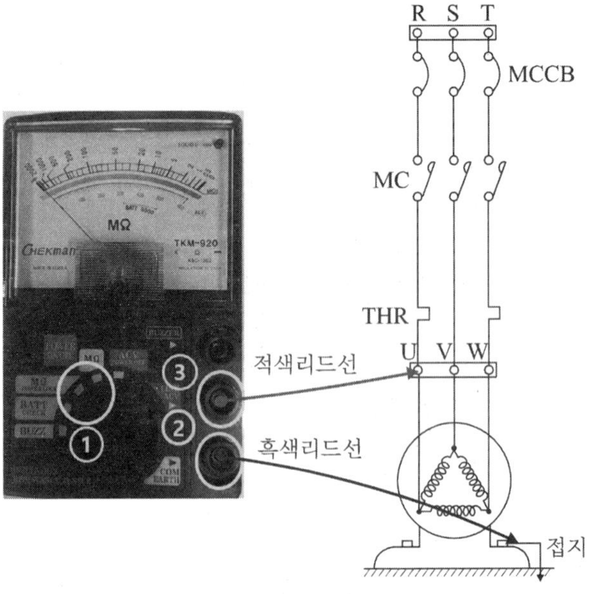


그림 22-6 상과 대지간 절연저항 측정방법

측정순서는 다음과 같다.

- 메인전원(MCCB)를 차단한다.
- 전동기를 선로(U, V, W)에서 분리한다.
- 절연저항계의 적색리드선은 선로에, 흑색리드선은 접지단자 또는 외함에 접속하여 절연저항을 측정한다.

### ③ 모터 권선의 정확한 절연저항 측정방법

모터의 권선별로 절연저항을 측정하기 위해서는 Y결선된 모터와 $\Delta$결선된 모터를 나누어서 살펴보기로 한다.

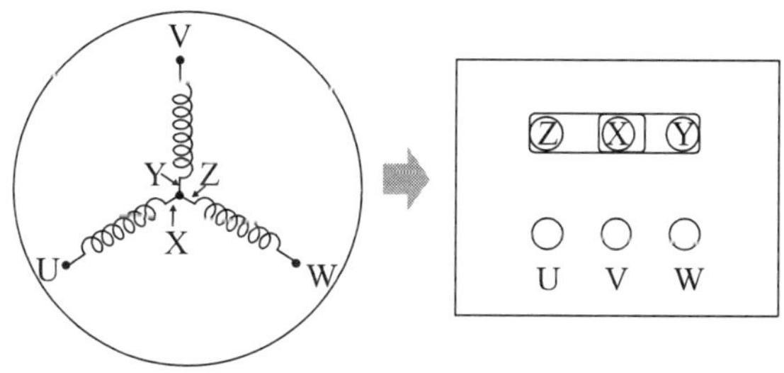


Y결선 모터 내부결선도 Y결선 모터 단자함

그림 22-7 Y결선된 모터의 내부결선도와 실제 단자함의 접속도

그림 22-7은 Y결선된 모터의 내부결선도와 실제 모터 단자함의 접속도를 나타내고 있다. 각 상이 모두 연결되어 있으므로 이 상태로 측정하면 모든 상이 한꺼번에 측정된다. 따라서 각 권선에 대한 절연저항을 따로 측정하기 위해 그림 22-8은 Y결선된 모터의 W상의 절연저항을 측정하는 방법을 나타내었다.

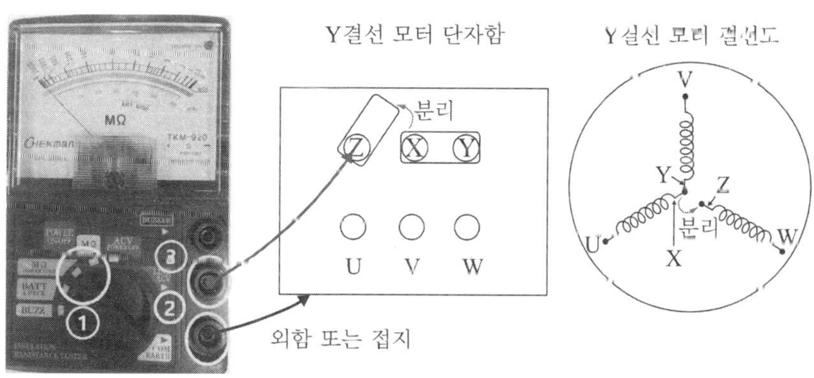


그림 22-8 Y결선 시 W상을 분리하여 절연저항 측정(W-Z 분리)

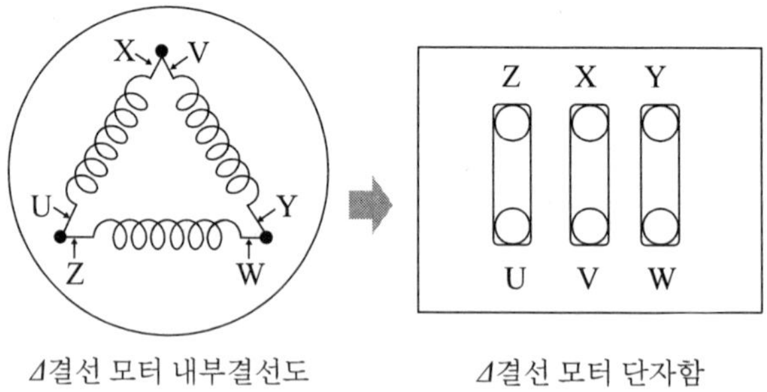


그림 22-9 Δ결선된 모터 내부결선도와 모터의 단자함 접속

그림 22-9는 Δ결선된 모터의 내부결선도와 실제 모터 단자함의 접속도를 나타내고 있다. 각 상이 모두 연결되어 있으므로 이 상태로 측정하면 모든 상이 한꺼번에 측정된다. 따라서 각 권선에 대한 절연저항을 따로 측정하기 위해 그림 22-10은 Δ결선된 모터의 W상의 절연저항을 측정하는 방법을 나타내었다.

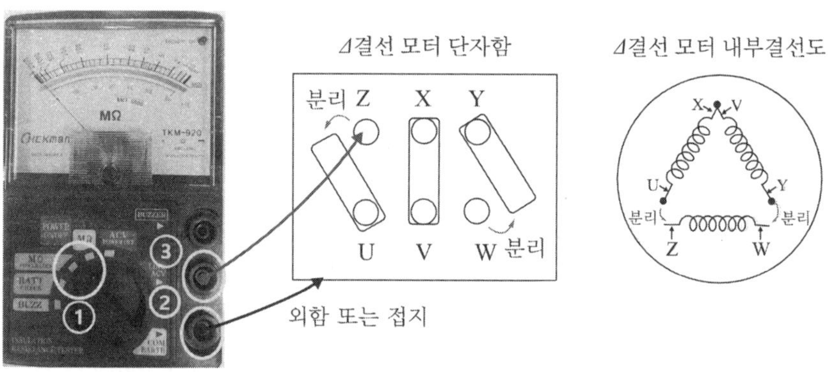


그림 22-10 Δ결선 시 W상을 분리하여 절연저항 측정(W–Z 분리)

## 4. 실험순서

(1) 수신기의 절연저항을 측정한다.

표 22-2 수신기의 절연저항 측정

| | 절연저항계 전압 | 기준값[MΩ] | 측정값 | 판별 |
|---|---|---|---|---|
| 충전부 - 외함 | DC 500 V | 5 MΩ | | |
| 교류입력측 - 외함 | DC 500 V | 20 MΩ | | |
| 절연된 선로간 | DC 500 V | 20 MΩ | | |

(2) 감지기의 절연저항을 측정한다.

표 22-3 감지기의 절연저항 측정

| | 절연저항계 전압 | 기준값[MΩ] | 측정값 | 판별 |
|---|---|---|---|---|
| 절연된 단자간 | DC 500 V | 50 MΩ | | |
| 단자와 외함간 | DC 500 V | 50 MΩ | | |

(3) 발신기의 절연저항을 측정한다.

표 22-4 발신기의 절연저항 측정

| | 절연저항계 전압 | 기준값[MΩ] | 측정값 | 판별 |
|---|---|---|---|---|
| 절연된 단자간 | DC 500 V | 20 MΩ | | |
| 단자와 외함간 (누름스위치 머리 부분 포함) | DC 500 V | 20 MΩ | | |

(4) 유도등의 절연저항을 측정한다.

표 22-5 유도등 절연저항 측정

| | 절연저항계 전압 | 기준값[MΩ] | 측정값 | 판별 |
|---|---|---|---|---|
| 교류입력측<br>- 외함 | DC 500 V | 5 MΩ | | |
| 절연된 교류입력측<br>- 충전부 | DC 500 V | 5 MΩ | | |
| 절연된 충전부<br>- 외함 | DC 500 V | 5 MΩ | | |

(5) 비상콘센트의 절연저항을 측정한다.

표 22-6 비상콘센트의 절연저항 측정

| | 절연저항계 전압 | 기준값[MΩ] | 측정값 | 판별 |
|---|---|---|---|---|
| 절연된 충전부<br>- 외함 | DC 500 V | 20 MΩ | | |

(6) 저압전로의 절연저항을 측정하기 위해 다음 표를 완성하시오.

표 22-7 저압전로의 절연저항 기준

| 전로의 사용전압[V] | DC 시험전압[V] | 절연저항[MΩ] |
|---|---|---|
| SELV 및 PELV | | |
| FELV, 500 V 이하 | | |
| 500 V 초과 | | |

[주] 특별저압(extra low voltage : 2차 전압이 AC 50 V, DC 120 V 이하)으로 SELV(비접지회로 구성) 및 PELV(접지회로 구성)은 1차와 2차가 전기적으로 절연된 회로, FELV는 1차와 2차가 전기적으로 절연되지 않은 회로

| 결과보고서 | | | |
|---|---|---|---|
| 실험제목 | **절연저항 측정** | | |
| 조 원 | | 실험조 | 조 |
| 실습일자 | | 제출자 | |

(1) 표 22-2 수신기의 절연저항 측정

| | 절연저항계 전압 | 기준값[MΩ] | 측정값 | 판별 |
|---|---|---|---|---|
| 충전부 - 외함 | DC 500 V | 5 MΩ | | |
| 교류입력측 - 외함 | DC 500 V | 20 MΩ | | |
| 절연된 선로간 | DC 500 V | 20 MΩ | | |

(2) 표 22-3 감지기의 절연저항 측성

| | 절연저항계 전압 | 기준값[MΩ] | 측정값 | 판별 |
|---|---|---|---|---|
| 절연된 단자간 | DC 500 V | 50 MΩ | | |
| 단자와 외함간 | DC 500 V | 50 MΩ | | |

(3) 표 22-4 발신기의 절연저항 측정

| | 절연저항계 전압 | 기준값[MΩ] | 측정값 | 판별 |
|---|---|---|---|---|
| 절연된 단자간 | DC 500 V | 20 MΩ | | |
| 단자와 외함간 (누름스위치 머리 부분 포함) | DC 500 V | 20 MΩ | | |

(4) 표 22-5 유도등 절연저항 측징

| | 절연저항계 전압 | 기준값[MΩ] | 측정값 | 판별 |
|---|---|---|---|---|
| 교류입력측 - 외함 | DC 500 V | 5 MΩ | | |
| 절연된 교류입력측 - 충전부 | DC 500 V | 5 MΩ | | |
| 절연된 충전부 - 외함 | DC 500 V | 5 MΩ | | |

(5) 표 22-6 비상콘센트의 절연저항 측정

| | 절연저항계 전압 | 기준값[MΩ] | 측정값 | 판별 |
|---|---|---|---|---|
| 절연된 충전부 - 외함 | DC 500 V | 20 MΩ | | |

(6) 표 22-7 저압전로의 절연저항 기준

| 전로의 사용전압[V] | DC 시험전압[V] | 절연저항[MΩ] |
|---|---|---|
| SELV 및 PELV | | |
| FELV, 500 V 이하 | | |
| 500 V 초과 | | |

[주] 특별저압(extra low voltage : 2차 전압이 AC 50 V, DC 120 V 이하)으로 SELV(비접지회로 구성) 및 PELV(접지회로 구성)은 1차와 2차가 전기적으로 절연된 회로, FELV는 1차와 2차가 전기적으로 절연되지 않은 회로

# 찾아보기

**이정필**

• 경남정보대학교 소방안전관리과 교수

**허동렬**

• 경남정보대학교 전기과 교수

**소방전기 기초회로 실험** 정가 20,000원

발 행 2021년 9월 10일 초판 1쇄
저 자 이정필 · 허동렬
발행인 정우용
발행처 도서출판 동화기술
경기도 파주시 광인사길 201(문발동, 파주출판도시)
Tel (031)955-4211~6 donghwapub@nate.com
Fax (031)955-4217 www.donghwapub.co.kr
(등록) 1977년 12월 19일/9-16호



Printed in Korea
ISBN 978-89-425-9337-8